IT-Architektur

Grundlagen, Konzepte und Umsetzung

Markus Schönbächler
Cuno Pfister

Bibliografische Information der Deutschen Nationalbibliothek:
Die Deutsche Nationalbibliothek verzeichnet diese Publikation in der Deutschen Nationalbibliografie. Detaillierte bibliografische Daten sind im Internet über http://dnb.d-nb.de abrufbar.
Das Werk einschließlich aller seiner Teile ist urheberrechtlich geschützt. Alle Rechte sind vorbehalten.

Markus Schönbächler und Dr. Cuno Pfister, »IT-Architektur«
© 2011 der vorliegenden Ausgabe: MV-Wissenschaft
Die Edition MV-Wissenschaft erscheint im
Verlagshaus Monsenstein und Vannerdat OHG, Münster
www.mv-wissenschaft.com
© 2011 Markus Schönbächler und Dr. Cuno Pfister
www.it-architektur.info

Alle Rechte vorbehalten
Umschlag & Satz: Claudia Rüthschilling
Umschlagfoto: © Visty – Fotolia.com

Druck und Bindung: MV-Verlag
ISBN 978-3-86991-223-3

Danksagung

Unser Dank richtet sich an die unzähligen Arbeitskollegen und -kolleginnen, die uns bei der täglichen Arbeit zu vielen Einsichten und Erkenntnissen zum Thema IT-Architektur geführt haben. Im Speziellen bedanken wir uns bei Heinrich Nägeli, Andreas Zeltner und Walter Kuhn für ihre Buchdurchsicht und substanziellen Verbesserungsvorschläge.

Last but not least bedanken wir uns bei unseren Familien. Ohne ihre Geduld und Unterstützung wäre dieses Buch nicht denkbar gewesen.

Inhalt

1	Vorwort	15
2	Betriebswirtschaftliche Relevanz der IT-Architektur	19
2.1	Die Informatikorganisation nur ein Kostenfaktor und ineffizient?	19
2.2	Wirtschaftliche Erbringung der IT-Unterstützung dank IT-Architektur	22
3	Begriffsdefinition der IT-Architektur	25
3.1	Ressourcenbasierter Managementansatz	25
3.2	Von der Strategie zum Managementsystem	26
3.3	Gestaltung des Managementsystems	31
3.3.1	Prozessmodellierung – die Prozessarchitektur	32
3.3.2	Domänenmodellierung – die Informationsarchitektur	37
3.3.3	Businessarchitektur	40
3.4	Das Managementsystem als Ressource einer Unternehmung	44
3.5	Die Ressourcen einer Informatikorganisation	46
3.6	IT-Ressourcen erbringen die IT-Unterstützung	47
3.7	Von der Strategie zur IT-Unterstützung	48
3.7.1	Zweck der IT-Unterstützung	48
3.7.2	Strategiebezug der IT-Unterstützung	53

	3.7.3	Vorgehen zur Festlegung der IT-Unterstützung	56
3.8		Wirtschaftliche Bereitstellung der IT-Unterstützung	59
	3.8.1	Informatikorganisation als Profitcenter	60
	3.8.2	Informatikorganisation als Servicecenter	61
	3.8.3	Informatikorganisation als Costcenter	62
	3.8.4	Optimierungskonflikt zwischen Business- und Informatikorganisation	63
	3.8.5	IT-Architektur als Instrument für die Ressourcenoptimierung	67
	3.8.6	Architekturnutzen versus Architekturkosten	75
3.9		Entstehung und Festlegung der Lösungsqualität	80
	3.9.1	Summarische Qualität versus individuelle Qualitätsattribute	80
	3.9.2	Taxonomie von Qualitätsattributen	82
	3.9.3	Qualitätsszenarien als Messverfahren für Qualitätsattribute	84
	3.9.4	Entwurfsentscheidungen und Qualitätsattribute: die Kunst von guten Trade-offs	86
	3.9.5	Qualitätsattribute als Scharnier zwischen Anforderungen und Entwurfsentscheidungen	88
	3.9.6	Nutzen der Qualitätsattribute für die IT-Architekturarbeit	89
	3.9.7	Emergenz als Hürde bei der Sicherstellung der Lösungsqualität	93
3.10		Die IT-Architektur	94
	3.10.1	Strategiebezug und Definition von IT-Architektur	95

	3.10.2	IT-Architektur als Tätigkeit und Ergebnis	97
	3.10.3	Architektur versus Design und Entwicklung	98
	3.10.4	Denkansätze zur Beherrschung von Komplexität	102
	3.10.5	Standardisierung	107
3.11		Verwandte Begriffe und Modelle	111
	3.11.1	TQM, EFQM, Kaizen, KVP, BPO und BPR	111
	3.11.2	Governance, IT-Governance	113
	3.11.3	ITIL	115
	3.11.4	COBIT	116
	3.11.5	Compliance, IT-Compliance	118
	3.11.6	Unternehmensarchitektur, Enterprise Architecture, TOGAF, Zachman	120
4		**Das IT-Architekturmodell**	**123**
4.1		Aufteilung der IT-Architektur in drei Teilarchitekturen	123
	4.1.1	Aufgaben der Anwendungsarchitektur	125
	4.1.2	Aufgaben der Plattformarchitektur	129
	4.1.3	Aufgaben der Softwarearchitektur	131
4.2		Welche Teilarchitektur treibt die Entwicklung der IT-Landschaft?	135
4.3		Die Gesamtsicht – das IT-Architekturmodell	139
4.4		Übersicht über die Architekturergebnisse	142
	4.4.1	Ergebnisse der Anwendungsarchitektur	144
	4.4.2	Ergebnisse der Plattformarchitektur	148
	4.4.3	Ergebnisse der Softwarearchitektur	149
	4.4.4	Übergreifende Architekturergebnisse	150
4.5		Domäneneinfluss auf die Architekturergebnisse	151

4.6	Beeinflussung von Soll- und Ist-Architektur	154
5	**Die Änderungsdrücke auf die IT-Unterstützung**	**155**
5.1	Das Gute bleibt nicht einfach gut – die Entropie der IT-Architektur	155
5.2	Die Voraussage zukünftiger Änderungen	157
5.3	Änderungsdrücke auf das Unternehmen	160
5.4	Änderungsdrücke auf die Informatikorganisation	162
5.5	Interpretation der Änderungsdrücke im Unternehmen	168
6	**Spannungsfelder zwischen Business und IT**	**185**
6.1	Die Interpretation von Aufträgen	188
6.2	Das Business beeinflusst die IT-Ressourcen	191
6.3	Fehlende objektive Bewertung der IT-Unterstützung	194
6.3.1	Von den konkreten Aufträgen losgelöste Bewertung der IT-Unterstützung	196
6.3.2	Die Krux mit der Bewertung der IT-Unterstützung	199
6.3.3	Überlegungen zu Kennzahlen und Indikatoren	201
6.3.4	Mangelnde Vergleichbarkeit bei Benchmarks	206
6.4	Architekturinvestitionen – eher ad hoc als geplant	208
6.5	Make or Buy	210
6.6	Rollenverständnis einer Informatikorganisation	213
7	**Die Funktion der IT-Architektur in einem Unternehmen**	**217**
8	**Erfolg der IT-Architektur**	**221**
8.1	Positionierungsarbeit im firmeninternen Markt	222
8.2	Erhaltung der Marktfähigkeit der IT	224

8.3	Beeinflussung der Erfolgsbeurteilung	227

9 Komplexität der IT-Unterstützung — 233

9.1	Datenkonsistenz und Datenbearbeitungskonflikte	233
9.2	Analyse von Datenbearbeitungskonflikten und Lösungsansätze	236
9.3	Konsistenz innerhalb einer Prozessinstanz	241
9.4	Technische Unterstützung durch Transaktionen	242
9.5	Jenseits der Transaktionen	243
9.6	Parallelität als Ursache von Komplexität	245

10 Komponentenbildung als Schlüssel zur Wartbarkeit — 247

10.1	Anwendungen und Komponenten	248
10.2	Schnittstellen als Annahmen	252
10.3	Schnittstellenkompatibilität	254
10.4	Wie kommt man zu einer Aufteilung in Komponenten?	256
10.4.1	Grösse als Hinweis	256
10.4.2	Organisationsstruktur als Hinweis	257
10.4.3	Gemeinsamkeiten als Hinweis	259
10.4.4	Änderungsdrücke als Hinweis	259
10.4.5	Attribute-Driven Design Method	260
10.4.6	Aus Erfahrung klug: Patterns und Antipatterns	260
10.4.7	Architektur-Reviews	263
10.5	Grenzen der Entkopplung von Komponenten	263

11 Architekturtrends — 265

11.1	Service-Oriented Architectures	265

11.2	Webservices	268
11.3	Cloud Computing	273

12 Vom Entwickler zum IT-Architekten — 277

12.1	Aufgaben eines Projektarchitekten	277
12.2	Vom Entwickler zum Projektarchitekten	279
12.3	Vom Projektarchitekten zum IT-Architekten	284

13 Beispiele gängiger IT-Architekturkulturen — 289

13.1	Nouvelle Cuisine – hoch bezahlt, selbstverliebt, und der Hunger bleibt	289
13.2	Die kalte Küche – kochen für den Eigengebrauch	291
13.3	Die gutbürgerliche Küche – Stolz und unabhängig	292
13.4	Die indische Küche – man muss sich darauf einlassen, damit es schmeckt	294
13.5	Fertiggerichte – wie kann man nur, sage ich mir jedes Mal	296
13.6	Fast Food – Essen frisch aus der Fabrik	298

14 Organisation der IT-Architektur — 301

14.1	Ablauforganisatorische Überlegungen	302
	14.1.1 Grundstruktur des IT-Architekturprozesses	302
	14.1.2 IT-Architektur als Qualitätsprozess	305
	14.1.3 Art der prozessualen Einflussnahme	306
	14.1.4 Architekturrelevante Prozesse	306
14.2	Aufbauorganisatorische Überlegungen	310
	14.2.1 Konzeptionelle Überlegungen zu Aufgaben,	

		Kompetenzen und Verantwortlichkeiten	311
	14.2.2	Zuordnung der Teilarchitekturen an die Aufbauorganisation	312
	14.2.3	Architecture Boards als Entscheidungsgremien	313
	14.2.4	Arbeitsweise der Architecture Boards	316
14.3		Erhöhung des Einflusses der IT-Architektur	317

15 Das Paradoxon der IT-Architektur — 319

16 Schlusswort — 321

17 Literatur — 323

18 Register — 331

1 Vorwort

Vor einem guten Jahrzehnt standen wir vor der Aufgabe, ein Konzept für die konzernweite IT-Architektur eines Versicherungsunternehmens zu erarbeiten. Als Erstes stellte sich natürlich die Frage, was IT-Architektur denn überhaupt sei. Es gab bei Weitem keinen Konsens über die »richtige« Definition. Unser Projektteam mit immerhin über einem Dutzend Mitgliedern musste für das Projekt zuerst eine eigene Definition entwickeln, um überhaupt produktiv über das Thema reden zu können.

Wenn wir heute mit Google nach »IT-Architektur« suchen, finden wir innerhalb von wenigen Minuten mehrere unterschiedliche Definitionen. So definiert zum Beispiel ISO/IEC 42010: 2007 (Systems and software engineering – Architecture description) den Begriff »*architecture*« wie folgt:

»*The fundamental organization of a system, embodied in its components, their relationships to each other and the environment, and the principles governing its design and evolution.*«

Diese sehr abstrakte Definition zeigt auf, dass es mit der Definition eines Begriffs nicht getan ist. Eine solche Definition für sich alleine genommen bleibt nichtssagend oder verweist auf andere Begriffe, die wiederum selbst definiert werden müssen. Im Grunde braucht man also eine ganze Menge von zusammenhängenden Konzepten – und Begriffen dafür –, um der Komplexität des Themas einigermaßen gerecht zu werden. Man braucht einen mentalen Rahmen, ein Modell, ein »Framework«.

Wozu soll ein solches Modell dienen? Es sollte ein Koordinatensystem aufspannen, in dem man alle Phänomene, die man zur IT-Architektur zählen möchte, einordnen und zueinander in Beziehung setzen kann. Es könnte z. B. den Zusammenhang von »Service-Oriented Architecture« und »Softwarekomponente« aufzeigen oder von »Plattform« und »Anwendung«.

Die zentrale Frage dabei ist allerdings, was das *Minimum* an Konzepten und Begriffen ist, mit dem man das geistige Rüstzeug erhält, um in der Praxis produktiv und gerade noch differenziert genug arbeiten zu können. Wenn man ein großes Team auf eine gemeinsame Begriffswelt einschwören muss, ist man dankbar für jedes Konzept, das man weglassen kann. Das Thema ist zu komplex, als dass man mit unnötigen Begriffen eine vermeidbare Komplexität im Modell selbst einführen möchte.

Es braucht also eine Balance zwischen der Ausdruckskraft eines Modells von IT-Architektur einerseits und der »alltagstauglichen« Verständlichkeit dieses Modells andererseits. Natürlich gab (und gibt) es auch über die »richtige« Balance keinen Konsens. Wir hatten damals z. B. das Zachman-Framework [Zachman] ins Auge gefasst, dieses erschien uns dann aber nicht handlich, nicht eindeutig in seinen Modellaussagen und nicht fokussiert genug für unsere Bedürfnisse.

Wir sind in unserem Modell schlussendlich als zentrale Gliederung auf wenige Architektursichten gekommen oder Teilarchitekturen, wie wir sie hier nennen. Im Verlaufe von späteren Projekten haben wir dieses Modell weiterentwickelt und vereinfacht, sodass es heute lediglich drei solche Teilarchitekturen umfasst, die wir in diesem Buch präsentieren möchten.

Im Laufe der Jahre haben wir versucht, dieses Modell nicht nur zu beschreiben (was verstehen wir unter IT-Architektur), sondern IT-Architektur auch auf eine betriebswirtschaftliche Zielsetzung zurückzuführen. Einerseits ist IT-Architektur kein Selbstzweck, andererseits wollen wir den Fundus der betriebswirtschaftlichen Literatur nutzen, um eine sinnvolle Einbettung der IT-Architektur in ein Unternehmen sicherzustellen. Diese Verankerung von IT-Architektur bringt notwendigerweise zusätzliche Konzepte, Begriffe und Modelle ins Spiel, deren Verständnis jedoch primär für einen IT-Architekten wichtig ist, nicht für die anderen Mitglieder von Projektteams.

Ist unser Modell in der Lage, alle im Laufe der Jahre beobachteten Phänomene abzubilden oder gar zu erklären? Ganz klar *nicht*, das wäre ein vermessener Anspruch. Wir sind davon überzeugt, dass kein noch praktisch handhabbares Modell diesen Anspruch einlösen könnte.[1] Deshalb ist es uns ein besonderes Anliegen, das Modell einfach zu halten, jedoch auch immer wieder auf konkrete Störungen hinzuweisen, mit denen man in der Praxis rechnen muss. Es geht dabei immer wieder um menschliche und allzu menschliche Phänomene, z. B. Konkurrenzsituationen zwischen Abteilungsleitern, die es ungemein erschweren können, abteilungsübergreifende Mechanismen aufzubauen.

---

1   George E. Box: »All models are wrong, some are useful.«

Gerade als Techniker hat man die Tendenz, nicht technische Mechanismen, Machtspiele und irrationale Entscheidungsprozesse auszublenden. Man hat gern eindeutige Antworten auf Entwurfsfragen, klare Kochrezepte, nicht ein Seilziehen darum, wessen *Geschmack* sich am Ende durchsetzt. Wir möchten hingegen bewusst auch auf solche Phänomene hinweisen, da man sie selten ungestraft ignoriert.

> Wir haben nicht den Anspruch, das beste Modell oder gar die einzig brauchbare Definition von IT-Architektur zu liefern. Es geht uns lediglich darum, die im Laufe von über zehn Jahren gemachten Überlegungen und praktischen Erfahrungen in kompakter und nachvollziehbarer Form zu präsentieren.

Wo wir bewusst auf andere Arbeiten zurückgegriffen haben, verweisen wir darauf. Wir benutzen in vielen Fällen bereits existierende Begriffe, in anderen Fällen haben wir, wie eingangs begründet, eigene Definitionen gewählt.

Wir haben auch nicht den Anspruch, vergleichbare Modelle abschließend zu analysieren und die Vor- und Nachteile gegenüberzustellen. Einerseits deshalb, weil wir eine möglichst kurze, in vernünftiger Zeit lesbare Auslegeordnung zum Ziel haben. Andererseits würden wir ungern zu viel über Ansätze sprechen, mit denen wir nie selbst reale Projekterfahrung sammeln konnten.

Was wir in den folgenden Kapiteln vermitteln möchten, ist die schrittweise Entwicklung eines Modells der IT-Architektur, ausgehend von einer betriebswirtschaftlichen Zielsetzung. Anschließend befassen wir uns, mit den Änderungsdrücken und Spannungsfeldern, mit denen die IT-Architektur konfrontiert ist. Danach schlagen wir die Brücke zu den wichtigsten technischen Konzepten, die wir zur Bewältigung der Komplexität unternehmensweiter IT-Landschaften für wesentlich halten. Wir erörtern die bei einem IT-Architekten wünschenswerten Fähigkeiten und zeigen Lösungsansätze für mögliche Störungen bei der Umsetzung von Architekturvorhaben auf. Als Auflockerung vergleichen wir unterschiedliche Architekturkulturen, die wir im Laufe der Zeit angetroffen haben. Schließlich stellen wir einen Ansatz für die Organisation der IT-Architektur in einem Unternehmen vor.

Das Buch richtet sich in erster Linie an Softwarearchitekten, erfahrene Softwareingenieure sowie an IT-Manager. Teile davon sind auch für Businessmanager und -analysten nützlich. Mit Businessanalysten sind Personen gemeint, welche die Schnittstelle zur Informatikorganisation bilden und für die Analyse der Geschäftsanforderungen zuständig sind.

Wir haben dieses Buch nicht als Nachschlagewerk konzipiert. Die einzelnen Kapitel bauen aufeinander auf und sind als Gesamtlektüre gedacht. Literaturverweise werden in eckigen Klammern angegeben, wie z. B. [Dubs et al.]. Textstellen, welche aus Autorensicht wesentliche Festlegungen, Erkenntnisse oder Praxiserfahrungen repräsentieren, sind eingerahmt.

2 Betriebswirtschaftliche Relevanz der IT-Architektur

Oft stehen bei Diskussionen über die Informatik eines Unternehmens nur die Kosten im Zentrum, welche die Informatikorganisation verursacht. Die Informatikorganisation wird vielfach als zu wenig effizient empfunden. Bei den Herausforderungen, mit denen sich eine Informatikorganisation konfrontiert sieht, geht es im Kern also um die wirtschaftliche Bereitstellung der IT-Unterstützung.

Wir werden uns nachfolgend in knapper Form mit diesen Herausforderungen auseinandersetzen und die Schwierigkeiten, welche sich dahinter verbergen, herausarbeiten. Die Frage der Lösung dieser Probleme bzw. der Umgang mit ihnen wird uns dann im gesamten Buch begleiten. Wir werden aufzeigen, welch zentrale Rolle die IT-Architektur dabei spielt.

2.1 Die Informatikorganisation nur ein Kostenfaktor und ineffizient?

In Unternehmen wird auf der Managementebene oft gestritten, ob die Informatik für das Unternehmen ein kritischer Erfolgsfaktor ist. Dieser »Streit« ist weitaus mehr als eine akademische Diskussion. Die Ressourcen eines Unternehmens sind beschränkt. Vorhaben müssen z. B. auch aus diesem Grund priorisiert werden. Die verfügbaren Ressourcen sind je nach Organisationskultur im firmeninternen Markt (Kapitel 5.5 »Interpretation der Änderungsdrücke im Unternehmen«) hart umkämpft. Wird etwas nicht als kritischer Erfolgsfaktor für das Geschäft angesehen, so fließen die Finanzmittel eines Unternehmens mehrheitlich in andere Aufgabengebiete bzw. Organisationseinheiten. Diese Streitfrage taucht in verschiedenen Facetten auf. Ebenso könnte die Frage lauten: Können wir mit der Informatik Wettbewerbsvorteile gegenüber der Konkurrenz erzielen oder uns Wettbewerbsnachteile einhandeln?

Noch mehr wird auf der operativen Ebene darüber gestritten, wieso in einem kürzlich neu gebauten Informationssystem[2] aus fachlicher Sicht kleine Änderungen nur mit großen Kosten umgesetzt werden können. Selbst für einen außenstehenden Informatiker erscheinen die dafür benötigten Aufwände manchmal überraschend groß.

Die Kosten der Informatikorganisation sollen minimal gehalten werden. Wir müssen somit mindestens eine Ahnung haben, von welchen Kosten wir sprechen, wie Kosten in einer Informatikorganisation entstehen und was die Kostentreiber sind.

Wir haben damit den Gesichtspunkt der Wirtschaftlichkeit näher zu beleuchten. Für die meisten Vorhaben in einem Unternehmen wird für deren Umsetzung ein gutes Kosten-Nutzen-Verhältnis verlangt. Das Vorhaben muss kurz- oder langfristig zum Unternehmenserfolg beitragen. Die für ein Vorhaben üblicherweise erarbeitete *Investitions-*[3] oder *Wirtschaftlichkeitsrechnung*[4] – der sogenannte *Business Case* – hat eine begrenzte Aussagekraft und stellt nichts anderes *als eine Wirtschaftlichkeitsprognose einer oder mehrerer Interessengruppen* dar. Die Qualität dieser Wirtschaftlichkeitsprognose ist von der Aufgabenkomplexität, von den Zielen und der Professionalität der dahinterstehenden Interessengruppen sowie von ihrer politischen Einbettung innerhalb der Unternehmensorganisation abhängig. Was mit *politischer Einbettung* genau gemeint ist (wer hat was zu sagen, zu welchem Zweck und für welche – unter Umständen persönlichen – Interessen wird das Vorhaben gestartet usw.), erläutert das Kapitel 5.5 »Interpretation der Änderungsdrücke im Unternehmen«.

Vorhaben mit IT-Beteiligung stellen dem Auftraggeber die IT-Unterstützung z. B. in Form von Informationssystemen zur Verfügung.[5] In der Regel macht die

---

2 Die Begriffe Anwendung und (IT-)System verwenden wir synonym zum Begriff Informationssystem. Wir werden im Kapitel 10.1 »Anwendungen und Komponenten« detaillierter auf die Begriffe Anwendung und System eingehen.
3 Eine Investitionsrechnung ist eine Geldflussbetrachtung, die zeigen soll, ob die Summe aller Nutzen über die geplante Nutzungsdauer der Investition die Summe aller dafür zu tätigenden Ausgaben übersteigen wird. Im dynamischen Verfahren der Investitionsrechnung werden die Geldflüsse diskontiert [IGC].
4 Eine Wirtschaftlichkeitsrechnung ist eine Vorstufe der Investitionsrechnung. Sie nimmt einen Kostenvergleich zur Verfahrenswahl vor. Dabei unterstellt man, es sei bereits investiert worden. Man vergleicht z. B. die Kapitalkosten eines automatisierten Verfahrens mit den Arbeitskosten eines stärker manuell geführten Prozesses [IGC].
5 Wenn wir nachfolgend von Vorhaben sprechen, so meinen wir Vorhaben mit IT-Beteiligung.

verantwortliche Informatikorganisation bei solchen Vorhaben für *ihren* Teil die Kostenkalkulation der Wirtschaftlichkeitsrechnung.

Was soll die Informatikorganisation als Kosten kalkulieren? Die Kosten zur exakten Erfüllung der vorhabenspezifischen Anforderungen (nicht mehr und nicht weniger) oder die Kosten, um die IT-Lösung so flexibel zu gestalten, dass spätere Änderungen und Erweiterungen mit wenig Aufwand und rechtzeitig umgesetzt werden können?

Beispiel 1:

> Das im Rahmen eines Vorhabens bereitgestellte Informationssystem wird nicht nur für das eine Vorhaben gebaut, sondern so flexibel konstruiert, dass es auch für ein weiteres Vorhaben genutzt werden kann. Das erste Vorhaben trägt die Mehrkosten, das zweite profitiert.

Beispiel 2:

> Aus Time-to-market-Gründen wird nicht das bestehende Vertragsverwaltungssystem ausgebaut, sondern eine Kauflösung bevorzugt. Die nachgelagerten Kosten für die Wartung einer zusätzlichen Anwendung, welche unter Umständen später migriert werden muss, trägt die Informatikorganisation. Das Vorhaben (Projekt) ist schon längst abgeschlossen, seine Kostenfolgen wirken noch lange nach.

Diese beiden Beispiele illustrieren, dass eine klare Kostenzuordnung für eine Informatikorganisation nur schwierig vorzunehmen ist, da die Kosten u. a. sowohl »zu früh« als auch »zu spät« anfallen können.

Time-to-market-Anforderungen verschärfen die Situation. Wegen Time-to-market-Anforderungen muss unter Umständen eine IT-Lösung gebaut werden, die so starr ist, dass aus fachlicher Sicht kleine Änderungen oder Erweiterungen tatsächlich nur mit großen Kosten umgesetzt werden können.

Time-to-market-Anforderungen werfen die Frage auf, was der Unternehmung durch das »richtige« Timing der Bereitstellung einer IT-Lösung wirtschaftlich ermöglicht wird oder eben nicht. Vor allem im Dienstleistungssektor ist die Bereitstellung von Produkten stark von der Informatik abhängig – speziell im Banken- und Versicherungsumfeld. Das Dienstleistungsprodukt basiert auf der Auswahl und Kombination von Informationen, die von Informationssystemen verwaltet werden müssen.

Solche Time-to-market-Anforderungen rechtfertigen manchmal Mehrkosten aufseiten der Informatikorganisation. Der Haken dabei ist aber, dass diese Mehrkosten erst bei einem anderen Vorhaben eintreten können und nur im besten Fall bereits bei Anforderungsänderungen im selben Vorhaben. Diese potenziellen Mehrkosten müssten in einer Wirtschaftlichkeitsrechnung berücksichtigt und dem »richtigen« Vorhaben zugeordnet werden, damit das Unternehmen beurteilen kann, ob sich das Vorhaben lohnt. Die Ausweisung solcher potenziellen Mehrkosten ist ein sehr schwieriges Unterfangen. Nichtsdestotrotz müssen sich auch Time-to-market-Anforderungen wirtschaftlich begründen lassen. In der Praxis werden genau diese potenziellen Mehrkosten teilweise bewusst in der Wirtschaftlichkeitsrechnung weggelassen, oder man ist beim besten Willen nicht in der Lage, eine fundierte Aussage zu machen, da bestimmte Grundlagen fehlen oder zu wenig detailliert vorhanden sind. Grundlagen können sein: die Geschäftsstrategie, die Informatikstrategie, das Projektportfolio, die Beurteilung der strategischen und wirtschaftlichen Bedeutung der einzelnen Informationssysteme, eine Beschreibung der fachlichen und technischen Abhängigkeiten zwischen den Informationssystemen und so fort.

Time-to-market-Anforderungen verhindern in den meisten Fällen eine flexible IT-Lösung und haben eine hohe Wahrscheinlichkeit, dass – im Idealfall bewusst in Kauf genommene – Mehrkosten bei späteren Vorhaben entstehen. Auch wenn keine Time-to-market-Anforderungen im Vordergrund stehen, besteht die Problematik der schwierigen Kostenzuordnung an ein Vorhaben und der Frage nach der Ausgestaltung der IT-Lösung nach wie vor. Was für eine IT-Lösung mit welcher Flexibilität muss bereitgestellt werden? Jeder Einbau von Flexibilität in einer IT-Lösung kostet etwas – wann lohnt sich dieser Einbau?

2.2 Wirtschaftliche Erbringung der IT-Unterstützung dank IT-Architektur

Die Ziele einer Informatikorganisation sind betriebswirtschaftlicher Art – die IT ist kein Selbstzweck. Der Nutzen einer Informatikorganisation aus Unternehmenssicht ist die IT-Unterstützung, welche sie erbringt.

> Die wirtschaftliche Erbringung der geforderten IT-Unterstützung stellt den *Unternehmensauftrag an die Informatikorganisation* dar.

D. h., eine Informatikorganisation muss ihre IT-Unterstützung sowie Änderungen und Erweiterungen ihrer IT-Unterstützung zu angemessenen Kosten, in geforderter Qualität und rechtzeitig bereitstellen können. Mit *Qualität* ist die Erfüllung der gestellten Anforderungen gemeint [Grosby].

Diese wirtschaftliche Zielsetzung gilt für die Informatikorganisation sowohl eines Unternehmens als auch einer Non-Profit-Organisation.

> Die IT-Architektur stellt für uns einen zentralen Hebel dar, um diese betriebswirtschaftliche Zielsetzung zu erreichen.

Die IT-Architektur soll zum Beispiel vorbeugende Maßnahmen einleiten, um ein Vorhaben effizienter zu realisieren oder allfällige Folgekosten zu reduzieren. Basierend auf dieser These, werden wir schrittweise ein Modell der IT-Architektur konstruieren. Mit dem Architekturmodell soll dem Leser ein Werkzeug in die Hand gegeben werden, welches ihm hilft, IT-Architektur im eigenen Unternehmen umzusetzen. Im Kapitel 3 »Begriffsdefinition der IT-Architektur« führen wir die dazu notwendigen Begriffe ein, im Kapitel 4 »Das IT-Architekturmodell« erörtern wir das Architekturmodell.

3 Begriffsdefinition der IT-Architektur

Wir haben im Kapitel 2 »Betriebswirtschaftliche Relevanz der IT-Architektur« die Aussage gemacht, dass eine Informatikorganisation die geforderte IT-Unterstützung wirtschaftlich zu erbringen hat und die IT-Architektur dabei ein wichtiges Instrument darstellt. Wir möchten jedoch nicht alles, was die wirtschaftliche Erbringung der IT-Unterstützung fördert, als IT-Architektur bezeichnen. Hier bedarf es einer inhaltlichen Abgrenzung, ansonsten kann jede IT-Aktivität als Architekturtätigkeit interpretiert werden.

Die Begriffsdefinition der IT-Architektur muss ein praxistaugliches und anwendbares Verständnis zur IT-Architektur vermitteln, damit wirksame Architekturarbeit verrichtet werden kann. Wir erreichen ein praxistaugliches und anwendbares Begriffsverständnis am ehesten, wenn wir die betriebswirtschaftliche Relevanz der IT-Architektur aufzeigen und sie zu anderen Tätigkeiten im Unternehmen in Bezug setzen. Wir müssen dazu thematisch ausholen und zuerst die für uns wichtigsten betriebswirtschaftlichen Konzepte und Begriffe einführen, wie z. B. Ressource, Strategie und Organisation. Danach werden wir auf die Begriffe Lösungsqualität und IT-Architektur eingehen.

3.1 Ressourcenbasierter Managementansatz

Edith Penrose betrachtet Unternehmen nicht als administrative Einheiten, sondern als Ansammlung von Ressourcen [Penrose]. Der Begriff Ressource ist dabei breit gefasst. Mit ihm wird all das bezeichnet, was einem Unternehmen zur Verfügung steht und worauf es direkt oder indirekt zugreifen kann. Sanchez/Heene/Thomas (1996) definieren Ressourcen als »*assets that are available and useful in detecting and responding to market opportunities and threats*«. Es gibt diverse Kategorisierungssysteme zu Ressourcen, z. B. Hall (1993) unterscheidet zwischen materiellen und immateriellen Ressourcen und differenziert darauf aufbauend weiter (Quelle: [Müller-Lechner], Seite 357).

Aus dem ressourcenbasierten Managementansatz leiten wir ein einfaches Unternehmensmodell ab, bei dem die Ressourcen einer Unternehmung zusammen die Marktleistung erbringen (Abbildung 1).

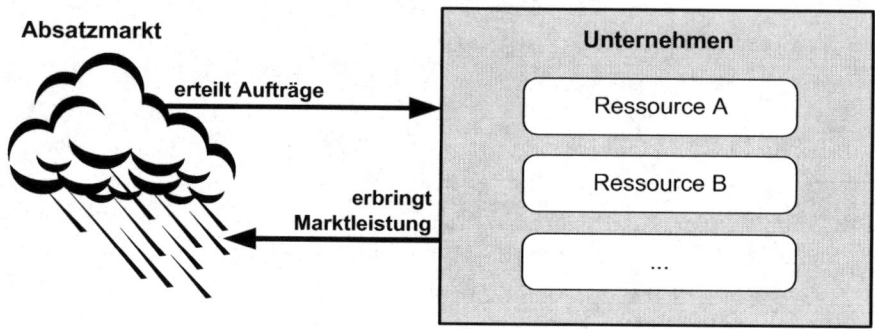

Abbildung 1 – Einfaches Unternehmensmodell mit »Unternehmen als Menge von zu organisierenden Ressourcen«

Der Absatzmarkt ist in Abbildung 1 als Wolke dargestellt, weil er sowohl Chance als auch Gefahr für ein Unternehmen darstellt.

3.2 Von der Strategie zum Managementsystem

In der Wirtschaft werden unter Strategie die meist langfristig geplanten Verhaltensweisen der Unternehmen zur Erreichung ihrer Ziele verstanden (der Weg zum Ziel).

»Strategie« ist immer eingebettet in einen Bezugsrahmen. Dieser Bezugsrahmen wird unter anderem durch die Rolle und das Verständnis der gesellschaftlichen Verantwortung einer Unternehmung gebildet (normative Positionierung einer Unternehmung, welche sich z. B. in einem Leitbild ausdrückt).

Die Strategie eines Unternehmens muss nach [Grant] folgende Fragen beantworten:

- In welche Absatzmärkte (Branchen) soll sich das Unternehmen begeben (»domain selection«) und
- mit welchen Marktleistungen (Produkte, Dienstleistungen) soll das Unternehmen Mitbewerber um die Kundengunst konkurrieren (»domain navigation«)?

Die Beantwortung der ersten Frage ist nach [Grant] Gegenstand der »Corporate Strategy«, die zweite der »Business Strategy« (Geschäftsstrategie).

Das Strategische Management beschäftigt sich mit der Erklärung von Unterschieden in der Performance von Unternehmen mit dem Ziel, Vorteilspotenziale aufzuspüren, zu entwickeln und umzusetzen, um so überdurchschnittliche Renditen zu erzielen [Müller-Lechner]. Die Abbildung 2 illustriert die Grundfragen des Strategischen Managements.

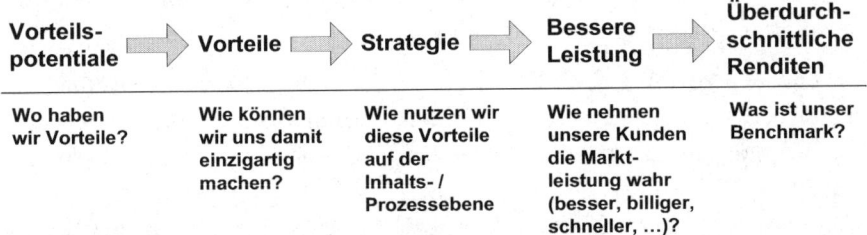

Abbildung 2 – Grundfragen des Strategischen Managements
(Quelle: Institut für Versicherungswirtschaft Universität St.Gallen)

Das Strategische Management postuliert zwei Sichtweisen für das Erkennen von Vorteilspotenzialen (Abbildung 3).

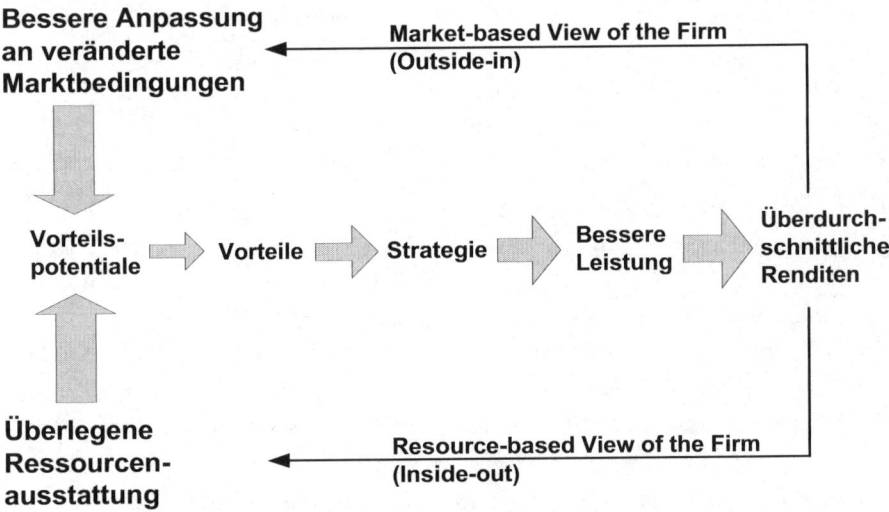

Abbildung 3 – Zwei Sichtweisen zur Eruierung von Vorteilspotenzialen
(Quelle: Institut für Versicherungswirtschaft Universität St.Gallen)

Der Ökonom Michael E. Porter begann Anfang der 80er-Jahre der Frage nachzugehen, wie sich ein Unternehmen in seinem Markt verhalten sollte, um erfolgreicher als die Konkurrenz zu sein. Er begründete damit den Market-based-View-Ansatz.

Die zweite Sichtweise ist die Resource-based View, welche wir bereits in Kapitel 3.1 »Ressourcenbasierter Managementansatz« kurz erörtert haben. Die zentrale These besteht darin, dass Erfolgsunterschiede zwischen Unternehmen durch Unterschiede zwischen ihren jeweiligen Ressourcen zu erklären sind, wie z. B. in der Unterbewertung oder Verfügbarkeit von Ressourcen, in deren Ausgestaltung und Kombination mit anderen Ressourcen.

Aufgrund der gemachten Ausführungen zum Strategischen Management ist ersichtlich, dass die Ausgestaltung und das Zusammenspiel der Ressourcen einer Unternehmung aus einer Market-based View (Outside-in) *und* einer Resource-based View (Inside-out) erfolgen sollten (Abbildung 3). Mit anderen Worten: Man muss das, was der Markt will, mit den eigenen Ressourcen in Übereinstimmung bringen. Man muss für die Ressourcen, die man hat, einen passenden Markt suchen oder die Ressourcen so entwickeln und einsetzen, dass sie für einen Markt passen. Dazu müssen die Ressourcen einer Unternehmung derart *organisiert* werden, dass mit ihnen die gewünschte Marktleistung erbracht und die strategischen Ziele erreicht werden können.

Die Arbeiten des Strategischen Managements greifen deshalb sehr stark in die Organisationsgestaltung ein. Sie sind der Treiber für die Ausgestaltung der Organisation. Ein wesentliches *Ergebnis* der Strategiearbeit ist die Erarbeitung der für die Umsetzung der Strategie notwendigen *Organisation* und des dazu benötigten Projektportfolios.

Der Begriff »Organisation« wird in unterschiedlichen Bedeutungen verwendet. Wir möchten hier vor allem auseinanderhalten, ob wir vom institutionellen Aspekt sprechen (z. B. ich habe ein technisches Problem und wende mich an die *Informatikorganisation*) oder vom instrumentalen Aspekt (z. B. die Festlegung der Rechte und Pflichten eines Vorgesetzten oder eines Prozessablaufs). Wenn wir vom *instrumentalen Aspekt des Organisationsbegriffes* sprechen, d. h., wie ein Unternehmen funktionieren müsste, benutzen wir den Begriff *Managementsystem*.

> Das Managementsystem legt fest, wie ein Unternehmen funktionieren soll, d. h. schlussendlich wie die Ressourcen einer Unternehmenung zur Erbringung der Marktleistung organisiert werden sollen.

> Das Managementsystem legt die Aufbau- und Ablauforganisation eines Unternehmens fest.[6] Die Aufbauorganisation liefert den strukturellen Rahmen, innerhalb dessen sich die erforderlichen Arbeitsprozesse (Ablauforganisation) vollziehen können. Aufträge[7] können als Instrument betrachtet werden, um die Prozesse innerhalb und zwischen den definierten Strukturen anzustoßen.
>
> Das Managementsystem folgt der Strategie und ist Mittel ihrer operativen Umsetzung.

Im Managementsystem müssen die Organisationseinheiten und Gremien (Kontrollstrukturen), die zugehörigen Rollen, Aufgaben, Arbeitsprozesse und *Hilfsmittel wie IT-Unterstützung* beschrieben werden. Mit Rollen sind auch Kompetenzen (Rechte) und Verantwortlichkeiten (Pflichten) verbunden. Kompetenzen stellen Entscheidungsbefugnisse dar, Verantwortlichkeiten die Pflicht zur persönlichen Rechenschaft. Idealerweise sollten die Kompetenzen zu den zugewiesenen Verantwortlichkeiten deckungsgleich sein, d. h., der Rolleninhaber besitzt die notwendigen Entscheidungsbefugnisse, um die ihm zugewiesenen Verantwortlichkeiten wahrzunehmen.

Welche Rollen mit welchen Stellen (gemäß Organisationslehre die kleinste Einheit) abgebildet werden, ist eine Frage der möglichst hohen *Prozesseffizienz*. Aus [Thommen], S. 601 ff.:

»*Eine Unternehmung muss primär organisieren, um eine Arbeitsteilung vorzunehmen, da an der Erfüllung der Gesamtaufgabe einer Unternehmung mehrere Personen beteiligt sind. Des Weiteren wird erst durch eine Arbeitsteilung eine Spezialisierung ermöglicht, die wiederum eine höhere Produktivität zur Folge hat. Damit stellt sich das Problem, wie eine solide Arbeitsteilung aussehen kann. ... Mit jeder Form der Arbeitsteilung sind aber bestimmte Konsequenzen verbunden, die nicht nur positiver, sondern auch negativer Art sein können. Bei einer zunehmenden Spezialisierung ist beispielsweise festzustellen, dass neben der Erhöhung der Produktivität eine Zunahme der Abhängigkeiten und Komplexität der Organisation auftreten können.*«

---

6   Inklusive desjenigen Teils, der die IT-Belange regelt.
7   Organisatorisches Hilfsmittel der Betriebssteuerung: Die beauftragte Stelle wird zur Ausführung einer Leistung verpflichtet [Gabler].

> Die *Prozesseffizienz* ist die wirtschaftliche Erbringung der Prozessleistung im Vergleich zu den Mitbewerbern. Bei der Prozesseffizienz geht es darum, ob wir das, was wir tun, *richtig* tun.
>
> Die *Prozesseffektivität* orientiert sich am Kundennutzen. Sie ist der Nutzen der Prozessleistung beim Kunden im Vergleich zu den Mitbewerbern. Bei der Prozesseffektivität geht es darum, ob wir *das Richtige* tun.

Prozessqualität spielt bei der Sicherstellung und Erhöhung der Prozesseffizienz und -effektivität eine Schlüsselrolle. Höhere Prozessqualität bedeutet nicht automatisch mehr Kosten, im Gegenteil (aus [Dubs et al.]):

»*Erst eine ... hervorragende Qualität der wettbewerbsentscheidenden Prozesse verbürgt sowohl eine hohe Effektivität (Kundennutzen) als auch eine gute Effizienz (Produktivität und Kostenniveau). ... Daher gehen erfolgreiche Unternehmungen eine Verbesserung von Effektivität und Effizienz von unten her an, d. h., ein entscheidender Hebel für nachhaltigen wirtschaftlichen Erfolg liegt bei der Prozessqualität. Kosten dagegen sind – wie hohe Umsätze – mehr Symptom als eine Ursache für hervorragende unternehmerische Leistungen. ... Wie die Pyramide in Abbildung 4 zu zeigen versucht, verbürgt Prozessqualität eine hohe Zuverlässigkeit. ... Eine hohe Zuverlässigkeit ermöglicht eine einfachere, bessere Planung ohne Zeitreserven und andere Reserven. ... Der Verzicht auf Zeitreserven und die Verlässlichkeit externer und interner Lieferanten erhöht aber auch die Geschwindigkeit und damit die Flexibilität gegenüber den Kunden, indem Ressourcen und Leistungen rascher verfügbar gemacht werden können. ... Prozessqualität kommt typischerweise in der Anzahl und in der Qualität der Schnittstellen zwischen verschiedenen Arbeitsvorgängen und Einheiten einer Unternehmung zum Ausdruck.*«

Abbildung 4 – Kostenpyramide: Prozessqualität als Basis einer hohen Kosteneffizienz (Bild aus [Dubs et al.], angepasst)

Die obige Aussage »Prozessqualität kommt typischerweise in der Anzahl und in der Qualität der Schnittstellen zwischen verschiedenen Arbeitsvorgängen und Einheiten einer Unternehmung zum Ausdruck«, heißt auch, dass jeder einzelne Mitarbeiter die Prozessqualität mitbestimmt. Darum postulieren alle heutigen Qualitätsmanagementmodelle die zentrale Rolle des Menschen in einer Organisation.

> Das Erkennen des Potenzials für Prozesseffektivitätssteigerungen ist primär Gegenstand der Strategiearbeit. Das Erkennen des Potenzials für Prozesseffizienzsteigerungen ist hingegen primär eine Aufgabe der operativen Führung. Der zuständige Manager trägt die Verantwortung, dass man sich mit dieser Frage regelmäßig beschäftigt und sie auch beantwortet. Er muss das Potenzial für Prozesseffizienzsteigerungen in seinem Bereich erkennen können.

3.3 Gestaltung des Managementsystems

Die Gestaltung eines Managementsystems ist sowohl aus struktureller Sicht (Aufbauorganisation) als auch aus dynamischer Sicht (Ablauforganisation) vorzunehmen. Im Rahmen der sogenannten *Prozessmodellierung* werden nicht nur die dynamischen, sondern auch die strukturellen Aspekte ausgearbeitet und festgelegt (Kapitel 3.3.1 »Prozessmodellierung – die Prozessarchitektur«).

Prozesse erzeugen, verwenden und verändern Informationen. Um Prozesse jedoch effektiv und effizient modellieren zu können, muss das Verständnis der benötigten Informationen vorhanden sein. Dieses Verständnis zu erarbeiten, stellt in der Praxis selbst eine eigenständige Disziplin dar. Dieses Verständnis schafft die Domänenmodellierung mit ihren fachlichen Datenmodellen (Kapitel 3.3.2 »Domänenmodellierung – die Informationsarchitektur«).

Sowohl die Prozessmodellierung als auch die Domänenmodellierung haben einen »architektonischen Charakter«, Es handelt sich dabei um eine anspruchsvolle konzeptionelle, konstruktive bzw. handwerkliche Arbeit. Anstelle der Prozessmodellierung spricht man in der Praxis oft von der Prozessarchitektur, anstelle der Domänenmodellierung von der Informationsarchitektur.[8]

Um ein qualitativ gutes Managementsystem ausarbeiten zu können, müssen sowohl die Prozess- als auch Domänenmodellierung *gleichzeitig* erfolgen. Im Kapitel 3.3.3 »Businessarchitektur« erläutern wir, wie das Zusammenspiel zwischen der Prozess- und Domänenmodellierung aussieht und welche Ergebnisse man davon erwarten darf. Hier schließt sich der Kreis, und wir kehren zurück zur Strategie mit einem ihrer wichtigsten Ergebnisse: der *Businessarchitektur*.

3.3.1 Prozessmodellierung – die Prozessarchitektur

Die Prozessmodellierung kann als ein Instrument verstanden werden, um ein Managementsystem zu entwerfen oder Teilaspekte davon, z. B. die Modellierung der Geschäftsprozesse einer bestehenden Aufbauorganisation. Geschäftsprozesse beschreiben ganze Abläufe, potentiell quer durch die Aufbauorganisation des Unternehmens, z. B. den Ablauf einer Warenbestellung vom Eingang der Bestellung über die Herstellung und Zwischenlagerung bis hin zur Auslieferung und Fakturierung.

Oft wird die Aufbauorganisation zuerst festgelegt und erst danach die Ablauforganisation ausgearbeitet. Dies kann zu ineffizienten Prozessen führen.[9]

---

8   Die Begriffe »Prozessarchitektur« und »Informationsarchitektur« werden in der Praxis und Literatur zum Teil unterschiedlich benutzt und verstanden.
9   Diese Erscheinung scheint systemimmanent zu sein. Die Entscheidungsträger haben aus naheliegenden Gründen ein geringes Interesse, dass sich ihr Jobprofil bei jeder neuen strategischen Ausrichtung des Unternehmens ändern könnte bzw. die Positionen neu verteilt werden. Siehe Ausführungen im Kapitel 5.5 »Interpretation der Änderungsdrücke im Unternehmen«.

Wir haben im Kapitel 3.2 »Von der Strategie zum Managementsystem« geagt, dass die Aufbauorganisation den strukturellen Rahmen liefert, innerhalb dessen sich die erforderlichen Arbeitsprozesse (Ablauforganisation) vollziehen können. Ein solcher Rahmen ist *nur dann sinnvoll festlegbar*, wenn genaue Vorstellungen über die Arbeitsprozesse bestehen, die sich innerhalb dieses Rahmens vollziehen sollen. Folglich sollte eine Organisationsgestaltung gleichzeitig sowohl mit strukturellen als auch dynamischen Annahmen operieren, beginnend auf hoher Abstraktionsstufe und endend auf einer operativ nutzbaren Ebene.

Prozessmodellierungsmethoden setzen minimale strukturelle Annahmen voraus (Festlegung der initialen Rollen bzw. Aktoren). Dabei wird zuerst eine sogenannte Prozesslandkarte erarbeitet. Darin sind die Hauptprozesse und die Leistungen zwischen diesen Hauptprozessen sowie die Rollen bzw. Aktoren, wie z. B. Zulieferer und Kunden, aufgeführt. In einem zweiten Schritt werden die Hauptprozesse und Leistungen dieser Prozesslandkarte verfeinert in Teilprozesse mit ihren Leistungen (Stichwort Prozesszerlegungsmatrix). Diese Zerlegung der Teilprozesse kann sich wiederholen, sprich mehrere Abstraktionsebenen umfassen. Dabei werden auch die Aktoren verfeinert (teilweise bis auf die Nennung der Organisationseinheit). Man befindet sich immer noch auf der sogenannten Makroebene, der funktionalen Ebene (Aufgabenebene). Erst wenn die Teilprozesse als Aktivitätsketten[10] modelliert werden, ist man auf der sogenannten Mikroebene, der Ablaufebene. Auf dieser operativ nutzbaren Ebene interessieren der konkrete Ablauf und die konkreten Prozessleistungen. Die vorhergehenden Modellierungsschritte und Ergebnisse dienen der Orientierung, Kommunikation und Erkenntnisgewinnung für die weitere Modellierung und später für die Pflege dieser Ergebnisse. Diese »Zerlegung« der Prozesse im Wechselspiel mit dem Zusammenfassen von Aufgaben, die Verfeinerung der Aktoren und somit die Festlegung der *prozessualen Schnittstellen* erfolgen mit dem Ziel, die *bestmögliche Prozesseffizienz und Prozesseffektivität* zu erreichen (Abbildung 5).

---

10 Aus fachlicher Sicht sind Aktivitäten sinnvolle zu kennzeichnende Arbeitsschritte eines Prozesses.

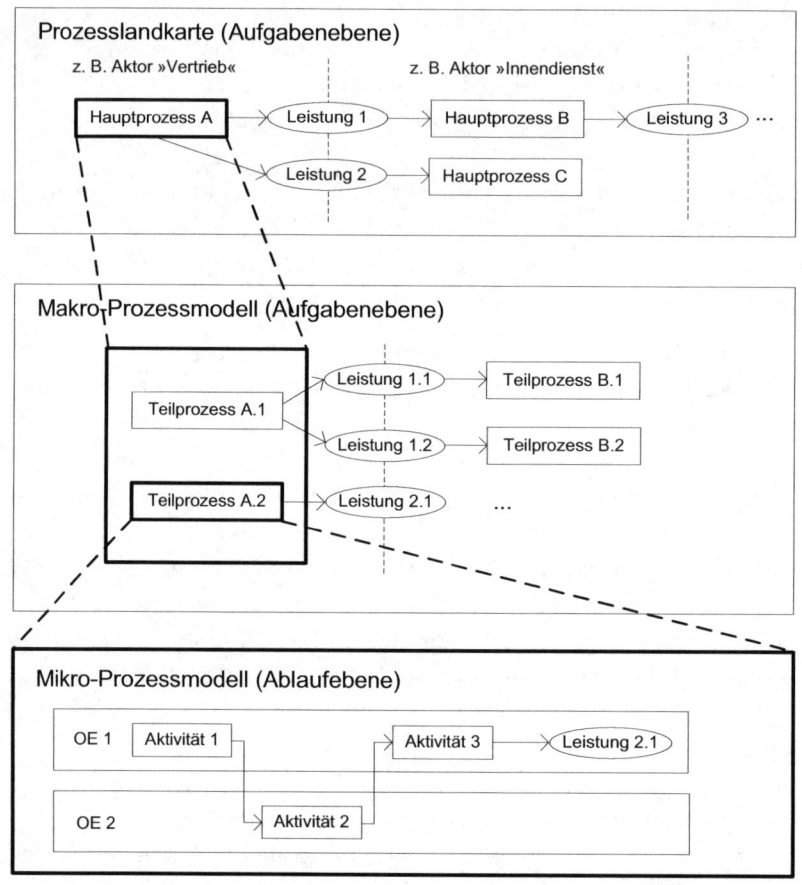

Abbildung 5 – Schematische Darstellung der Entstehung von Prozessmodellen

Die Modellierung von Prozessen geschieht anhand von Prozessgestaltungsvorgaben, von sogenannten *Prozessgrundsätzen*. Diese Prozessgrundsätze werden in der Regel auf jeder Abstraktionsebene definiert. Auf Makroebene werden sie meist aus den *strategischen Zielgrößen und aus den Ergebnissen der strategischen Positionierungsarbeit* abgeleitet. Ein Prozessgrundsatz ist meist inhaltsbezogen formuliert, z. B. »es ist eine prozessuale Trennung von Einzel- und Kollektivversicherung vorzusehen«. Er kann aber auch methodenbezogen lauten, z. B. »alle Prozesse müssen eine bestimmte Grundstruktur aufweisen«. Auf die Mikroebene heruntergebrochen könnte ein solcher Prozessgrundsatz wie folgt lauten: zuerst immer alle Eingabedaten sammeln, diese dann verarbeiten und erst anschließend sämtliche Ergebnisse ausgeben.

Es gibt sowohl unterschiedliche Prozessbeschreibungsnotationen als auch Prozessmodellierungsansätze. Sie sind meist gepaart mit entsprechenden Werkzeugangeboten, wie z. B. [SemTalk] oder [ARIS Toolset]. Die oben gemachten Methodikausführungen lehnen sich stark an die *ursprüngliche PROMET-Methode für Prozessentwurf* an [Österle]. Sie entstammen der eigenen Praxis und haben sich in unterschiedlichen Projekt- und Organisationsentwicklungsaufgaben bewährt.

Es »lohnt« sich nicht immer, alle Prozesse zu automatisieren, d. h., sie durch die IT zu unterstützen. Einige sind oft besser organisatorisch abzuwickeln. Mit der Frage, wo sich eine IT-Unterstützung lohnt, beschäftigen wir uns im Kapitel 3.7.1 »Zweck der IT-Unterstützung«.

Bzgl. einer Automatisierung liefert die Prozessmodellierung bzw. Prozessarchitektur Hinweise für eine »Make or Buy«-Entscheidung hinsichtlich der Beschaffung der IT-Unterstützung und damit auch für die Prozessmodellierung selbst. Die Prozesse werden üblicherweise in die Kategorien Leistungs-, Support- und Führungsprozesse unterteilt.[11] Über eine Differenzierung in den Führungs- und Supportprozessen erzielt man gegenüber den Marktteilnehmern selten Wettbewerbsvorteile, im Gegensatz zu einer Differenzierung in den Leistungsprozessen. Führungs- und Supportprozesse sind eher standardisiert, und somit sind die dafür benötigte IT-Unterstützung und deren Prozesse einkaufbar.

> Mit dem Einkauf einer IT-Unterstützung werden auch deren Prozesse »eingekauft«.[12]

Die Prozessarchitektur gibt auch konkrete Hinweise, wie die IT-Unterstützung der Prozesse in Anwendungen aufgeteilt werden sollte.

> Die Prozessarchitektur liefert sowohl aufbauorganisatorische Gründe (z. B. Systemaufteilung nach Besitzer und Geldgeber) als auch ablauforganisatorische Gründe (z. B. Zusammenführung ähnlicher Funktionalitäten zwecks

---

11 Leistungsprozesse werden auch Kernprozesse, Supportprozesse auch Enabling-Prozesse und Führungsprozesse auch Managementprozesse genannt.
12 Das gilt auch für das fachliche Datenmodell (Kapitel 3.3.2 »Domänenmodellierung – die Informationsarchitektur«).

> Nutzung von systemtechnischen Synergien bei der Entwicklung und Pflege der Anwendungen, Kapselung der verschiedenen Änderungsdrücke auf die Prozesse in unterschiedliche Systeme, um operative Informatikprozesskosten zu reduzieren, usw.) für die Aufteilung der IT-Unterstützung in Anwendungen.

Für die Beantwortung der Frage, *in welcher Qualität* die IT-Unterstützung in den Prozessen realisiert werden soll, liefert die Prozessarchitektur ebenfalls wichtige Hinweise. Die benötigte Qualität der IT-Unterstützung für einen Prozess hängt von seiner wirtschaftlichen und strategischen Bedeutung für das Unternehmen sowie von seiner »Lebensdauer« ab. Die Lebensdauer eines Prozesses hängt wiederum von den Änderungsdrücken ab, denen er unterworfen ist (Kapitel 5 »Die Änderungsdrücke auf die IT-Unterstützung«). Müssen beispielsweise Geschäftsprozesse IT-unterstützt werden, die nur übergangsmäßig existieren, z. B. ein organisatorischer Change-Management-Prozess, oder von einem erfolgreichen Geschäftsverlauf abhängig sind, z. B. die Bestandesführung eines am Markt neu lancierten Produktes, so ist die Qualität der IT-Unterstützung soweit möglich und sinnvoll »minimal« zu wählen.

> Die Prozessarchitektur identifiziert die Geschäftsprozesse, welche *wirtschaftlich und strategisch wichtig* sind, sowie diejenigen, die *großen Änderungsdrücken* ausgesetzt sind. Dort wo die Eintretenswahrscheinlichkeit einer Prozessänderung groß ist und die Geschäftsprozesse wirtschaftlich und strategisch wichtig sind, sollte die *IT-Unterstützung flexibel konzipiert* werden. D. h., die Prozessarchitektur liefert die Entscheidungsgrundlage zur Beurteilung, *wo sich Architekturinvestionen lohnen.*

Man wird in der Praxis aufgrund einer Kosten-Nutzen-Betrachtung nicht jeden Prozess bis auf seine Ablaufebene detailliert ausarbeiten, insbesondere temporäre und sehr veränderliche Prozesse. Sinnvollerweise werden für solche Prozesse »nur« die Rollen, Aufgaben, Kompetenzen und Verantwortlichkeiten festgelegt. In der Praxis liefert die Prozessarchitektur nur für wenige, sehr wichtige Prozesse konkrete Hinweise für die benötigte Qualität der IT-Unterstützung. Die Bestimmung der notwendigen Qualität geschieht üblicherweise vollständig im Rahmen des Requirements Engineerings (Kapitel 3.7.3 »Vorgehen zur Festlegung der IT-Unterstützung«).

Für weitergehende Ausführungen zum Thema »Prozessmodellierung« bzw. »Prozessmanagement« verweisen wir auf [Schmelzer-Sesselmann].

3.3.2 Domänenmodellierung – die Informationsarchitektur

Ein Geschäftsfeld oder -segment eines Unternehmens kann als *Domäne* bezeichnet werden. Eine Domäne repräsentiert in der Regel ein Fachgebiet. Eine Domäne sollte eine fachlich überschaubare Größe aufweisen. Überschaubar heißt für uns, dass eine qualifizierte Person es schafft, die wichtigsten Entwicklungen und Zusammenhänge in diesem Fachgebiet zu verfolgen und zu erkennen, damit sie auch die entsprechende unternehmerische Verantwortung übernehmen kann.

> Ein wesentlicher Grund für die Bildung von Domänen liegt in der Aufteilung der Unternehmensaufgaben in *führbare* Einheiten, um die unternehmerische Verantwortung überhaupt wahrnehmen zu können. Ein weiterer Grund für die Domänenbildung liegt in der Optimierung des Ressourceneinsatzes eines Unternehmens. Eine Domänenbildung hilft der Unternehmung, die Änderungsdrücke[13] aus den Märkten besser verstehen und kontrollieren zu können.

Die Domänenbildung gibt initiale Strukturierungshinweise für die Aufbauorganisation, zumindest für die Wahl der Aktoren (siehe Kapitel 3.3.1 »Prozessmodellierung – die Prozessarchitektur«).

Die Informationszusammenhänge innerhalb einer Domäne werden mit einem Domänenmodell beschrieben. Ein Domänenmodell kann aus mehreren fachlichen Datenmodellen[14] unterschiedlicher Granularität bestehen. Ein fachliches Datenmodell ist ein konzeptionelles (produkt- und technologieneutrales) Datenmodell. Es basiert auf eindeutigen, von den Fachabteilungen festgelegten Fachbegriffen [Vetter].

> Ein Domänenmodell gibt den Informationsrahmen einer Organisation vor. Seine Bestandteile sollten eindeutig der Struktur der Organisation zugeordnet werden können.

---

13 Mit den Änderungsdrücken auf das Unternehmen befassen wir uns im Kapitel 5.3 »Änderungsdrücke auf das Unternehmen«.

14 Die Begriffe Datenmodell und Informationsmodell verwenden wir synonym.

Die Abbildung 6 zeigt einen Ausschnitt aus einem Domänenmodell für eine Versicherung.

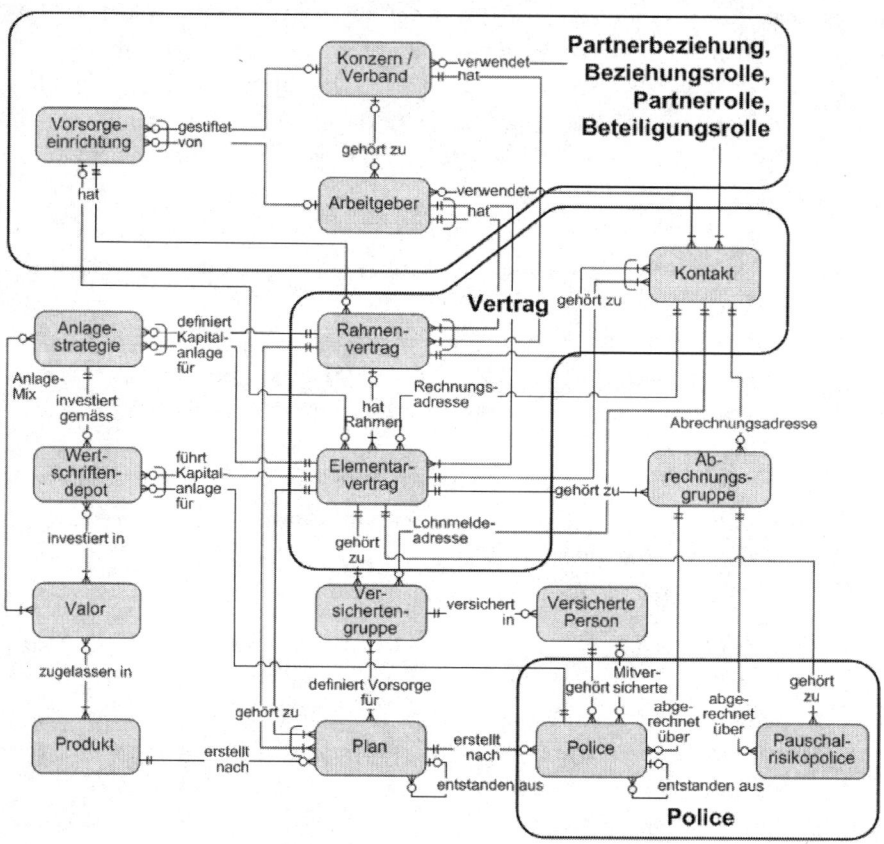

Abbildung 6 – Auszug aus einem Domänenmodell einer Versicherung (Quelle: H. Nägeli)

> Die wichtigste Aufgabe der Domänenmodellierung bzw. der Informationsarchitektur ist die Standardisierung der Begriffe! Es ist die zentrale Funktion der Informationsarchitektur, dass unter den Beteiligten eine gemeinsame Sprache geschaffen wird, im einfachsten Fall in Form eines Glossars.

Die Informationsarchitektur modelliert die Informationen, welche durch die Prozesse erzeugt, verwendet und verändert werden, z. B. Informationen zu Themenbereichen wie Kunden, Mitarbeiter, Produkte, Aufträge usw. In den frühen Neunzigerjahren wurden in den Unternehmungen Datenmanagementteams gebildet mit dem Ziel, ein vollständiges Unternehmensdatenmodell zu erstellen. Mit den Jahren erkannte man, dass eine vollumfängliche, detaillierte Modellierung der fachlichen Informationen (Nennung aller Informationsobjekte bzw. Entitäten mit ihren Attributen, Beziehungen und Kardinalitäten) kaum möglich ist. Einerseits ist die Dynamik der Veränderungen der bewirtschafteten Informationen im Geschäftsalltag zu groß, um mit der Modellierung Schritt halten zu können, andererseits ist das Kosten-Nutzen-Verhältnis unzureichend. Man konzentriert sich heute auf die wesentlichen Informationszusammenhänge aus Geschäftssicht (Modellierung der sogenannten »Kernentitäten«).

Die Informationen jedoch, welche durch *IT-unterstützte* Prozesse erzeugt, verwendet und verändert werden, müssen vollumfänglich und detailliert modelliert werden, damit man entsprechende Anwendungen bauen kann. Hierzu müssen die fachlichen, *detailliert modellierten* Datenmodelle weiter mit technischen Umsetzungsaspekten ergänzt werden. Dabei resultieren sogenannte logische und physische Datenmodelle.

> Ein *logisches Datenmodell* (fachliches Datenmodell angereichert mit technischen Attributen wie Schlüsselinformationen oder mit aggregierten, berechneten Informationen usw.) oder ein *physisches Datenmodell* (denormalisiertes logisches Datenmodell aus Skalierbarkeits- und Performance-Überlegungen) sind *nicht Ergebnisse der Informationsarchitektur*, sondern der »Softwarearchitektur«.

Die Benennung, welche Informationsobjekte durch welche Anwendung geändert werden dürfen (Festlegung eines »Mastersystems« für bestimmte Informationen), kann beispielsweise für die Verifikation der Aufteilung der IT-Unterstützung in Anwendungen nützlich sein. Als Aufteilungskriterium könnte z. B. die Kapselung von Informationsobjekten in nur einer Anwendung dienen. Werden die gleichen Daten durch mehrere Anwendungen bzw. durch deren Benutzer bewirtschaftet, so können sowohl auf fachlicher als auch auf technischer Seite Probleme oder Einschränkungen entstehen. Wir werden diese Probleme im Kapitel 9 »Komplexität der IT-Unterstützung« und die sich dazu anbietenden Lösungsansätze im Kapitel 10 »Komponentenbildung als Schlüssel zur Wartbarkeit« erörtern.

> Datenmodelle lassen Rückschlüsse auf eine sinnvolle Aufteilung der IT-Unterstützung einer Domäne in Anwendungen zu. Des Weiteren spielen sie eine wichtige Rolle bei der Entwicklung, dem Einkauf und der Pflege der Anwendungen selbst.

Wir werden in den Kapiteln 4.1.1 »Aufgaben der Anwendungsarchitektur« auf die Aufteilung der IT-Unterstützung in Anwendungen und 4.1.3 »Aufgaben der Softwarearchitektur« auf die logischen und physischen Datenmodelle eingehen.

Die Informationsarchitektur liefert folgende Ergebnisse:

- Glossar der Fachbegriffe
- Fachliche Ist- und Soll-Datenmodelle auf der Top-Level- und Makroebene (siehe Kapitel 3.3.3 »Businessarchitektur«) sowie auf der Mikroebene für IT-unterstützte Prozesse, wobei die fachlichen Ist-Datenmodelle Bestandteil der jeweiligen Anwendungsdokumentation sind
- Vornahme von Standardisierungen
  - Eine standardisierte Terminologie erleichtert die Kommunikation innerhalb der Firma. Ein standardisiertes Modellierungswerkzeug kann dies unterstützen.
  - Standardisierte fachliche Datenmodelle auf verschiedenen Verfeinerungsebenen erleichtern die Kommunikation innerhalb der Firma, reduzieren den Entwicklungsaufwand für neue IT-Systeme und erleichtern die Wartung existierender IT-Systeme.

Für eine Einführung in die Datenmodellierung verweisen wir auf [Vetter].

3.3.3 Businessarchitektur

Um sinnvoll mit der Modellierung von Prozessen und Informationen beginnen zu können, müssen aus der Strategiearbeit die strategischen Zielgrößen, die Analysen zur Positionierung des Unternehmens im Markt sowie die Analysen zu ihrer Wertschöpfung in adäquater Form vorliegen. Diese Vorarbeiten liefern der Prozess- und Domänenmodellierung den notwendigen Rahmen, um ein geeignetes Managementsystem als operatives Mittel der Strategieumsetzung entwerfen zu können. Sie liefern beispielsweise die Domänen, die konzeptionellen Prozessgrundsätze, die Steuerungsgrößen in Form von Key Performance Indicators (KPIs) usw.

> Die Strategieergebnisse, welche die Wertschöpfung des Unternehmens betreffen, d. h. die dazu getroffenen strategischen und konzeptionellen Festlegungen, das erarbeitete Managementsystem mit allen fachlichen Datenmodellen, werden in ihrer Gesamtheit als *Businessarchitektur* bezeichnet.[15]

Die Businessarchitektur kann als ein *Ergebnis des Strategieprozesses* betrachtet werden. Die detaillierte Ausarbeitung und Pflege der Businessarchitektur wird jedoch in der Praxis als eine separate Umsetzungsmaßnahme definiert. D. h., die detaillierte Ausarbeitung des Managementsystems und der fachlichen Datenmodelle werden an das operative Management bzw. *an die Unternehmensarchitektur delegiert* (Kapitel 3.11.6 »Unternehmensarchitektur, Enterprise Architecture, TOGAF, Zachman«).

Das Vorgehen bei der Prozess- und Domänenmodellierung zur Gestaltung bzw. Anpassung der Businessarchitektur erfolgt in drei Modellierungsschritten und wird mehrmals wiederholt zwecks Verfeinerung oder Korrektur von getroffenen Annahmen und unter Berücksichtigung neuer fachlicher Erkenntnisse (Abbildung 7). Mit jedem Modellierungsschritt nimmt die Anzahl der Iterationszyklen ab (symbolisiert in Abbildung 7 durch einen größeren Kreislauf). Die Einplanung und Durchführung von Iterationszyklen stellt eine Qualitätsmanagementmaßnahme dar. Wird die Qualitätssicherung der Ergebnisse zu spät vorgenommen, sind monierte Mängel für das Projekt zu gravierend. »Gravierend«, weil für die Ergebniserstellung evtl. bereits sehr viel Zeit und Energie aufgewendet wurde und durch ein negatives Prüfungsergebnis die investierte Arbeit sowohl in das geprüfte Ergebnis als auch in die davon abhängigen Ergebnisse verloren geht. Unter Umständen können die Mängel gar nie mehr korrigiert werden.

---

15 Ein Geschäftsmodell ist eine modellhafte Beschreibung eines Geschäftes. Hierzu gibt es verschiedene betriebswirtschaftliche Definitionen, aus welchen Beschreibungselementen ein Geschäftsmodell besteht, z. B. aus einem Nutzenversprechen (Value Proposition), einer Wertschöpfungsarchitektur und einem Ertragsmodell [Stähler]. In unserer Terminologie umfasst die Businessarchitektur die Wertschöpfungsarchitektur.

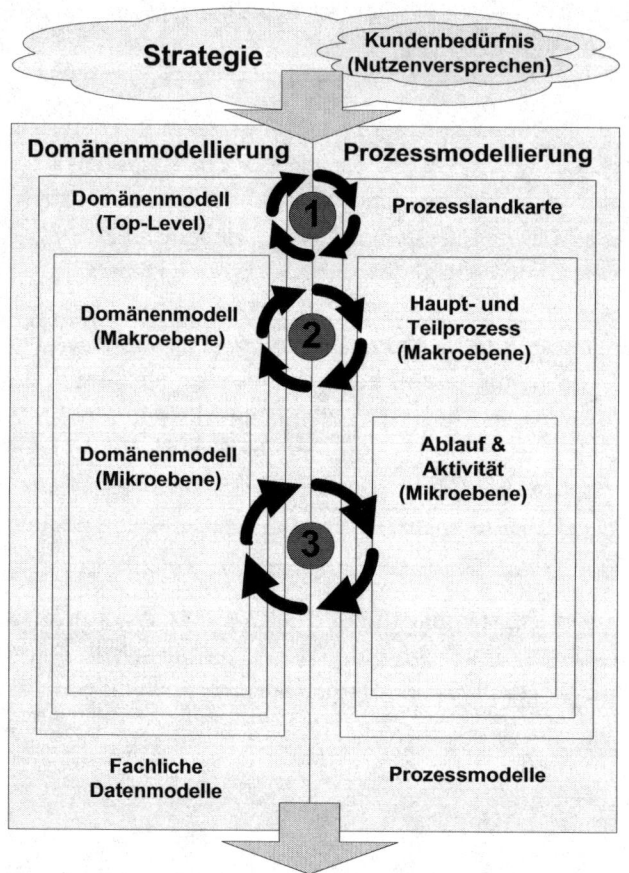

Abbildung 7 – Vorgehen zur Gestaltung bzw. Anpassung der Businessarchitektur

Nachfolgend erörtern wir die Ergebnisse dieser drei Modellierungsschritte.

1. Prozesslandkarte und Top-Level-Domänenmodell erstellen:
   - Die Prozesslandkarte
     - orientiert sich an den zu erbringenden Leistungen (Ergebnisse),
     - definiert Hauptprozesse,
     - definiert Rollen (inkl. Kunde),

- bildet die Leistungen/Leistungsflüsse innerhalb der definierten Hauptprozesse ab,
- ist eine Strukturebene (beinhaltet keine Abläufe),
- dient als Navigations- bzw. Orientierungsinstrument.

- Das Top-Level-Domänenmodell
  - beinhaltet die wesentlichen Informationsobjekte,
  - zeigt die Beziehungen untereinander auf,
  - verzichtet auf die Angabe von Kardinalitäten (Verdeutlichung der Beziehungen der Instanzen der Informationsobjekte).

2. Domänen- und Prozessmodelle auf Makroebene erstellen (was wird gemacht?):
   - Das Makro-Prozessmodell
     - zerlegt die Hauptprozesse in Teilprozesse,
     - stellt die weitere Zerlegung der Leistungen auf Ebene der Teilprozesse sicher,
     - ist eine Strukturebene (beinhaltet keine Abläufe),
     - kann bereits u. U. die Organisationseinheiten benennen,
     - dient als Navigations- bzw. Orientierungsinstrument.
   - Das Makro-Domänenmodell
     - verfeinert das Top-Level-Domänenmodell.

3. Domänen- und Prozessmodelle auf Mikroebene erstellen (wie wird es gemacht?):
   - Das Mikro-Prozessmodell
     - definiert Abläufe und Aktivitäten,

- stellt eine inhaltliche Ausmodellierung der Abläufe dar,

  - benennt die für den Prozess zuständigen bzw. involvierten Organisationseinheiten.

- Das Mikro-Domänenmodell

  - verfeinert das Makro-Domänenmodell und

  - benennt die Kardinalitäten.

Die Businessarchitektur, welche u. a. die Ergebnisse der Prozess- und Informationsarchitektur enthält, ist für die Ausgestaltung und wirtschaftliche Bereitstellung der IT-Unterstützung für eine Informatikorganisation von essenzieller Bedeutung. Im Kapitel 3.7 »Von der Strategie zur IT-Unterstützung« werden wir auf die Businessarchitektur, insbesondere auf ihre Bedeutung für die Festlegung der IT-Unterstützung, nochmals eingehen.

3.4 Das Managementsystem als Ressource einer Unternehmung

Die Wichtigkeit des Vorhandenseins eines *dokumentierten* Managementsystems sollte klar sein – selbstverständlich ist es jedoch nicht. Wir kennen größere Unternehmen, die sich den Luxus erlauben, kein dokumentiertes Managementsystem zu haben. Aus den vorherigen Ausführungen wird jedoch klar, dass das Managementsystem u. a. das Bindeglied zwischen dem strategischen Management und der operativen Tätigkeit einer Unternehmung darstellt. D. h., die schriftliche Festlegung des Managementsystems stellt eine Grundvoraussetzung für eine strategiekonforme Ausrichtung der Unternehmung dar. Das Wissen undokumentiert nur in den Köpfen der Mitarbeiter zu haben ist aus unserer Sicht keine wirkliche Alternative, auch bei kleinen und mittleren Unternehmen (KMU) nicht. Ein dokumentiertes Managementsystem schafft Transparenz. Dort, wo Transparenz herrscht, können Probleme und ihre Ursachen richtig erkannt werden, z. B. Missverständnisse, Reibungsverluste oder ungenügende Leistungen. Dann können zielführende Korrekturmaßnahmen vorgenommen werden. Mit Transparenz bewegt sich ein Unternehmen zuverlässig in Richtung mehr Effektivität (das Richtige tun) und Effizienz (es richtig tun).

Das Managementsystem ist demnach eine wichtige Ressource der Unternehmung und muss als solche gepflegt (dokumentiert), umgesetzt, beurteilt und weiterentwickelt werden (Abbildung 8).

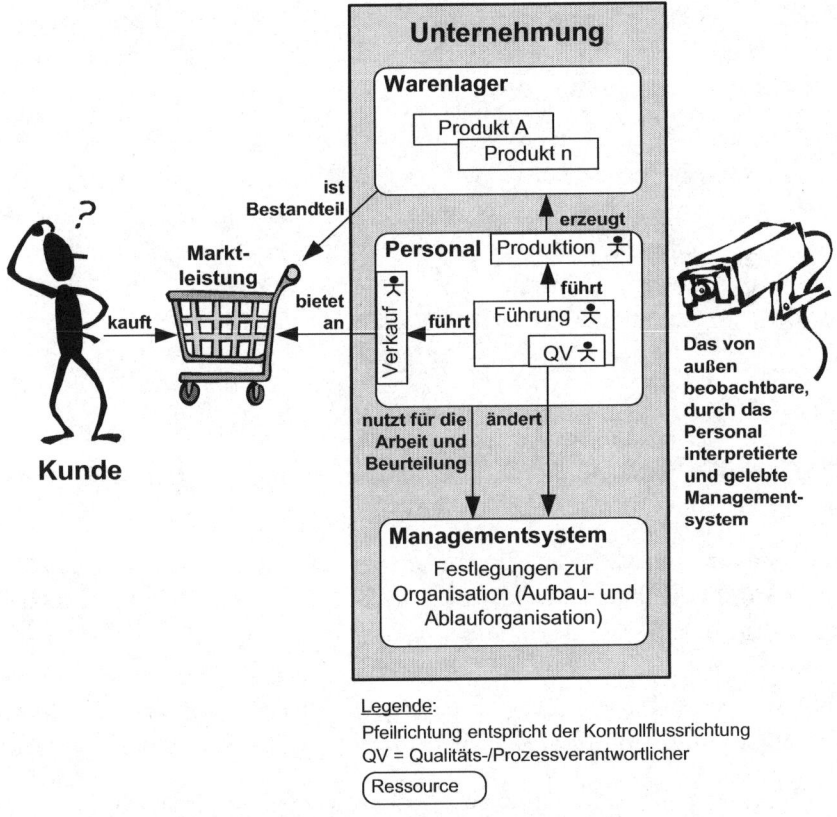

Abbildung 8 – Das Managementsystem als Ressource

Die definierten Prozesse im Managementsystem müssen gepflegt werden. Das heißt aber auch, dass die Pflege wiederum organisiert werden muss. Hierzu muss im Managementsystem ein Führungsprozess definiert werden (siehe auch Kapitel 3.11.2 »Governance, IT-Governance«).

> Die Pflege und Sicherstellung der Einhaltung des Managementsystems ist eine immerwährende Führungsaufgabe und stellt einen wesentlichen Kern der Unternehmensführung dar.

Einerseits wird das Personal anhand des Managementsystems organisiert und beurteilt (inklusive der Führung), andererseits benutzt das Personal das Managementsystem. Änderungen am Managementsystem dürfen nur durch die Führung gemacht bzw. veranlasst werden, z. B. Einbringung neuer Erkenntnisse zur Steigerung der Prozesseffizienz oder strategische Anpassungen. Es sollte umgekehrt jedoch auch jeder Mitarbeiter die Möglichkeit haben und dazu motiviert werden, Verbesserungen anzuregen.

Wie das Managementsystem vom Personal genutzt wird, ist häufig eine Frage der Organisationskultur. Der Vergleich des *gelebten* Managementsystems mit dem dokumentierten Managementsystem gibt wichtige Hinweise für die Führung, wo das Managementsystem zu verbessern oder durchzusetzen ist (dies ist oft verbunden mit einem kulturellen Change Management – falls die Führung eine Außensicht überhaupt wahrnehmen kann und will).

3.5 Die Ressourcen einer Informatikorganisation

Wir möchten hier eine einfache und kommunizierbare Definition geben, was die Ressourcen einer Informatikorganisation (*IT-Ressourcen*) sind.

Neben demjenigen Teil des Managementsystems, welcher die IT-Belange regelt, dem IT-Managementsystem, können als weitere IT-Ressourcen das IT-Personal und die IT-Landschaft festgelegt werden.

> Die IT-Ressource *IT-Managementsystem* besteht aus der Aufbau- und Ablauforganisation der Informatikorganisation.
>
> Die IT-Ressource *IT-Personal* besteht aus den verfügbaren Mitarbeitern der Informatikorganisation, ihren Fähigkeiten und ihrem Know-how.
>
> Die IT-Ressource *IT-Landschaft* beinhaltet alle IT-Betriebsmittel und eingesetzten Technologien[16].

---

16 Interessanterweise spricht man heute von Technologie statt Technik. Der deutsche Begriff Technologie bezeichnet die Lehre oder Wissenschaft von einer Technik. Unter dem Begriff Technik versteht man Verfahren, Methoden und Fähigkeiten zur Herstellung industrieller, handwerklicher oder künstlerischer Erzeugnisse. Verfahren stellen einen standardisierten, in Schritte zerlegbaren, nachvollziehbaren und wiederholbaren Ablauf dar. Eine Methode legt mit der von ihr definierten Vorgehensweise abgestimmte Beschreibungsmodelle für die zu erarbeitenden Ergebnisse fest. Eine Software-Engineering-Methode legt beispielsweise die Beschreibungsmodelle und ein dazu korrespondierendes Vorge-

> Die Ressource IT-Landschaft umfasst sowohl die aktuellen als auch die potenziellen Möglichkeiten und Restriktionen, welche die vorhandenen IT-Betriebsmittel und eingesetzten Technologien zu bieten haben.

Unter IT-Betriebsmittel verstehen wir alle Hard- und Software, die in einem Unternehmen zu finden ist – von der Textverarbeitung bis zum Informationssystem (Anwendung), vom Entwicklungswerkzeug bis zur Softwarebibliothek, vom PC bis zur Serverhardware, von der Netzwerkkarte bis zur Netzwerkverkabelung.[17]

IT-Betriebsmittel basieren auf Technologien. D. h., mit dem Einkauf von IT-Betriebsmitteln werden auch Technologien in die IT-Landschaft eingebracht mit all ihren Vor- und Nachteilen. Darüber hinaus gibt es auch den Einsatz von Technologien in der IT-Landschaft, welche nicht über IT-Betriebsmittel eingeführt worden sind. Dies sind in der Regel Methoden und Best-Practice-Standards. Best-Practice-Standards entstehen in der Regel aufgrund der gemachten Erfahrungen mit IT-Betriebsmitteln von verschiedenen Herstellern, meist durch Bildung entsprechender Herstellerinteressengemeinschaften oder (institutioneller) Normierungsgremien.

3.6 IT-Ressourcen erbringen die IT-Unterstützung

Das Zusammenwirken der aufseiten der Informatikorganisation verfügbaren Ressourcen IT-Managementsystem, IT-Personal und IT-Landschaft bestimmt die IT-Unterstützung (Abbildung 9).

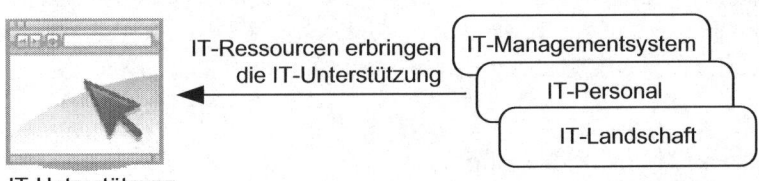

Abbildung 9 – Das Zusammenwirken der IT-Ressourcen bestimmt die IT-Unterstützung

---

hen fest, um Software entwerfen und dokumentieren zu können.
17 Der Begriff IT-Betriebsmittel ist angelehnt an die Begriffsdefinition von Betriebsmitteln nach [Thommen].

Mit IT-Unterstützung sind sämtliche Leistungen gemeint, die eine Informatikorganisation *aus Sicht der Abnehmer der IT-Unterstützung* erbringen *sollte*.

> Die IT-Unterstützung besteht aus der IT-Landschaft und den Dienstleistungen, welche eine Informatikorganisation für die Abnehmer ihrer IT-Unterstützung bereitstellen bzw. erbringen sollte.

Dienstleistungen einer Informatikorganisation erfolgen meist im Zusammenhang mit der bereitgestellten IT-Landschaft, wie beispielsweise eine Helpdesk-Dienstleistung bei Fragen zu Informationssystemen, PC-Arbeitsplätzen usw.

Es fällt auf, dass die IT-Ressource IT-Landschaft bereits selbst Bestandteil der IT-Unterstützung ist. Wir werden im Kapitel 3.8 »Wirtschaftliche Bereitstellung der IT-Unterstützung« sehen, dass diese Doppelfunktion – eine Ressource der Informatikorganisation und zugleich Teil ihrer Leistung zu sein – zu Optimierungskonflikten zwischen Business und IT führen kann.

Die Ressourcen IT-Managementsystem, IT-Personal und IT-Landschaft stellen für die Informatikorganisation die Hebel dar, um auf Anforderungen effizient und effektiv eingehen zu können. Die IT-Ressourcen können nur mittel- und langfristig, sprich strategisch, entwickelt und aufgebaut werden.

3.7 Von der Strategie zur IT-Unterstützung

An welcher Stelle eine IT-Unterstützung sich lohnt, besprechen wir nachfolgend im Kapitel 3.7.1 »Zweck der IT-Unterstützung«. Wir werden danach aufzeigen, dass die IT-Unterstützung einen Bezug zur Strategie haben sollte (Kapitel 3.7.2 »Strategiebezug der IT-Unterstützung«), und erläutern dann das Vorgehen zur Festlegung der IT-Unterstützung (Kapitel 3.7.3 »Vorgehen zur Festlegung der IT-Unterstützung«).

3.7.1 Zweck der IT-Unterstützung

Die Abnehmer der IT-Unterstützung formulieren die Anforderungen an die von ihnen benötigte IT-Unterstützung, und ihre Entscheidungsträger[18] geben ent-

---

18 Entscheidungsträger sind Personen, welche Macht zur Beeinflussung von Entscheidungen besitzen. Die Entscheidungsträger bestehen aus Sicht einer Informatikorganisation vorwiegend aus dem Management der Businessorganisation(en). Wir befassen uns im Kapitel 5.5 »Interpretation der Änderungsdrücke im Unternehmen« damit, wie Entscheidungen im Unternehmen getroffen werden

sprechende Aufträge an die Informatikorganisation. Der Informatikorganisation stehen Ressourcen zur Verfügung, damit sie die angeforderte IT-Unterstützung erbringen kann (Abbildung 10).

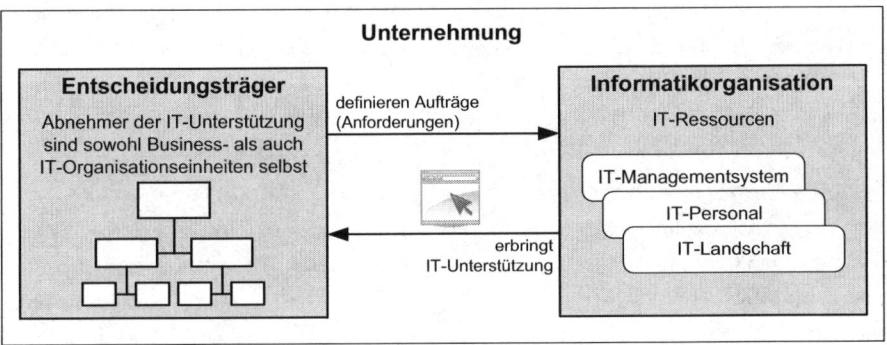

Abbildung 10 – Aufträge an die Informatikorganisation zur Erbringung der IT-Unterstützung

> Eine IT-Unterstützung dient der Steigerung der Prozesseffizienz und Prozesseffektivität.

Die Erhöhung der Prozesseffizienz mittels der IT geschieht unter anderem dadurch, dass menschliche Arbeit reduziert wird (vollständige Automatisierung von Arbeitsschritten) oder dass menschliche Arbeiten systemmäßig geführt und validiert werden (teilautomatisierte Arbeitsschritte, indem z. B. Arbeitsschritte anhand einer Anwendung Schritt für Schritt durchgeführt und die Eingaben plausibilisiert werden). Die Erhöhung der Prozesseffektivität geschieht beispielsweise dadurch, dass mit neuen IT-Lösungen zusätzliche Geschäftsfelder erschlossen werden.

> Die IT-Unterstützung ist eine Investition. Ob sich diese Investition rechnet, muss eine Wirtschaftlichkeitsrechnung zeigen (Kapitel 2.1 »Die Informatikorganisation nur ein Kostenfaktor und ineffizient?«). Welche IT-Unterstützung sich lohnt, hängt von ihrer Wirkung ab (Wertschöpfungsbeitrag oder das Potenzial dafür, Kostensenkung). Hinweise dazu liefern unter anderem die Mengengerüste. In welchem Mass und wie ein Prozess effizient durch

---

und welche Rolle dabei Macht und Eigeninteressen einnehmen.

> die IT unterstützt werden kann und soll, hängt stark vom Prozesstyp ab. Manche Prozesse sind stark strukturierbar und somit standardisierbar (z. B. Produktionsprozesse). *Prozesse, die standardisierbar und häufig ausgeführt werden, haben ein hohes Potenzial für Automatisierung.* Informelle, sporadische, eher unstrukturierte Ad-hoc-Prozesse hingegen bieten nur ein geringes Potenzial für eine IT-Unterstützung *oder* sie bedingen zumindest eine andere Art der IT-Unterstützung (z. B. Büroautomation).

D. h., es »lohnt« sich nicht immer, alle Prozesse zu automatisieren. Sporadische und Ad-hoc-Prozesse sind oft besser organisatorisch abzuwickeln. Jedoch muss das Zusammenspiel zwischen diesen organisatorisch abzuwickelnden Prozessen und den teil- und vollautomatisierten Prozessen effizient vonstattengehen können. Die Abbildung 11 und Abbildung 12 zeigen eine End-to-end-Geschäftsprozessabwicklung, welche sowohl manuelle als auch automatisierte Prozessschritte aufweist.

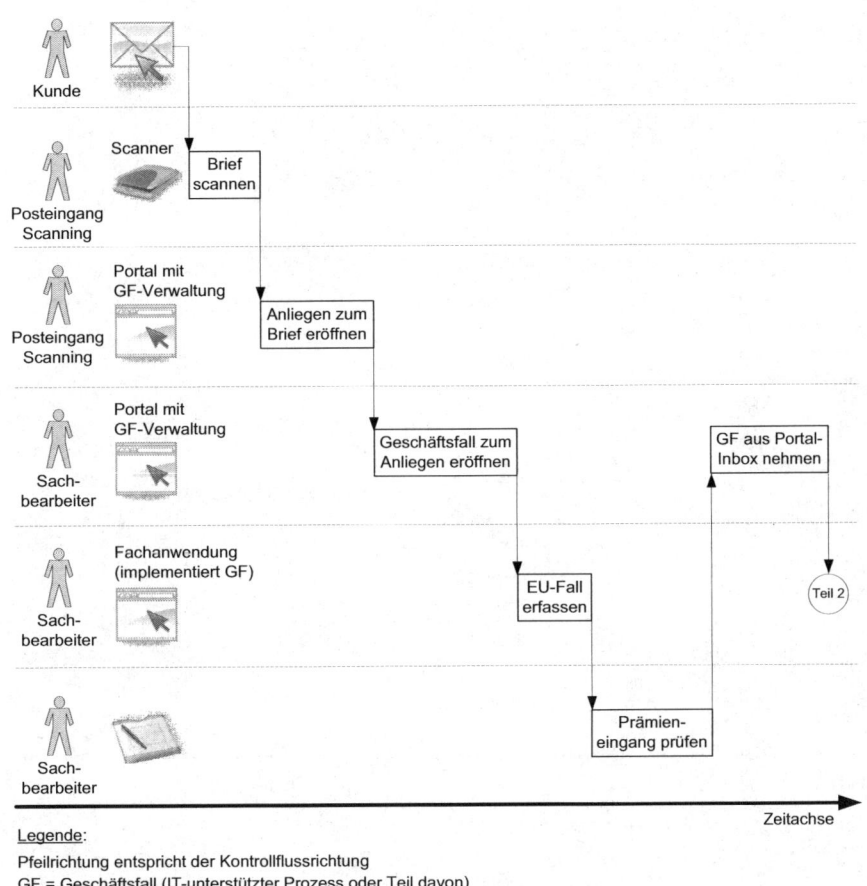

Abbildung 11 – Exemplarischer Ablauf einer End-to-end-Prozessbearbeitung (erster Teil)

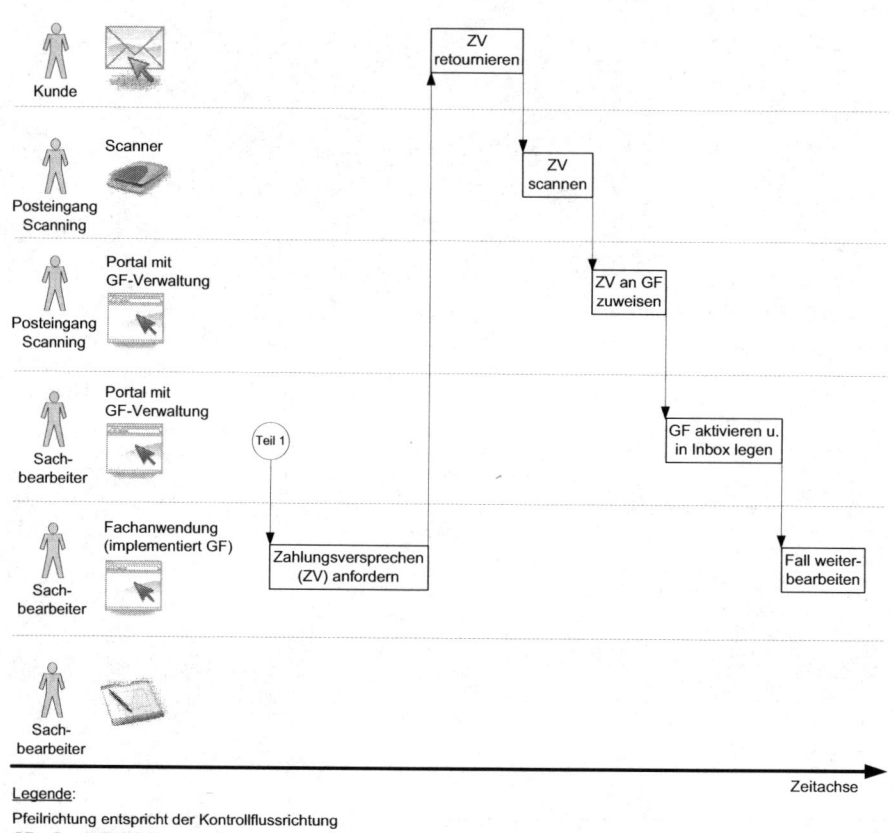

Legende:
Pfeilrichtung entspricht der Kontrollflussrichtung
GF = Geschäftsfall (IT-unterstützter Prozess oder Teil davon)
EU = Erwerbsunfähigkeit
Inbox = Auftragsliste, Pendenzenliste

Abbildung 12 – Exemplarischer Ablauf einer End-to-end-Prozessbearbeitung (zweiter Teil)

3.7.2 Strategiebezug der IT-Unterstützung

Welche Geschäftsprozesse wie stark durch die IT unterstützt werden sollen, sollte ein Ergebnis des Strategieprozesses sein.[19] Die Informatikorganisation hat die an sie gestellten Vorgaben auf Machbarkeit zu hinterfragen, zu präzisieren und zu korrigieren. Für die jeweiligen strategischen Umsetzungsmaßnahmen (in ein Projektportfolio aufgenommene Vorhaben) müssen Wirtschaftlichkeitsrechnungen angestellt werden. Es muss analysiert werden, ob sich die für die neue Geschäftsstrategie gewünschte IT-Unterstützung *lohnend* realisieren lässt. Die Beantwortung dieser Fragen kann nur interdisziplinär erfolgen, d. h. durch Zusammenarbeit von Business und IT (Kapitel 3.7.3 »Vorgehen zur Festlegung der IT-Unterstützung«). Die Bewertung der aktuellen IT-Unterstützung und die damit verbundene Einschätzung der Leistungsfähigkeit der eigenen Informatikorganisation (Kapitel 6.5 »Make or Buy«) dienen in der Ausarbeitung der Geschäftsstrategie mindestens als Indikatoren des Machbaren auf Informatikseite.

Die Geschäftsstrategie ist die Grundlage für die Informatikstrategie. Die Informatikstrategie wiederum zeigt der Geschäftsstrategie die Möglichkeiten der zukünftigen IT-Unterstützung auf. Die Informatikstrategie konkretisiert die durch die Geschäftsstrategie implizit oder explizit vorgegebenen Anforderungen und stimmt diese mit den Entwicklungen im IT-Markt ab (Kapitel 5 »Die Änderungsdrücke auf die IT-Unterstützung«).

---

19 Siehe auch [Cassidy] und [Keller].

Die Abbildung 13 zeigt detailliert grafisch die gemachten Ausführungen.

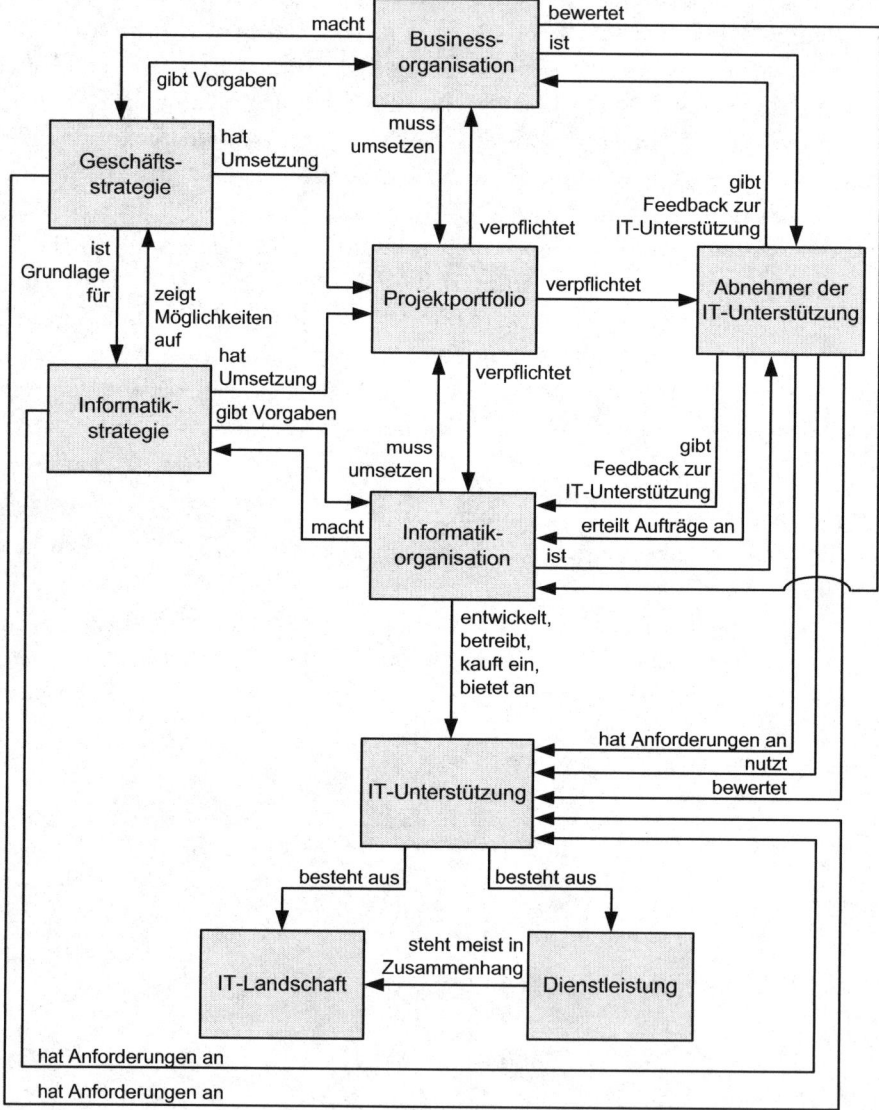

Abbildung 13 – Strategiebezug der IT-Unterstützung

Die Businessarchitektur ist in der Abbildung 13 nicht dargestellt. Sie ist ein Ergebnis der Geschäftsstrategie bzw. der Unternehmensarchitektur, welche den

Auftrag hat, die Businessarchitektur im Detail auszuarbeiten. Diese »Nicht-Darstellung« der Businessarchitektur in der Abbildung 13 sollte nicht dazu verleiten, sie als unwichtig zu betrachten.

> Ohne die Businessarchitektur bzw. ihrer wesentlichen Aussagen kann eine Informatikorganisation keine *auf die Geschäftstätigkeit abgestimmte* Informatikstrategie ausarbeiten, da ihr die *Gestaltungsziele* für die von ihr bereitzustellende IT-Unterstützung fehlen.

In der Praxis fehlt die Businessarchitektur oder sie ist nur in Fragmenten vorhanden oder sie kommt zeitlich für die Ausarbeitung der Informatikstrategie zu spät! Das Fehlen einer Businessarchitektur stellt ein Kernproblem in der Zusammenarbeit zwischen der Business- und Informatikorganisation dar und verschärft die Spannungsfelder zwischen Business- und Informatikorganisation (Kapitel 6 »Spannungsfelder zwischen Business und IT«).

Die Anforderungen der Abnehmer der IT-Unterstützung sollten mit den Anforderungen der Geschäfts- und Informatikstrategie in Einklang stehen. Falls dies jedoch nicht der Fall sein sollte, sind einige mögliche Fehlerquellen bereits aus Abbildung 13 ersichtlich:

- Die Ableitung der Informatikstrategie aus der Geschäftsstrategie war nicht korrekt. Beispielsweise hat sich die Geschäftsstrategie geändert, ohne dass die Informatikstrategie nachgeführt wurde, oder die Informatikstrategie wurde unilateral geändert.
- Die Business- und Informatikorganisation setzen die Strategie nicht um. Dies äußert sich beispielsweise dadurch, dass Projekte im Projektportfolio keine Unterstützung aus der Linie haben. Sie haben keine echten Sponsoren[20] und werden nicht oder nur halbherzig umgesetzt.
- Die Abnehmer der IT-Unterstützung berücksichtigen die Strategievorgaben nicht in ihren Aufträgen an die Informatikorganisation.

---

20 Mit Sponsor ist der Geldgeber gemeint. Nur wenn der Sponsor zugleich ein wesentlicher *Stakeholder* ist, welcher ein großes Interesse an einem positiven Verlauf oder Ergebnis eines Projekts hat, wird der Sponsor seinen Machteinfluss bei Schwierigkeiten geltend machen und das Projekt unterstützen. Als Stakeholder (Anspruchsgruppen) werden alle internen und externen Personengruppen bezeichnet, die von den unternehmerischen Tätigkeiten gegenwärtig oder in Zukunft direkt oder indirekt betroffen sind [Gabler].

- Die an die Informatikorganisation gestellten Aufträge werden missverstanden oder falsch ausgeführt.

Die Behandlung dieser Abgleichsprobleme zwischen Business- und Informatikorganisation wird oft als *Business/IT-Alignment* bezeichnet. Die Frage, wer zum Beispiel die Entsorgung (»Decommissioning«) von nicht mehr genutzter IT-Unterstützung zu bezahlen hat, ist ein bedeutsames Business/IT-Alignment-Thema – insbesondere für den Leiter einer Informatikorganisation. Die Beantwortung dieser Frage bietet vor allem dann Schwierigkeiten, wenn diese nicht mehr genutzte IT-Unterstützung ursprünglich durch mehrere Sponsoren angefordert und finanziert worden ist und sich deshalb niemand für die Entsorgung verantwortlich fühlt. Diese zukünftigen Entsorgungskosten müssten Bestandteil der jeweiligen Wirtschaftlichkeitsrechnung sein und buchhalterisch berücksichtigt und zurückgestellt werden.

Die Auswirkungen und Häufigkeit solcher Business/IT-Alignment-Fragestellungen können durch eine durchdachtere Konzeption des Managementsystems und eine verstärkte Wahrnehmung der Führungsverantwortung gemindert werden.

3.7.3 Vorgehen zur Festlegung der IT-Unterstützung

Die *Vorhaben* eines Unternehmens (Projekte usw.) *verändern* in der Regel die *Businessarchitektur*. D. h., dass die Festlegung der benötigten IT-Unterstützung mit einer Veränderung der Businessarchitektur einhergeht. Das Vorgehensmodell im Kapitel 3.3.3 »Businessarchitektur«, dargestellt in der Abbildung 7 – Vorgehen zur Gestaltung bzw. Anpassung der Businessarchitektur, stellt die Modellgrundlage dar, um die Festlegung der IT-Unterstützung nachfolgend diskutieren zu können. Wir erweitern hierzu dieses Vorgehensmodell (Abbildung 14).

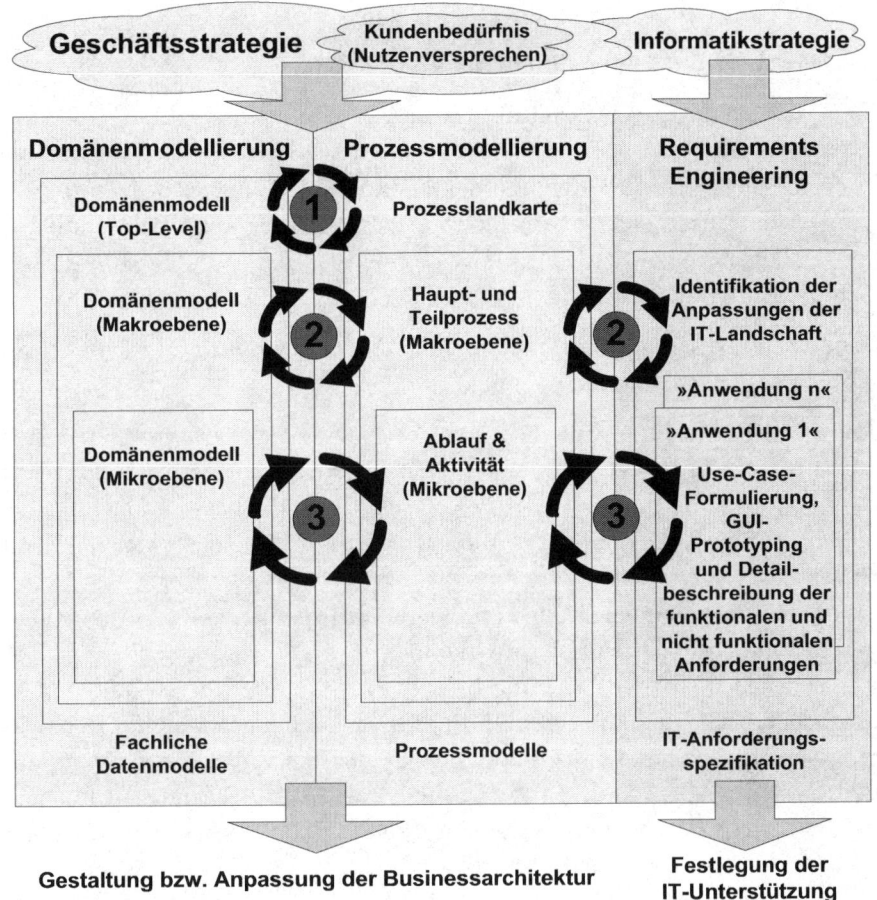

Abbildung 14 – Festlegung der IT-Unterstützung im Rahmen der Gestaltung bzw. Anpassung der Businessarchitektur

Das Vorgehen zur Anpassung der Businessarchitektur erfolgt in drei Modellierungsschritten und wird mehrmals wiederholt zwecks Verfeinerung oder Korrektur von getroffenen Annahmen und unter Berücksichtigung neuer fachlicher *und technischer* Erkenntnisse. Mit jedem Modellierungsschritt nimmt die Anzahl der Iterationszyklen ab (symbolisiert in Abbildung 14 durch einen größeren Kreislauf). Die dabei notwendigen Anpassungen der IT-Landschaft werden im zweiten Modellierungsschritt »Domänen- und Prozessmodelle auf Makroebene erstellen (was wird gemacht?)« im Rahmen der Iterationszyklen identifiziert und verfeinert. Dabei helfen folgende Fragen:

- Welche Anwendungen müssen wie geändert werden?
- Welche neuen Anwendungen werden benötigt?
- Welche Funktionalität sollen sie enthalten?

> Eine mögliche, grobe Aufteilung der IT-Funktionalität in Anwendungen ist so früh wie möglich vorzunehmen. Welche Überlegungen dabei zu berücksichtigen sind, diskutieren wir im Kapitel 10 »Komponentenbildung als Schlüssel zur Wartbarkeit«.
>
> Eine solche Aufteilung bildet eine wichtige Arbeitshypothese für die weitere Entwurfsarbeit und Projektplanung.
>
> Diese frühe Aufteilung ermöglicht erst, den Einsatz von Marktprodukten zu überprüfen: Mit der Verwendung von Standardprodukten werden *auch Prozesse eingekauft* und somit *weitere Prozess- und Domänenmodellierungsarbeit unnötig,* zudem wird die weitere Anforderungsausarbeitung fokussiert.

Die Erarbeitung einer detaillierten *IT-Anforderungsspezifikation pro Anwendung* geht im dritten Modellierungsschritt »Domänen- und Prozessmodelle auf Mikroebene erstellen (wie wird es gemacht?)« iterativ mit der Prozess- und Domänenmodellierung einher. Für das Zusammenspiel der Anwendungen, d. h. wie die Anwendungen in diesem Verbund miteinander interagieren, ist eine separate IT-Anforderungsspezifikation zu erarbeiten (siehe entsprechende Ausführungen im Kapitel 9.2 »Analyse von Datenbearbeitungskonflikten und Lösungsansätze«).

Im Requirements Engineering (Anforderungsanalyse bzw. -management) unterscheidet man zwischen funktionalen und nicht funktionalen Anforderungen. Funktionale Anforderungen beschreiben die gewünschte Funktionalität eines Systems (*was* soll ein Informationssystem tun und können), wie z. B. die Beschreibung der Use Cases[21], der Benutzeroberfläche und Druckerzeugnisse usw. Nicht funktionale Anforderungen legen fest, *wie* die Funktionalität erbracht werden soll (z. B. Reaktionszeit) *und unter welchen Bedingungen* (z. B. 7 x 24 Stunden). Eine IT-Anforderungsspezifikation dokumentiert die funkti-

---

21 In Use Cases werden die IT-unterstützten Abläufe mit ihren Geschäftsregeln meist in tabellarischer Form dokumentiert. Use Case ist ein Begriff der z. B. von UML (Unified Modeling Language, www.omg.org) verwendet wird. UML ist eine weit verbreitete Modellierungssprache in der Informatik. Für eine Übersicht und ein Zusammenspiel aller Use Cases wird in UML ein eigener Diagrammtyp bereitgestellt.

onalen und nicht funktionalen Anforderungen. Ihre Erstellung bedingt sowohl profundes Business- als auch Informatik-Know-how (siehe Kapitel 6.1 »Die Interpretation von Aufträgen«).

> Für die Beschreibung der weiteren Zerlegung der Teilprozesse in Abläufe und Aktivitäten sollten ab einer bestimmten Detaillierungsstufe erfahrungsgemäß Use-Case-Beschreibungen gegenüber Geschäftsprozessmodellierungstechniken der Vorzug gegeben werden. Ansonsten werden die gleichen fachlichen Sachverhalte in zwei verschiedenen Dokumentationsarten beschrieben (Aufwand, Gefahr von Inkonsistenzen).

Die initiale Vorstellung der Use Cases befähigt die IT, frühzeitig mit einem Prototyping der Bildschirmmasken (GUI-Prototyping)[22] beginnen zu können. Das Prototyping der Benutzeroberfläche fördert und beschleunigt die Erstellung einer für IT und Business brauchbaren und verständlichen Anforderungsspezifikation (siehe auch Kapitel 6.1 »Die Interpretation von Aufträgen«). Die Verfeinerung und Komplettierung der Bildschirmmasken und der Use Cases erfolgt iterativ.

> Ein solches Vorgehen setzt voraus, dass eine frühe Zusammenarbeit zwischen Business und IT stattfindet. Ob es sich dabei um eine komplette Neukonzeption einer Anwendungslandschaft (strategisches Vorhaben) handelt oder um den typischeren Fall einer teilweisen Umgestaltung der existierenden Anwendungslandschaft, macht dabei im Vorgehen keinen grundsätzlichen Unterschied.

3.8 Wirtschaftliche Bereitstellung der IT-Unterstützung

Wir haben im Kapitel 2.2 »Wirtschaftliche Erbringung der IT-Unterstützung dank IT-Architektur« gesagt, dass die IT-Architektur für uns einen zentralen Hebel darstellt, um die IT-Unterstützung *wirtschaftlich* zu erbringen. Wir werden uns in den nachfolgenden Ausführungen mit der Frage beschäftigen, was »Wirtschaftlichkeit« für eine Informatikorganisation bedeutet und welche Aufgabe IT-Architektur dabei übernimmt.

---

[22] (Graphical) User Interface.

3.8.1 Informatikorganisation als Profitcenter

Wirtschaftlichkeit ist ein allgemeines Maß für Effizienz. Sie wird als das Verhältnis zwischen Ertrag und dafür benötigtem Aufwand definiert. Das Ziel ist, mit einem möglichst geringen Aufwand einen gegebenen Ertrag zu erreichen oder mit einem gegebenen Aufwand einen möglichst großen Ertrag zu erreichen. Ist das Verhältnis größer oder gleich eins, so ist Wirtschaftlichkeit gegeben. Beim Verhältnis von eins arbeitet man kostendeckend, unter eins ist *keine* Wirtschaftlichkeit gegeben.

Ein Vorhaben fußt auf einer Wirtschaftlichkeitsrechnung, welche das Erfolgspotenzial, d. h. die Differenz zwischen Ertrag und Aufwand, aufzeigt. Der Erfolg aller Vorhaben und geschäftlichen Aktivitäten in Summe ergibt den Unternehmenserfolg. Lässt sich der Beitrag der IT-Unterstützung am Unternehmenserfolg mit vernünftigem Aufwand messen? Kann die Leistung einer Informatikorganisation objektiv mit einer anderen verglichen werden?

Aufwand wird normalerweise primär als Kosten gemessen, manchmal auch als Zeit (z. B. der Zeitaufwand für die Entwicklung einer neuen Anwendung).[23] Wir reduzieren die Betrachtung auf Kosten, da Zeitunterschiede in Kosten transformiert werden können (*Opportunitätskosten*). Die Businessorganisation bestimmt indirekt die Kosten der Informatikorganisation, indem sie den Umfang bzw. die Anforderungen an die IT-Unterstützung festlegt. Dabei können zusätzliche, meist zeitverzögerte Kosten verursacht werden, welche nicht direkt mit der Qualität der Leistungserbringung der Informatikorganisation zu tun haben: Wir werden später (Kapitel 3.8.4 »Optimierungskonflikt zwischen Business- und Informatikorganisation«) aufzeigen, dass die Businessorganisation bei der Ausarbeitung von Anforderungen an die IT-Unterstützung Entscheidungen treffen kann, welche die wirtschaftliche Bereitstellung der IT-Unterstützung über die Zeit aus Informatiksicht verschlechtern.

Wie sieht es nun mit dem Ertrag aus? Aus unserer Sicht kann man nicht von einem Ertrag der IT-Unterstützung sprechen. Einen Ertrag erwirtschaftet nur eine Organisation mit direktem Marktzugang. Sie verwendet dabei in ihren Prozessen *Hilfsmittel, wie z. B. eine IT-Unterstützung*, welche im Rahmen von Vorhaben realisiert wird. Der Ertrag eines solchen Vorhabens liegt in der Ver-

---

23 Nachfolgend werden wir nicht weiter zwischen Aufwand und Kosten differenzieren und sprechen vereinfacht nur noch von Kosten. Für die Unterscheidung siehe [Thommen] S. 368.

antwortung der Businessorganisation. Sie setzt das Ertragsziel und legt die Anforderungen an die IT-Unterstützung zur Erreichung dieses Ziels fest.

> Die Bestimmung der Wirtschaftlichkeit im klassischen Sinne (Verhältnis Ertrag zu Aufwand) für ein Hilfsmittel wie die IT-Unterstützung führt eine Informatikorganisation nicht zum Ziel, da sie weder einen Ertrag für ihre IT-Unterstützung sinnvoll quantifizieren noch dafür verantwortlich gemacht werden kann sowie die anfallenden Kosten nur teilweise selbst verursacht.

Aus diesen Überlegungen lässt sich folgern, dass eine Inhouse-Informatikorganisation nicht als Profitcenter geführt werden kann. Ein *Profitcenter* zeichnet sich dadurch aus, dass es einen direkten Marktzugang hat und seine Leistung über die Erreichung eines mit ihm vereinbarten Gewinn- oder Deckungsbeitragsziels gemessen werden kann [IGC].

3.8.2 Informatikorganisation als Servicecenter

Die Führung der Informatikorganisation als *Servicecenter*, welches seine Leistungen gegen Verrechnung an andere Kostenstellen abgibt, erscheint auf den ersten Blick als Alternative zu einem Profitcenter. Die von einem Service Center angebotenen Leistungen müssen allerdings mit von außen beschaffbaren Leistungen direkt vergleichbar sein. Sonst entsteht ein Problem bei der Kostenverrechnung [IGC], da keine Vergleichspreise zur Verfügung stehen.

Angenommen, dass alle Anforderungen an eine neue IT-Unterstützung geklärt und korrekt ausformuliert wurden, so kann die Umsetzung dieser Anforderungen dem Servicecenter in Auftrag gegeben werden – genau so, wie sie an einen externen Informatikdienstleister gegeben werden könnte.

Die Herausforderung an das Servicecenter besteht darin, die Aufträge der Businessorganisation so zu »offerieren« und auszuführen, dass es im direkten Marktvergleich als konkurrenzfähig erscheint. Solange dies gewährleistet ist, kann es über seine Arbeitsweise eigenständig entscheiden.

Im Gegensatz zu einem externen Informatikdienstleister hat ein Servicecenter kaum Akquisitions- und Marketingaufwände und braucht auch keine Gewinnmarge einzukalkulieren. Zudem hat es eine unrealistische Marktsituation innerhalb des Unternehmens: Einerseits ist das Unternehmen ein geschützter »Markt«, andererseits ist er beschränkt (keine Balance zwischen verschiedenartigen Kunden möglich, Klumpenrisiko). Diese Ausgangssituation erschwert die Vergleichbarkeit der Leistungen und Preise.

Der entscheidende Punkt jedoch, weshalb das Servicecenter-Konzept für eine Inhouse-Informatikorganisation kaum umsetzbar ist, ist der Unternehmensauftrag der Informatikorganisation (Kapitel 2.2 »Wirtschaftliche Erbringung der IT-Unterstützung dank IT-Architektur«). Da der Unternehmensauftrag die Optimierung eines jeglichen Ressourceneinsatzes verlangt, wird von einer Inhouse-Informatikorganisation *mehr erwartet* als von einem externen Informatikdienstleister! Wir zeigen im Kapitel 3.8.4 »Optimierungskonflikt zwischen Business- und Informatikorganisation« auf, dass der Unternehmensauftrag Optimierungskonflikte zwischen der Businessorganisation – gerade auch zu Entscheidungsträgern, welche die Informatikorganisation bewerten und schlussendlich deren Geldgeber sind – und der Informatikorganisation verursacht. Der Vergleich der Leistungen und Preise *für ein einzelnes Vorhaben* der Informatikorganisation mit einem externen Informatikdienstleister kann dadurch trotz ihrer vermeintlich besseren Ausgangssituation zuungunsten der Inhouse-Informatikorganisation ausfallen.

3.8.3 Informatikorganisation als Costcenter

Eine Informatikorganisation wird in der Regel als Costcenter im Unternehmen geführt, d. h. als ein in sich abgeschlossener, organisatorisch eigenverantwortlicher, autonomer Teilbereich eines Unternehmens mit einem klaren Kosteneinhaltungsziel.

Dieses Kosteneinhaltungsziel bzw. das der Informatikorganisation zur Verfügung stehende *Budget* wird in der Regel jährlich im Budgetierungsprozess mit der Businessorganisation aufgrund ihrer Bedürfnisse ausgehandelt. Dabei werden der mit diesem Budget zu bewältigende Leistungsumfang bzw. die zu leistenden Vorhaben festgelegt. Weitere Vorhaben werden bei Bedarf zusätzlich beschlossen – mit eigenen Zusatzbudgets.

Dass die Kosten für die bereitgestellte IT-Unterstützung bzw. der Betriebsaufwand der Informatikorganisation in einem Unternehmen kritisch betrachtet wird, liegt somit auf der Hand. Falls die Kosten der Informatikorganisation zu hoch erscheinen, wird man das Budget reduzieren wollen. Die Informatikorganisation muss unabhängig von ihrer Positionierung als Service- oder Costcenter damit rechnen, dass man ihre Leistung zu vergleichen versucht, z. B. über ein Benchmarking.

Jede Informatikorganisation *hätte* somit ein Interessse, den *von ihr verursachten* Kosten den *Nutzen*[24] ihrer IT-Unterstützung adäquat gegenüberstellen zu können, damit sie bei Vereinbarung ihres Kosteneinhaltungsziels ihre Interessen angemessen vertreten kann. Die Ausführungen im Kapitel 3.8.1 »Informatikorganisation als Profitcenter« zeigen jedoch, dass es einer Informatikorganisation kaum gelingen wird, einen *quantitativen Nutzen* ihrer IT-Unterstützung plausibel ausweisen zu können. Wir werden nachfolgend aufzeigen, dass die Informatikorganisation über andere Wege ihrem Geldgeber, der Businessorganisation, ihre Professionalität, und damit assoziiert eine wirtschaftliche Leistungserbringung, nachweisen kann.

3.8.4 Optimierungskonflikt zwischen Business- und Informatikorganisation

Die Businessorganisation optimiert die Ausgestaltung einer Geschäftslösung nach maximaler Wirtschaftlichkeit und benötigt dafür oft eine neue oder veränderte IT-Unterstützung.

Von der Informatikorganisation wird hingegen erwartet, dass sie ihren Ressourceneinsatz gesamthaft optimiert, d. h. über alle geschäftlichen Vorhaben und Aktivitäten hinweg. Einerseits ist dies ihr Unternehmensauftrag, andererseits liegt es in ihrem ureigensten Interesse, dass sie nicht als zu teuer erscheint.

> Die Informatikorganisation versucht, ihren Ressourceneinsatz für die gesamte IT-Unterstützung zu optimieren, um Kosten zu minimieren. Um dies zu tun, muss sie jedoch Einfluss darauf nehmen, wie die einzelnen Vorhaben umgesetzt werden, z. B. welche Technologien sie benutzen.

---

24 Unter einem Nutzen versteht man das Maß für die Fähigkeit eines Gutes oder einer Gütergruppe, die *Bedürfnisse* eines wirtschaftlichen Akteurs zu befriedigen. Man unterscheidet zwischen kardinaler und ordinaler Nutzentheorie. Bei der kardinalen Nutzentheorie geht man von der Messbarkeit des Nutzens aus, bei der ordinalen begnügt man sich mit der Angabe einer Rangfolge bei Nutzensituationen [Bartling-Luzius].

Diese Einflussnahme kann zwischen dem Optimierungsziel des Business und dem der Informatikorganisation Interessenskonflikte erzeugen. Optimierungskonflikte zwischen Business und IT entstehen in einem Vorhaben dann, wenn durch die Einflussnahme das Vorhaben teurer wird oder dem Business Einschränkungen in Art und Umfang seiner IT-Unterstützung auferlegt werden. Wenn die Informatikorganisation z. B. unternehmensweit eine einheitliche Serverplattform einsetzen möchte, kann ein einzelnes Vorhaben dadurch u. U. teurer werden, als wenn das (für dieses eine Vorhaben) bestmögliche Produkt eingesetzt wird.

Für das Business ist es umso besser, je preiswerter ein gegebenes Vorhaben von der Informatikorganisation realisiert wird. Für die Informatikorganisation kann es besser sein, dieses Vorhaben etwas teurer werden zu lassen, wenn dafür andere geplante oder erwartete Vorhaben günstiger werden *oder wenn dadurch die Fixkosten ihrer IT-Ressourcen nicht erhöht werden*. Der Aufbau von Know-how zu IT-Betriebsmitteln und Technologien ist sehr teuer. Unterschiedliche IT-Betriebsmittel und Technologien erfordern teilweise Anpassungen der operativen Prozesse und bedingen oft die Anschaffung weiterer IT-Betriebsmittel wie z. B. Entwicklungs- und Testwerkzeuge. Je nach neu eingeführtem IT-Betriebsmittel und Technologie muss eine Informatikorganisation eine neue Plattform einführen, welche die Bereitstellung diverser Serversysteme für Entwicklung, Test und Produktion voraussetzt. Für eine unternehmensweit nutzbare Plattform fallen rasch Initialkosten von einer halben bis zwei Mio. Schweizer Franken an, dazu kommt, dass ein durchschnittlicher Softwareentwickler ein bis zwei Jahre benötigt, bis er auf einer (Entwicklungs-)Plattform seine volle Produktivität erreicht.

Durch eine geschickte Wahl der IT-Betriebsmittel und Technologien kann eine Informatikorganisation wesentliche Kostenvorteile erreichen, von Lizenzkosten über Projektkosten bis zu Betriebs- und Wartungskosten. Wir werden im Verlaufe unserer Ausführungen solche Optimierungspotenziale anhand konkreter Beispiele erläutern. Die allfälligen Mehrkosten oder Einschränkungen, welche in einigen Vorhaben entstehen, müssen in ihrer Gesamtheit natürlich kleiner sein als der Mehrwert, welchen die übergreifende Optimierung des Ressourceneinsatzes erzeugt, ansonsten wird das Optimierungsziel der Informatikorganisation verfehlt.

Die Informatikorganisation sollte ihr Optimierungsziel derart festlegen, dass es im Einklang mit den Gesamtinteressen der Unternehmung steht.

Selbst wenn die Informatikorganisation einen genügenden Mehrwert erreicht, ist es schwierig, diesen dem Business verständlich zu machen, da er naturgemäß nicht anhand eines einzelnen Vorhabens verstanden werden kann.

Fundamental liegt das Problem jedoch darin, dass eine Businessorganisation kein Interesse daran besitzt, für ein Vorhaben mehr als nötig zu bezahlen, wenn davon nur die Informatikorganisation bzw. andere Businessorganisationen profitieren.

Die Informatikorganisation hat bei ihrem Auftrag, übergreifend zu optimieren noch ein anderes Problem. Oft enthalten Anforderungen an die IT-Unterstützung nämlich bereits Lösungsansätze, wie z. B. bestimmte IT-Betriebsmittel. Dies kann durch die Informatik aufgebaute Optimierungsansätze, meist zwecks Reduktion oder zumindest Wahrung der Fixkosten, leicht zerstören und nachhaltig Mehrkosten bei anderen Vorhaben verursachen.

> Entscheidungen zur Durchführung von Vorhaben werden aus einer betriebswirtschaftlichen (Gesamt-)Unternehmenssicht gefällt, dabei können Mehrkosten aufseiten der Informatikorganisation anfallen.
>
> Entscheidungen zur Optimierung der IT-Ressourcen werden aus einer längerfristigen und vorhabensübergreifenden Sicht gefällt, dabei können Mehrkosten oder Einschränkungen für einzelne Vorhaben entstehen.
>
> Das Optimierungsziel der Informatikorganisation hat sich am *Qualitätsanspruch*[25] *an die IT-Unterstützung* zu orientieren. Dieser Qualitätsanspruch muss aus dem Unternehmensauftrag an die Informatikorganisation, den strategischen Vorgaben, der Erwartungshaltung der Entscheidungsträger und den Anforderungen der einzelnen Vorhaben heraus entwickelt werden unter Wahrung der betriebswirtschaftlichen (Gesamt-)Unternehmenssicht.
>
> Der Qualitätsanspruch müsste auch mit dem der Informatikorganisation zugesprochenen Budget übereinstimmen, damit die Informatikorganisation das Nötige zur Erhaltung ihrer Konkurrenzfähigkeit investieren kann.

---

25 Gemäß dem umfassenden Qualitätsverständnis nach [Crosby], bei dem auch Fuktionalität ein Bestandteil der Qualität ist.

> Sowohl die Interpretation des Qualitätsanspruchs als auch das Budget der Informatikorganisation können Ursachen für Spannungen zwischen der Business- und Informatikorganisation sein (Kapitel 6 »Spannungsfelder zwischen Business und IT«).
>
> Das Ausrichten des Optimierungsziels der IT-Ressourcen auf den Qualitätsanspruch an die IT-Unterstützung wird die Optimierungskonflikte zwischen Business- und Informatikorganisation nicht zum Verschwinden bringen, kann jedoch als wirksames Hilfsmittel dienen, um diese zu minimieren.

Optimierungskonflikte gründen mehrheitlich auf einem gegenseitig nicht verstandenen Rollen- und Aufgabenverständnis von Business- und Informatikorganisation, auch persönliche Interessen der jeweiligen Entscheidungsträger spielen dabei oft eine Rolle (Kapitel 5.5 »Interpretation der Änderungsdrücke im Unternehmen«). Dies kann dazu führen, dass die Businessorganisation die Informatikorganisation als wenig flexibel, dogmatisch und nicht kundenorientiert wahrnimmt. Sie erachtet die Transaktionskosten[26] in der Zusammenarbeit mit der eigenen Informatikorganisation als zu hoch und versucht unter Umständen, diese zu umgehen, indem sie Aufträge an externe Informatikdienstleister vergibt.

Die IT muss – soweit möglich und wirtschaftlich vertretbar – versuchen, einerseits den Mehrwert ihrer Optimierungsarbeit, andererseits die durch Businessentscheidungen entstandenen Mehrkosten sichtbar zu machen. Da dies in der Praxis nur teilweise gelingen wird, muss die Informatikorganisation auch auf anderen Wegen Vertrauen in ihre Tätigkeit schaffen, z. B. indem sie ihre Professionalität demonstriert.

Es mag banal klingen, aber eine Informatikorganisation kann das Bild ihrer Professionalität nur im direkten Kontakt mit der Businessorganisation nachhaltig prägen. Auch ein Laie bemerkt bald, ob jemand sein Metier beherrscht oder ob er von seinem Metier beherrscht wird: Können Fragen fundiert beantwortet werden? Können getroffene Entscheidungen, welche die Businessorganisation z. B. in ihrer gewünschten IT-Unterstützung einschränken, begründet werden? Können Alternativen aufgezeigt werden? Können allfällige Mehrkosten für die Informatikorganisation schnell ermittelt werden? Und so weiter.

---

26 Auf das Thema der Transaktionskosten werden wir im Kapitel 6.5 »Make or Buy« zu sprechen kommen.

Dies bedingt aber, dass die Informatikorganisation ihre Hausaufgaben gemacht hat, d. h. unter anderem das Vorhandensein einer vom Business abgenommenen Informatikstrategie, eines IT-Managementsystems von hoher Maturität, gut geschulten Personals, Kenntnis über die Stärken und Schwächen der vorhandenen IT-Landschaft und die damit verbundenen Handlungsoptionen, die Verfügbarkeit von aufbereiteten Entscheidungsgrundlagen und das Vorhandensein eines konsistenten und überschaubaren Kennzahlensystems für die Leistungsindikation[27].

Das Austragen der Optimierungskonflikte zwischen Business- und Informatikorganisation beginnt bereits im Rahmen des Budgetierungsprozesses zwecks Vereinbarung eines Kosteneinhaltungsziels und endet mit der Umsetzung eines jeglichen Vorhabens mit IT-Unterstützung. Insbesondere bis zum Abschluss der Erarbeitung der IT-Anforderungsspezifikation (Kapitel 3.7 »Von der Strategie zur IT-Unterstützung«) müssen die wesentlichen Optimierungskonflikte für das jeweilige Vorhaben aufgelöst sein, da ansonsten der Erfolg des Vorhabens gefährdet ist.

> Optimierungskonflikte sollten spätestens bei der Ausarbeitung der IT-Anforderungsspezifikation entdeckt und aufgelöst werden.

Falls Optimierungskonflikte zu spät entdeckt oder geklärt werden, kann dies zu hohen Kostenfolgen bei der Informatikorganisation und zu starker Unzufriedenheit bei der Businessorganisation führen. Letztere wird über kurz oder lang in die Beurteilung der Informatikorganisation einfließen.

Reviews von Anforderungen durch IT-Architekten können bei der frühzeitigen Erkennung von Optimierungskonflikten helfen – womit wir zum ersten Mal die *IT-Architektur als Optimierungsinstrument der Informatikorganisation* antreffen.

3.8.5 IT-Architektur als Instrument für die Ressourcenoptimierung

Auch ohne bereits an zukünftige Anforderungen zu denken, welche eine zu bauende IT-Lösung berücksichtigen sollte, muss die Informatikorganisation bereits für den »handwerklichen Teil« ihrer Arbeit eine Vielzahl von Vorgaben und Anforderungen festlegen, um ihre Leistung wirtschaftlich erbringen zu können.

---

[27] Wir sprechen hier bewusst von »Indikation« und nicht von »Messung«, da jede Kennzahl auf ihre Gültigkeit und Aussagekraft im konkreten Anwendungsfall überprüft werden muss.

Man wird nicht mit jedem neuen Vorhaben nach Belieben neue IT-Betriebsmittel und Technologien einführen, nur weil z. B. die Benutzeroberfläche eines Kaufproduktes gerade moderner erscheint. Der Know-how-Aufbau und die Erreichung der Maturität sowohl in den Köpfen als auch in den Abwicklungsprozessen wären so kaum wirtschaftlich möglich. Ein Autohersteller baut auch nicht für jedes Automodell eine eigene Fertigungsstraße oder gar Fabrik auf. Das Verhindern solcher unerwünschten Effekte, z. B. durch Vorgaben bzgl. zulässiger Technologien, ist Teil der IT-Architekturtätigkeit:

> Die IT-Architektur ist das zentrale Instrument einer Informatikorganisation, um *die IT-Landschaft wirtschaftlich bereitzustellen.*
>
> Die *wirtschaftliche Bereitstellung der Dienstleistungen* einer Informatikorganisation ist *nicht Gegenstand der IT-Architektur*. Die IT-Architektur kann indirekt zur wirtschaftlichen Erbringung der IT-Dienstleistungen beitragen, z. B. über eine leichter wart- und betreibbare IT-Landschaft.
>
> Die IT-Architektur muss auf alle drei Ressourcen der Informatikorganisation einwirken können, jedoch maßgeblich und gestaltend auf die IT-Landschaft (Abbildung 15).

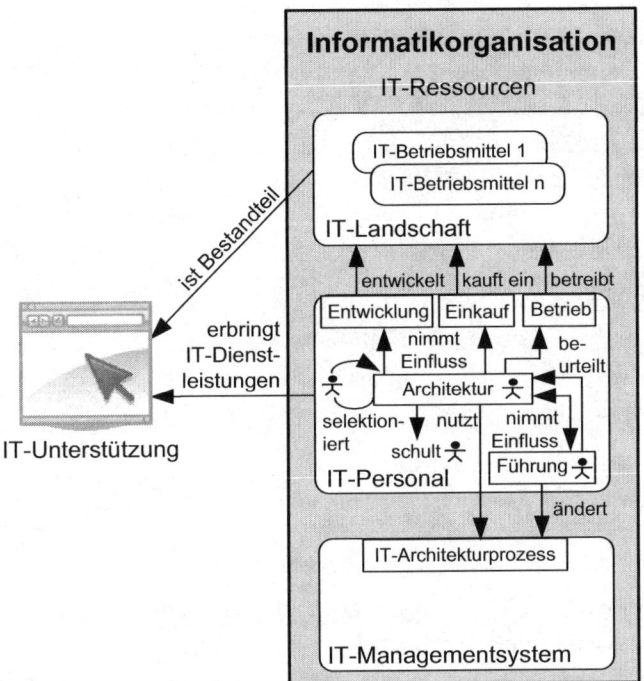

Abbildung 15 – Einfluss der IT-Architektur

> Die IT-Architektur versucht *Entwurfsentscheidungen*[28] so zu treffen, dass die *Entwicklung*, der *Einkauf*, die *Verwaltung* und der *Betrieb der IT-Landschaft* aus betriebswirtschaftlicher (Gesamt-)Unternehmenssicht am wirtschaftlichsten erfolgen können.

Die IT-Architektur muss diejenigen Prozesse im IT-Managementsystem mitgestalten, welche die IT-Landschaft direkt oder indirekt beeinflussen.

> Prozesse beeinflussen die IT-Landschaft direkt oder indirekt, wenn sie
> - Fakten in der IT-Landschaft schaffen, *Veränderungen an IT-Betriebsmitteln oder Technologien* vornehmen. Die IT-Architektur will diese Prozesse so beeinflussen, dass sie die Wirtschaftlichkeit der IT-Landschaft nicht verschlechtern, sondern bewahren oder verbessern;

---

28 Eine Entwurfsentscheidung legt fest, *wie* etwas gemacht oder umgesetzt werden soll.

> - die *Verwaltung* (ISO 10007:2003 Quality management systems – Guidelines for configuration management) *von IT-Betriebsmitteln* betreffen. Erst eine korrekte und vollständige Verwaltung der IT-Betriebsmittel lässt es zu, dass einerseits zuverlässige Architekturaussagen gemacht werden können (Mengengerüste, Wiederverwendung, Abhängigkeiten usw.), andererseits Architektur- und Designmodelle einen realen Bezug zur physischen Ist-Landschaft haben und dadurch einen echten operativen Nutzen entfalten;
> - *Standardisierungen* vornehmen, welche neue Anforderungen oder Änderungen an der IT-Unterstützung bzw. an den *IT-Betriebsmitteln* und an den angewandten *Technologien* hervorrufen oder Änderungen verhindern;
> - *konzeptionelle Mängel der IT-Landschaft aufzeigen*, z. B. im Hinblick auf die Qualität, Anforderungen, zukünftige Anforderungen usw.

Das Kapitel 14.1.4 »Architekturrelevante Prozesse« versucht einen Überblick zu geben, in welchen Prozessen die IT-Architektur verankert werden muss. Unter einer prozessualen Verankerung verstehen wir, dass aus Architektursicht notwendige Arbeitsschritte, wie z. B. die Prüfung eines Ergebnisses auf Architekturkompatibilität, im entsprechenden Prozess festgelegt sein müssen.

> Die IT-Architektur wirkt auf die Ressource IT-Personal in dem Sinne, dass sie klare Profile für die Aufgaben und nötigen Qualifikationen eines Architekten liefert, selektierend wirkt und Entwickler/Designer fördert (siehe Kapitel 12 »Vom Entwickler zum IT-Architekten«).

Zudem findet eine Weiterbildung durch die tägliche Arbeit statt. Aber auch hier: Die IT-Personalentwicklung ist ein längerfristig verlaufender Prozess und schwierig zu steuern. In der Regel ist die Wirkungsweise eher umgekehrt: Das vorhandene IT-Personal beschränkt die IT-Architektur. Die Ressource IT-Personal hat für die IT-Architektur in dem Sinne eine Relevanz, als genügend Architekten in einem Unternehmen vertreten sein müssen bzw. die Entwickler einen soliden Ausbildungsstand hinsichtlich eines übergreifenden Konzept-/Modelldenkens aufweisen sollten. Im Unternehmen muss ein genügendes Verständnis des Wesens (Ziele, Eigenschaften, Beziehungen) der IT-Architektur vorhanden sein.

Natürlich muss der durch die IT-Architektur erzielte Optimierungsnutzen größer sein als die Kosten, welche die Architekturarbeit verursacht (Kapitel 3.8.6 »Architekturnutzen versus Architekturkosten«).

Welche Wege nun konkret beschritten werden sollen, um die IT-Kosten zu minimieren, muss die Informatikorganisation selbst definieren.

Ihr Unternehmensauftrag wird zwar festlegen, *dass* der Einsatz der IT-Ressourcen optimiert werden soll, aber nicht, *wie*. Die Klärung und Umsetzung dieser Vorgaben ist Sache der Informatikorganisation bzw. der IT-Architektur.

> Die Informatikorganisation muss festlegen, inwieweit die Umsetzung ihres Unternehmensauftrages durch die IT-Architektur oder durch die Informatikstrategie vorgenommen werden soll.

So ist es z. B. plausibel, dass sich die IT-Architektur u. a. um Lieferantenunabhängigkeit bemüht. Je nach Tragweite einer diesbezüglichen Architekturentscheidung oder aufgrund von speziellen Faktoren kann es sich jedoch um eine strategische Frage handeln. Beispiele dafür wären Vorgaben, dass der Branchenführer oder ein Kunde genommen werden muss, oder das Verbot von Lieferanten, welche Konkurrenten gehören.

> Die wirtschaftliche Optimierungsarbeit der IT-Architektur beruht vorwiegend auf *handwerklichem Können* und *praktischer Erfahrung* im Umgang mit den eingesetzten IT-Betriebsmitteln und Technologien.
>
> Der Grundgedanke der Optimierungsarbeit liegt darin, bewusst zu reflektieren, wann eine Änderung an einem System – sei es an einer einzelnen Anwendung oder an der gesamten IT-Landschaft – als Verbesserung oder Verschlechterung betrachtet wird.
>
> *Qualität* ist also das Mittel der IT-Architektur, um über Nutzen und Kosten von Eingriffen in die IT-Landschaft nachzudenken.

Qualität ist bereits lange bekannt als Schlüsselkonzept für wirtschaftliche Optimierungen. Qualität ist der Ansatz für jegliche Tätigkeit, um sie *wirtschaftlich* erbringen zu können [Grosby]. Eine Anwendung dieser Erkenntnis stellen unter anderem die Ausführungen zur Prozessqualität im Kapitel 3.4 »Das Managementsystem als Ressource einer Unternehmung« dar.

> Wir bezeichnen die *Qualität der Ressource IT-Landschaft* als *Lösungsqualität*.
>
> Die *angestrebte* oder *optimale Lösungsqualität* entspricht dem Qualitätsanspruch des Unternehmens an die IT-Landschaft.
>
> Die *angestrebte Lösungsqualität* dient zugleich als *Qualitätsmaßstab* für die IT-Lösung eines einzelnen Vorhabens oder für die gesamte IT-Landschaft.

Die Informatikorganisation muss plausibel darlegen können, dass die *angestrebte Lösungsqualität* (Soll-Lösungsqualität) längerfristige Einsparungen erzielen hilft.

Die *realisierte Lösungsqualität* (Ist-Lösungsqualität) sollte systematisch und so differenziert wir nötig eruiert werden können, um die Erreichung oder Abweichungen von der angestrebten Lösungsqualität beurteilen zu können.

> In der Praxis wird die IT-Architektur einen Trade-off finden müssen zwischen der von ihr angestrebten Lösungsqualität, ihrem vorgegebenen Budget und den Optimierungskonflikten mit der Businessorganisation.

Die angestrebte Lösungsqualität kann man quasi als Steigbügelhalter für die Optimierung der aus Abnehmersicht wichtigsten IT-Ressource, nämlich der IT-Landschaft, betrachten.

> Wenn man den Optimierungserfolg der Informatikorganisation schon nicht umfassend und präzise in Form von Kosteneinsparungen messen kann, so erhält man mit der Lösungsqualität wenigstens einen *qualitativen und teilweise quantitativen Ersatzmaßstab zur Wirtschaftlichkeit der IT-Landschaft*, der Ineffizienzen frühzeitig aufdeckt. Abweichungen zwischen angestrebter und realisierter Lösungsqualität sind Hinweise darauf, wo welcher Handlungsbedarf besteht.

Wenn wir nachfolgend von einer Verschlechterung oder Verbesserung der Lösungsqualität sprechen, so meinen wir auch eine Verschlechterung oder Verbesserung der Wirtschaftlichkeit der IT-Landschaft oder *vereinfachend* der IT-Unterstützung.

In der Praxis sind uns folgende Extrembeispiele von Optimierungskonfliktstrategien und ihre Auswirkungen auf die Lösungsqualität und Wirtschaftlichkeit der IT-Landschaft begegnet (Abbildung 16).

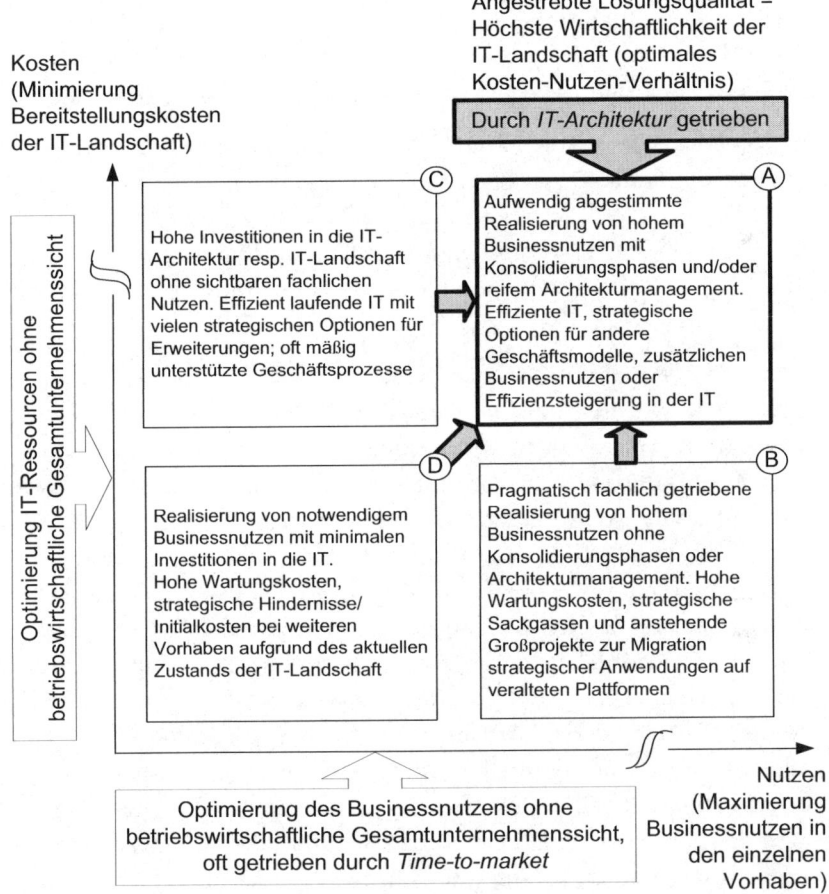

Abbildung 16 – Extrembeispiele von Optimierungskonfliktstrategien und ihre Auswirkungen auf die Lösungsqualität und Wirtschaftlichkeit der IT-Landschaft

In Situation A sind wir beim Ideal, wir sind (nahe) bei der angestrebten Lösungsqualität. Um der angestrebten Lösungsqualität nahe zu kommen, muss man zuerst entsprechend investieren. Die IT-Ressourcen können nur mittel- bis langfristig, sprich strategisch, entwickelt werden (darum in Abbildung 16 die Aussage »Aufwendig abgestimmte Realisierung …«).

Situation B tritt häufig in Erscheinung und ist Ausdruck davon, dass die Informatikorganisation bei Optimierungskonflikten mehrheitlich verloren und kein Geld für Architekturinvestitionen erhalten hat.

Situation C ist eher selten und impliziert, dass die Informatikorganisation eine sehr starke Stellung im Unternehmen einnimmt, genügend Budget erhalten und praktisch sämtliche Optimierungskonflikte zu ihren Gunsten entschieden hat, jedoch die unternehmerische Perspektive völlig aus den Augen verloren hat.

Situation D entwickelt sich häufig aus Fall B. Entweder kann das Unternehmen aufgrund seiner wirtschaftlichen Situation nicht mehr die dringend notwendigen Architekturinvestitionen tätigen oder das Business- und Informatikmanagement verkennen den Ernst der Lage. Die Time-to-market-Fähigkeit geht abhanden, und diese ist in der Situation B auch nicht mehr mit (viel) Geld wettzumachen.

Falls die Informatikorganisation hohe Kosten aufweist, muss sie aufzeigen können, was sie an Optimierungen bereits geleistet hat und welche Entscheidungen trotzdem zu einer tieferen Lösungsqualität bzw. Wirtschaftlichkeit der IT-Landschaft geführt haben. Darum muss eine Informatikorganisation wie bereits im Kapitel 3.8.4 »Optimierungskonflikt zwischen Business- und Informatikorganisation« erörtert, versuchen ihre wirtschaftliche Arbeitsweise über ihre Professionalität unter Beweis zu stellen. Trotz unter Umständen schlechter Lösungsqualität ist gerade die systematische Betrachtung der Lösungsqualität ein Mittel dazu. Der Grund liegt darin, dass die Entstehung und Festlegung der Lösungsqualität einen Dialog mit der Businessorganisation voraussetzt und fördert. Dabei beurteilt die IT-Architektur *Entwurfsentscheidungen* anhand ihres Einflusses auf die Lösungsqualität. Wenn man bei einem Vorhaben mehrere Umsetzungsalternativen besitzt, kann der IT-Architekt überlegen, wie die Alternativen die Lösungsqualität beeinflussen würden und welche Alternative am besten zur angestrebten Lösungsqualität passt. So kann er Entwurfsentscheidungen (z. B. Wahl von Produkt X statt Produkt Y) auch den Abnehmern und Entscheidungsträgern besser vermitteln. Anhand der Diskussion über die Lösungsqualität kann die IT-Architektur der Businessorganisation aufzeigen, wie Anforderungen z. B. an eine Anwendung die Lösungsqualität verändern und welche wirtschaftlichen Auswirkungen sie haben können. Dadurch werden die Zusammenhänge zwischen Anforderungen und Entwurfsentscheidungen transparenter, und die Abnehmer der IT-Unterstützung lassen sich dadurch aktiver miteinbeziehen.

> Die *Arbeitsweise der IT-Architektur*, Entwurfsentscheidungen anhand ihres Einflusses auf die Lösungsqualität zu beurteilen, ist ein Werkzeug, um wirtschaftlich sinnvolle, mit der Businessorganisation einfacher abstimmbare und nachvollziehbare Entwurfsentscheidungen zu treffen.
>
> Die Lösungsqualität dient als »Frühwarnsystem« und Indikator potenzieller Probleme und hilft dabei, deren Ursachen zu ergründen. Sie hilft dabei, Entscheidungsträgern *den Einfluss ihrer Entscheidungen* auf die *Kosten* der IT-Unterstützung aufzuzeigen.
>
> Sie kann es der Informatikorganisation auch erleichtern, den Nutzen ihrer Optimierungsarbeit in Form von Kosteneinsparungen bei der Bereitstellung der IT-Unterstützung den Entscheidungsträgern besser plausibel zu machen.
>
> IT-Architektur schafft durch ihre Arbeitsweise beim Business Vertrauen in die Professionalität der Informatikorganisation. Einerseits argumentiert die Informatikorganisation systematisch und über mehrere Vorhaben sowie über längere Zeit hinweg konsistent, andererseits ist es für die Businessorganisation leichter erkennbar, dass die Informatikorganisation ihr Handwerk versteht.

Wir werden uns im Kapitel 3.9 »Entstehung und Festlegung der Lösungsqualität« detailliert damit befassen, wie Lösungsqualität konkret entsteht und welche Überlegungen bei ihrer Festlegung anzustellen sind. Wir werden aufzeigen, dass dafür viel anspruchsvolles Handwerk nötig ist, es keine »silver bullets« gibt und wie man systematisch Lösungen nach ihrer Qualität beurteilen kann.

3.8.6 Architekturnutzen versus Architekturkosten

Damit die IT-Architektur die angestrebte Lösungsqualität festlegen und erreichen kann, muss sie meist vorgängig unterschiedliche Architekturergebnisse, wie z. B. Architekturvorgaben und -maßnahmen, erarbeitet und umgesetzt haben.

> Das Festlegen und Erreichen einer bestimmten Lösungsqualität der IT-Landschaft verursacht Kosten. Sie stellen damit nichts anderes als *Architekturinvestitionen* dar.

Der Nutzen einer Architekturinvestition kann sich *direkt* durch *Kosteneinsparungen* in der Bereitstellung der IT-Unterstützung ergeben, indem man z. B. durch eine Aufteilung der geforderten IT-Unterstützung in Einzelteile (Komponenten) die Aufgabenkomplexität beherrschbarer gestaltet, so Fehlerquellen bei der Erstellung reduziert und dadurch spätere Wartungsarbeiten erleichtert. Eine weitere Möglichkeit ist die Optimierung der Arbeitsorganisation selbst, indem die Arbeiten durch diese Aufteilung parallelisiert vorgenommen werden können (Abbildung 17).

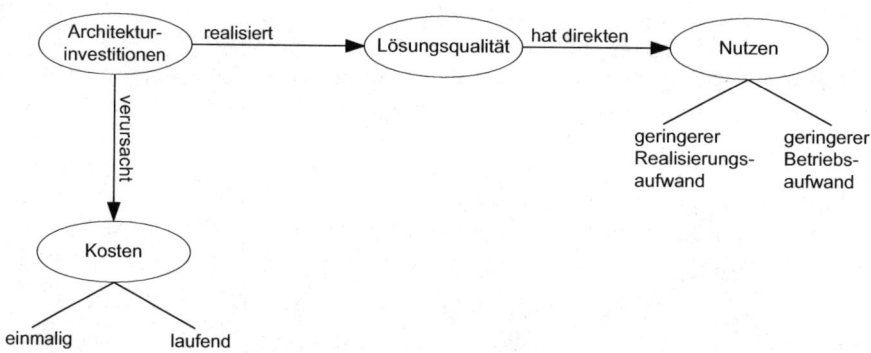

Abbildung 17 – Architekturinvestition mit direktem Nutzen

Der Nutzen von Architekturinvestitionen, um eine IT-Lösung auf *bestimmte Änderungen und Erweiterungen vorzubereiten*, damit diese kostengünstiger realisiert werden können, ist mit einer Option zu vergleichen. Der Nutzen kommt erst zum Tragen, falls die Option eingelöst wird bzw. falls die bestimmten Änderungen und Erweiterungen an der IT-Lösung wirklich vorgenommen werden müssen. Solche Architekturinvestitionen stellen eine Risikoinvestition dar. Die Wirkungsweise einer Risikoinvestition auf die Nutzenrealisierung zeigt die Abbildung 18.

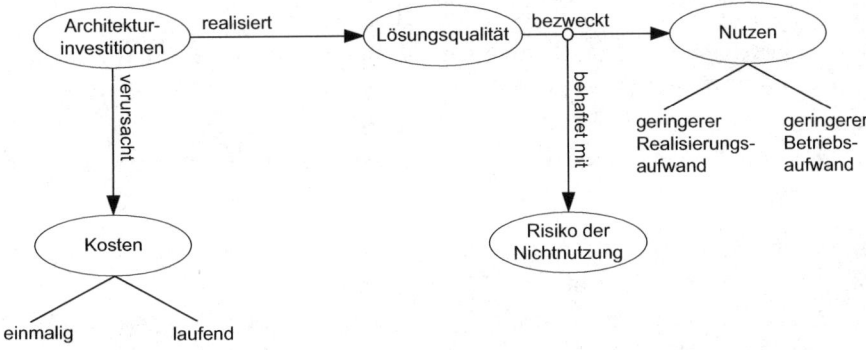

Abbildung 18 – Architekturinvestition als Risikoinvestition

Diese Investition realisiert eine Lösungsqualität, um *bestimmte* zukünftige Änderungs- und Erweiterungswünsche günstiger (geringere Realisierungs- und Betriebskosten) realisieren zu können. Nur wenn diese in die IT-Unterstützung eingebaute Lösungsqualität auch genutzt wird, realisiert diese Architekturinvestition einen Nutzen. Ob diese Lösungsqualität je genutzt wird, ist mit dem Risiko verbunden, dass die vermuteten Änderungs- und Erweiterungswünsche gar nie auftreten. Solche Architekturinvestitionen werden sinnvollerweise nur an denjenigen Stellen in der IT-Unterstützung gemacht, an welchen man einen bestimmten Änderungsdruck vermutet und eine hohe Eintretenswahrscheinlichkeit erwartet (Kapitel 5 »Die Änderungsdrücke auf die IT-Unterstützung«).

Bei der Erklärung der Wirkungsweise von Architekturinvestitionen haben wir vernachlässigt, dass die *Realisierung* selbst mit einem Risiko verbunden ist. Das sogenannte Umsetzungsrisiko, in Abbildung 19 grau dargestellt, ist bei beiden Arten von Architekturinvestitionen vorhanden.

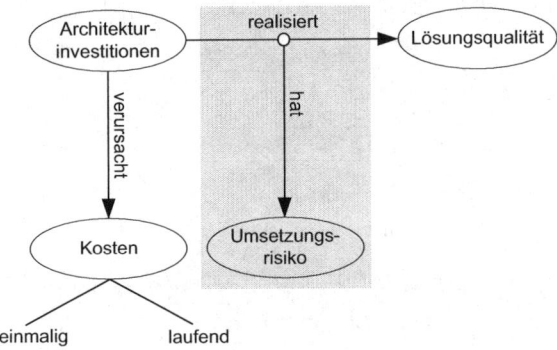

Abbildung 19 – Jede Architekturinvestition besitzt ein Umsetzungsrisiko

Ein Umsetzungsrisiko besteht darin, dass die gefällten Architekturentscheidungen oder getroffenen Maßnahmen nicht sinngemäß umgesetzt werden und so die beabsichtigte Lösungsqualität nicht realisiert wird. Beispielsweise kann durch eine Architekturmaßnahme die Projektkomplexität erhöht werden. Diese Erhöhung der Projektkomplexität birgt dann das Risiko, dass dort (andere) Fehler entstehen.

Neben diesem Umsetzungsrisiko, welches die Lösungsqualitätserreichung vermindern kann, ist die Richtigkeit und Angemessenheit der jeweilig gewählten Architekturinvestition ein zentraler Diskussionspunkt. Leider gibt es gute und schlechte Architekturinvestitionen. Schlechte Architekturinvestitionen können auch einen gegenteiligen Effekt erzielen. Sie erzeugen keinen Nutzen, weil die durch sie geschaffene Lösungsqualität nicht genutzt werden kann, oder sind sogar schädlich, weil die durch sie geschaffene Lösungsqualität hinderlich ist (z. B. durch das Anbieten von Schnittstellen, die auf einer am Ende nicht genutzten, jedoch komplexitätstreibenden Technologie basieren). Solche schlechten Architekturinvestitionen führen meistens zu weiteren Architekturproblemen oder zu ungenutzter Funktionalität und somit zu Mehrkosten.

Berücksichtigen wir alle zuvor erörterten Aspekte, so erhalten wir ein Modell zur Wirkungsweise von Architekturinvestitionen (Abbildung 20).

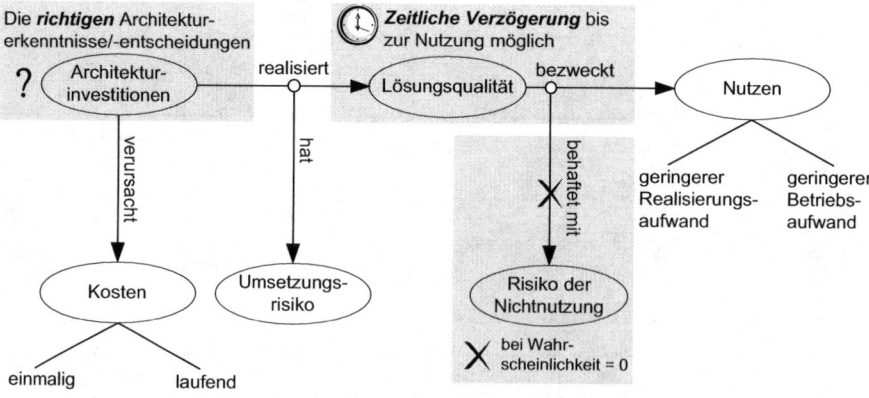

Abbildung 20 – Modell zur Wirkungsweise von Architekturinvestitionen

Der graue Balken mit dem Fragezeichen in Abbildung 20 zeigt die Problematik der Richtigkeit und Angemessenheit der jeweilig gewählten Architekturinvestition. Der graue Balken mit dem X soll symbolisieren, dass die Unterscheidung, ob es sich um eine Architekturinvestition mit direktem Nutzen oder um eine Risikoinvestition handelt, nicht immer eindeutig ist. Eine Architekturinvestition als Risikoinvestition lässt sich – auf Modellebene – relativ einfach in eine Architekturinvestition mit direktem Nutzen überführen. Wenn die Wahrscheinlichkeit des Risikos der Nichtnutzung null ist (in Abbildung 20 mittels eines X durchgestrichen), ist dies der Fall. Ordnet z. B. ein Architekt eine bereits erprobte Architekturmaßnahme an, welche auf eine bestimmte zukünftige Änderung ausgerichtet ist, und der Architekt weiß mit Bestimmtheit, dass diese Änderung eintreffen wird, so hat die eingebaute Lösungsqualität einen direkten Nutzen. Dieser Nutzen kann jedoch zeitlich verzögert eintreten (symbolisiert durch die Uhr im grauen Balken).

Bereits innerhalb eines einzigen Vorhabens kann die Beurteilung, welche Architekturinvestitionen zu tätigen sind, nicht einmalig und abschließend gemacht werden, sondern begleitet das Vorhaben als ein stetiger Arbeitsprozess auf allen Ebenen der Lösungsfindung. D. h., die Beurteilung und Entscheidung, ob und in welcher Form eine bestimmte Lösungsqualität in der zu entwickelnden Software berücksichtigt werden soll, beginnt bereits mit der Erarbeitung der IT-Anforderungsspezifikation (Kapitel 3.7 »Von der Strategie zur IT-Unterstützung«) und findet auf allen Ebenen des Systembaus statt. Diese Beurteilung ist von der Komplexität der Problemstellung, vom Wissen und der Erfahrung des Entwicklungsteams und vom verfügbaren Domänenwissen abhängig. Einerseits ist aus den oben gemachten Ausführungen bereits ersichtlich, dass mehrere Personen an der Entscheidungsfindung für Architekturinvestitionen beteiligt sind und beeinflussend wirken, andererseits, dass dieser Entscheidungsfindungs- und Umsetzungsprozess zum Teil aus Unternehmenssicht implizit verläuft. Auf der Implementierungsebene beispielsweise laufen solche Beurteilungen meist implizit ab. Der Softwareentwickler setzt seine Aufgaben gemäß seinem Erfahrungsschatz und sogenannten Best-Practice-Ansätzen um. Diese Umsetzung ist ebenfalls vom Domänenwissen, Qualitätsbewusstsein und von der Philosophieschule (z. B. objektorientiert, funktional) des jeweiligen Softwareentwicklers abhängig. Hier besteht eine gewisse Gefahr, dass aus Unternehmenssicht unerwünschte Fakten geschaffen werden, wie z. B. »hartverdrahtete« Geschäftslogik im *volatilen* Domänenbereich. Siehe auch Kapitel 3.10.3 »Architektur versus Design und Entwicklung«.

In der Praxis stellt sich die Frage, wie viel Architektur sinnvoll und notwendig ist bzw. sich rechnet. Wir haben gesehen, dass jegliche Architekturtätigkeit als Investition zu betrachten ist und dass diese finanziert sein muss. Der

Nachweis eines Nutzens von Architekturinvestitionen ist nur dort *billig* zu haben, wo ein direkter Nutzen bereits im Laufe des Vorhabens ersichtlich ist. Vor allem bei Risikoinvestitionen ist der Nachweis sehr schwierig – zugleich auch sehr *teuer* – und kann unter Umständen erst nach vielen Jahren erbracht werden.

3.9 Entstehung und Festlegung der Lösungsqualität

Wir werden uns schrittweise an die im Kapitel 3.8 »Wirtschaftliche Bereitstellung der IT-Unterstützung« aufgeworfene Frage nach der Entstehung und Festlegung der anzustrebenden Qualität der IT-Landschaft (Lösungsqualität) herantasten.

Zuerst setzen wir uns mit der Frage auseinander, *wodurch* die Qualität der IT-Landschaft repräsentiert wird. Diese Strukturelemente der Lösungsqualität bezeichnen wir nachfolgend als *Qualitätsattribute* und lehnen uns an die Terminologie von ISO/IEC 9126 an. Danach versuchen wir ein besseres Verständnis dieser Qualitätsattribute hinsichtlich ihrer Festlegung, Zielgrößen, Messverfahren, gegenseitigen Abhängigkeiten und ihres Zusammenwirkens zu vermitteln. Dies tun wir anhand einzelner IT-Systeme, die im Rahmen von Projekten erstellt oder weiterentwickelt werden; danach machen wir den Schritt von solchen Einzelsystemen zur gesamten IT-Landschaft eines Unternehmens.

Wir werden dabei sehen, dass *Anforderungen* die Zielgrößen für Qualitätsattribute vorgeben, *Entwurfsentscheidungen* die Qualitätsattribute beeinflussen und somit Qualitätsattribute das Scharnier zwischen Anforderungen und Entwurfsentscheidungen bilden. Wir werden aufzeigen, wie Entwurfsentscheidungen dem Architekten als Hebel dienen, um am Ende Anwendungen oder eine ganze IT-Landschaft zu erhalten, welche allen Anforderungen genügen. Dabei werden wir sehen, dass *nicht funktionale Eigenschaften von IT-Betriebsmitteln* den Schlüssel zum architekturellen Optimierungsprozess darstellen.

3.9.1 Summarische Qualität versus individuelle Qualitätsattribute

Qualität ist gemäß [Crosby] die Erfüllung von gestellten Anforderungen. Als Maßstab ist die vollständige und korrekte Umsetzung der spezifizierten funktionalen sowie nicht funktionalen Anforderungen zu nehmen.

Wenn man von diesem umfassenden Qualitätsbegriff ausgeht, so stellt auch die geforderte *Funktionalität* eines Systems ein Qualitätsattribut dar. Die Erfüllung der funktionalen Anforderungen spiegelt sich im Qualitätsattribut *Korrektheit*, im Sinne der korrekten Umsetzung aller geforderten Funktionen wider. Dieses Qualitätsattribut ist bei einem qualitativen Vergleich zweier Systeme nur dann hilfreich, falls manche Funktionen als optional betrachtet werden (z. B. »Should have«- und »Nice to have«-Features, nicht nur »Must have«). Ansonsten ist eine funktionale Anforderung binär, d. h., entweder ist die Funktion vorhanden oder eben nicht.

Funktionale Anforderungen sind *orthogonal* zu den nicht funktionalen Anforderungen, wie z. B. Wartbarkeit, Sicherheit oder Performanz: Zwei Systeme können exakt die gleiche Funktionalität aufweisen und trotzdem verschieden schnell, sicher, wartbar usw. sein. D. h., bei gleicher Funktionalität kann das eine System sehr »gut« und ein anderes sehr »schlecht« sein. Dies ist natürlich nur ein Extremfall: Typischerweise ist das eine System in dieser Hinsicht besser (z. B. Performanz), das andere in jener Hinsicht (z. B. Wartbarkeit).

> Es gibt nicht *eine* Qualität. Man muss differenzieren zwischen *Qualitätsattributen*.
>
> Ein Qualitätsattribut kann als *Systemeigenschaft* nach dem umfassenden Qualitätsverständnis nach Crosby verstanden werden. Was als System bezeichnet wird, ist *kontextbezogen* zu verstehen: IT-Betriebsmitteln und Technologien können Qualitätsattribute zugewiesen werden, ebenso einem beliebigen Verbund von IT-Betriebsmitteln und Technologien bis hin zur IT-Landschaft. Ein Qualitätsattribut ist eine Dimension, in der die Qualität einer IT-Lösung charakterisiert werden kann.

Wir besprechen im Kapitel 3.9.2 »Taxonomie von Qualitätsattributen« eine mögliche Taxonomie von Qualitätsattributen.

Einige Qualitätsattribute ergeben sich aus konkreten Anforderungen an eine IT-Lösung (z. B. Performanz), andere aus Überlegungen zur wirtschaftlichen Bereitstellung der IT-Lösung selbst (z. B. Wartbarkeit). Letztere werden meist implizit erwartet. Wir verstehen wirtschaftliche Optimierungsaspekte der Lösungsbereitstellung als durch die IT-Architektur explizit zu machende Anforderungen.[29] Mit der Frage, wie wir dies tun können, befassen wir uns im Kapitel 3.9.3 »Qualitätsszenarien als Messverfahren für Qualitätsattribute«.

Anhand der Qualitätsattribute lassen sich verschiedene Systeme in Bezug auf ihre Qualität vergleichen. Auch Änderungen an einem System lassen sich anhand der Verbesserung oder Verschlechterung der eigenen Qualitätsattribute beurteilen.

> Qualitätsattribute sind *vor allem* als *Messdimensionen* zu verstehen, noch abstrakt ohne Messverfahren und vor allem *ohne Zielvorgaben*. Insofern kann ein Qualitätsattribut *keine Anforderung sein*, sondern es steht für eine Kategorie von Merkmalen, für die Anforderungen festgelegt werden können. Qualitätsattribute können als *graduelle Vergleichsmaßstäbe* benutzt werden, d. h., man kann von »besser« oder »schlechter« sprechen.

3.9.2 Taxonomie von Qualitätsattributen

Es gibt keine allgemein anerkannte Standardtaxonomie von Qualitätsattributen für IT-Systeme, jedoch Ansätze dazu, z. B. die Norm ISO/IEC 9126, welche folgende Qualitätsattribute unterscheidet:

- Maintainability
- Portability
- Usability
- Efficiency
- Reliability

Diese groben Kategorien werden noch weiter untergliedert, z. B. Maintainability in Analyzability, Changability, Stability und Testability. Die Norm behandelt auch die Funktionalität als Qualitätsattribut (Functionality), worunter sie als weitere Verfeinerungsstufen z. B. Angemessenheit (Suitability) und Sicherheit (Security) aufführt.

---

29   Eine Anforderung legt fest, *was* gemacht werden soll. Je nach Betrachtungsebene kann eine Festlegung ein *Was* oder ein *Wie* bedeuten. Wenn es darum geht, zwei durch einen Fluss getrennte Ortshälften besser zu verbinden, ist die Entscheidung für eine Brücke, eine Fähre oder einen Tunnel eine *Wie*-Entscheidung. Nachdem die Entscheidung für eine Brücke gefällt worden ist, wird diese hingegen zu einer Vorgabe, *was* gemacht werden muss. Die Frage nach dem *Wie* verschiebt sich dann z. B. auf die Anzahl der Brückenpfeiler.

Es ist wichtig, dass ein Unternehmen sich eine Taxonomie erarbeitet, da die dort eingeführten Begriffe in vielen Prozessen verwendet werden, von der Anforderungsanalyse über die Entwicklung und den Test bis hin zum Betrieb. Wichtiger als die verwendete Taxonomie ist es, dass alle Beteiligten unter einem Begriff dasselbe verstehen. Dies gelingt in der Regel nur, wenn konkrete Qualitätsszenarien mit Messverfahren und Zielgrößen definiert werden (Kapitel 3.9.3 »Qualitätsszenarien als Messverfahren für Qualitätsattribute«).

> Eine klare Taxonomie hilft auch bei der Klärung, wofür die IT-Architektur noch verantwortlich ist und wo ihre Verantwortung aufhört. So könnte z. B. festgelegt werden, dass nicht die IT-Architektur primär für Lieferantenunabhängigkeit verantwortlich ist, sondern der Einkauf.

Zu ein paar denkbaren Qualitätsattributen möchten wir Folgendes anmerken:

- Kosten werden normalerweise nicht als Anforderung oder Qualitätsattribut betrachtet. Hingegen können Kosten in manchen Anforderungen vorkommen, z. B.: »Falls wir im System später nicht nur Deutsch, sondern auch Französisch unterstützen wollen, darf dies nicht mehr als zehn Personentage Aufwand kosten.« Dies ist ein Beispiel für ein *Änderungsszenario*.

- Time-to-market *im Sinne einer Projektdauer* wird normalerweise nicht als Anforderung oder Qualitätsattribut behandelt, da man die Entwicklungszeit möglichst als fixe Projektvorgabe behandeln möchte.

- Time-to-market kann in verschiedenen Ausprägungen vorkommen. Wenn man es nicht als Projektdauer versteht, dann meistens im Sinne eines Änderungsszenarios: »Falls wir im System später neben Euro auch Dollar unterstützen möchten, wie lange dauert es, bis diese Änderung realisiert ist?«

- Es gibt nicht nur zwischen verschiedenen Qualitätsattributen Zielkonflikte, sondern auch zwischen Qualitätsattributen, Zeit und Kosten. Will man weniger Zeit und Kosten aufbringen, so wird man bei der Funktionalität oder den übrigen Qualitätsattributen Abstriche machen. Die kann u. U. spätere Folgekosten verursachen. In jedem Fall sprechen wir hier von Änderungen der Anforderungen bzw. sonstiger Vorgaben an das Projekt. Ein guter Architekt zeichnet sich auch dadurch aus, dass er weiß, wann es sich lohnt oder gar notwendig wird, die Anforderungen auch *nach* Abschluss der Anforderungsanalyse infrage zu stellen.

- »Wiederverwendbarkeit« als Qualitätsattribut zu behandeln ist problematisch und sollte vermieden werden. Dieser Begriff wird in den meisten Fällen mit unrealistischen Erwartungen verknüpft. Normalerweise wird er im Sinne einer *ungeplanten* Wiederverwendbarkeit interpretiert, d. h., man hat keine konkreten Änderungsszenarien, sondern höchstens eine diffuse Vorstellung. Ungeplante Wiederverwendbarkeit ist reine Lotterie. Geplante Wiederverwendbarkeit basiert hingegen auf konkreten Änderungsszenarien, z. B.: »Das geplante Partnersystem sollte den existierenden Nachbarsystemen sowie ähnlichen zukünftigen Systemen Adressdaten von Geschäftspartnern liefern können.«

3.9.3 Qualitätsszenarien als Messverfahren für Qualitätsattribute

Um zu vermeiden, dass Qualitätsattribute, wie z. B. »Wartbarkeit«, zu bedeutungslosen oder missverständlichen Worthülsen verkommen, muss man sie präziser fassen.

> Für manche Qualitätsattribute können aussagekräftige quantitative Messverfahren definiert werden. Dabei sind szenariobasierte Messverfahren (*Qualitätsszenarien*) besonders hilfreich, da sie für alle Qualitätsattribute anwendbar sind und konkrete Aussagen liefern, dafür allerdings nur ausgewählte Szenarien abdecken, die von den Stakeholdern als besonders kritisch betrachtet werden. Je nach Perspektive eines Stakeholders werden verschiedene Qualitätsattribute verschieden gewichtet. Es geht insbesondere um die Perspektiven des Auftraggebers, des Entwicklers, des Benutzers und des Betreibers.
>
> Ein Qualitätsszenario wird einem Qualitätsattribut zugeordnet und besteht aus einem *Messverfahren* und einer *Zielgröße*.
>
> *Nicht funktionale Anforderungen* sind in Form von Qualitätsszenarien zu dokumentieren. Sie geben das Messverfahren und die Zielgröße für Qualitätsattribute vor. Pro Qualitätsattribut kann es mehrere Qualitätsszenarien geben, jedes stellt eine eigene Anforderung dar.

Beispiele von Qualitätsszenarien:

> Effizienzszenario: »Wenn der Benutzer des Informationssystems X eine Abfrage von Kundendaten auslöst, so muss das Resultat nach spätestens zwei Sekunden auf seiner Anzeige erscheinen.«

Zuverlässigkeitsszenario: »Das Informationssystem Y muss mindestens 99 % der Zeit verfügbar sein, bezogen auf 24 Stunden am Tag und 365 Tage im Jahr.«

> Wenn es um Qualitätsattribute wie Wartbarkeit geht, welche *Zielgrößen der wirtschaftlichen Bereitstellung einer IT-Lösung* darstellen, so werden *Änderungsszenarien* als Qualitätsszenarien verwendet.

Beispiel eines Änderungsszenarios:

Wartbarkeitsszenario: »Das Informationssystem Z muss mit höchstens zehn Personentagen Aufwand von Deutsch auf Deutsch und Französisch erweitert werden können.«

> Ein System erfüllt genau dann alle Anforderungen, wenn es alle geforderten Funktionen anbietet und in Bezug auf jede nicht funktionale Anforderung den festgelegten Minimalwert erreicht bzw. den Maximalwert nicht überschreitet.

Die Beurteilung, ob ein laufendes System alle nicht funktionalen Anforderungen erfüllt, ist u. U. schwierig. Insbesondere der Aufwand für ein Änderungsszenario kann oft nur grob eingeschätzt werden, und man erfährt erst dann mit Sicherheit, ob der Aufwand im geforderten Rahmen liegt, wenn man die Änderung tatsächlich realisiert. Trotz dieser Schwierigkeit haben sich Änderungsszenarien als Werkzeuge bewährt.

Welche Qualitätsszenarien für ein System festgelegt werden sollen, ist Sache der Anforderungsanalyse. Sie sollten von den Abnehmern des Systems explizit als nicht funktionale Anforderungen festgehalten werden, was allerdings einen erheblichen Aufwand bedeuten kann und in der Praxis deswegen selten vollständig geleistet wird. Alternativ müssen die nicht funktionalen Eigenschaften des Systems dem Ermessensspielraum des Entwicklungsteams überlassen werden, was viel Vertrauen bedingt und zu Spannungen führen kann, siehe Kapitel 6.1 »Die Interpretation von Aufträgen«.

In der Praxis muss die Diskussion um nicht funktionale Anforderungen oft während eines Projektes nachgeholt werden, z. B. wenn mehrere konkrete Entwurfsalternativen vorliegen. Architektur-Reviews können dazu dienen, offene Fragen bzgl. nicht funktionaler Anforderungen zu entdecken und zu klären.

3.9.4 Entwurfsentscheidungen und Qualitätsattribute: die Kunst von guten Trade-offs

In Abhängigkeit von den gefällten Entwurfsentscheidungen wird ein System bezüglich mancher Qualitätsattribute sehr gut abschneiden, bezüglich anderer Qualitätsattribute weniger gut, jedoch sollte kein Qualitätsattribut außerhalb des geforderten Bereichs liegen. Welche Qualitätsattribute sehr gut abschneiden und bei welchen man gerade noch knapp die Anforderungen erfüllt, hängt von den einzelnen Entwurfsentscheidungen des Architekten ab. So kann z. B. die Einführung von Layern[30] als Entwurfsentscheidung positive Konsequenzen auf die Wartbarkeit haben bei gleichzeitig negativen Konsequenzen auf die Performanz. Der Architekt muss also abwägen zwischen positiven und negativen Wirkungen seiner Entscheidungen. Dies ist eine mehrdimensionale *Optimierungsaufgabe*, bei der es darauf ankommt, dass der Architekt ein Gespür für die Art *und das Ausmaß* der Wirkung einer Entwurfsentscheidung besitzt. Dies ist nicht trivial, da Entwurfsentscheidungen manchmal auf überraschende Weise zusammenwirken (Kapitel 3.9.7 »Emergenz als Hürde bei der Sicherstellung der Lösungsqualität«). Ein Architekt muss das Gespür mitbringen, solche Effekte rechtzeitig zu erkennen.

> Entwurfsentscheidungen können auf nicht offensichtliche Art zusammenwirken und verschiedene Qualitätsattribute eines Systems verschieden beeinflussen: manche positiv, manche negativ, manche gar nicht. Dies führt zur Notwendigkeit, gute *Trade-offs* zu finden, welche Lösungen noch innerhalb der Anforderungen erlauben – und erst noch möglichst robust sind gegenüber vorhersehbaren Anforderungsänderungen. Dies ist eine hohe Kunst im Sinne von Kunsthandwerk und Kunstfertigkeit. Schlechte Kompromisse zu finden ist einfach, gute Kompromisse zu finden ist schwer.

Die funktionalen Anforderungen geben den Rahmen vor, innerhalb dessen sich die Optimierung der Architektur bewegen darf. Außer diesem Rahmen liefern sie dem Architekten keine Hilfen beim Entwurf. Man kann sich das mit einem Gedankenexperiment veranschaulichen: Angenommen, es gibt lediglich funktionale Anforderungen, dann entspricht auch *jede* monolithische Implementierung, welche alle Funktionen korrekt unterstützt, diesen Anforderungen. Selbst wenn sie aus unverständlichem Spaghetticode bestünde, wäre dies nicht zu kri-

---

30 Siehe Kapitel 10.4 »Wie kommt man zu einer Aufteilung in Komponenten?«.

tisieren, solange nur die Funktionalität gefordert ist. Sobald man sich hingegen überlegt, was eine »gute« Realisierung der Software ist, kommen andere Qualitätsattribute ins Spiel: Portabilität, Antwortzeiten, Zuverlässigkeit usw. Sie stellen den Optimierungsraum dar, innerhalb dessen sich der Architekt bewegt. In Abhängigkeit von seinen Entwurfsentscheidungen werden verschiedene Qualitätsattribute verschiedene Werte erreichen (hoffentlich stets »gut genug« gemäß den Anforderungen).

In der Praxis wird der Einfluss von Entwurfsentscheidungen auf Qualitätsattribute selten bewusst reflektiert und thematisiert. Erfahrene Entwickler arbeiten implizit mit Qualitätsattributen und schöpfen dabei aus ihrer Intuition, welche durch Erfahrung geformt wurde. Bei großen Systemen wird dies problematisch, da die einzelnen Entwickler nicht mehr die Übersicht haben und verschiedene Entwickler eines Teams zu Entwurfsentscheidungen kommen können, die das Zusammenspiel der einzelnen Teile gefährden. Hier kommt der Architekt ins Spiel:

> Der Architekt muss die zentrale Rolle von Qualitätsattributen kennen, und er muss in der Lage sein, beim Abwägen zwischen mehreren Entwurfsvarianten bewusst mit deren Auswirkungen auf die Qualitätsattribute zu argumentieren.

3.9.5 Qualitätsattribute als Scharnier zwischen Anforderungen und Entwurfsentscheidungen

Das Ziel des Architekten ist es, Entwurfsentscheidungen so zu treffen, dass für alle Qualitätsattribute die geforderten Werte erreicht werden können. Dies wird dadurch erschwert, dass eine einzelne Entwurfsentscheidung sowohl positive als auch negative Auswirkungen auf unterschiedliche Qualitätsattribute haben kann (dargestellt durch Plus-/Minus-Zeichen beschriftete Pfeile in Abbildung 21). Das Qualitätsattribut »Korrektheit« ist insofern speziell, als dass jede Entwurfsentscheidung so getroffen werden muss, dass alle Funktionen möglich bleiben (dargestellt durch Gleichheitszeichen beschriftete Pfeile in Abbildung 21).

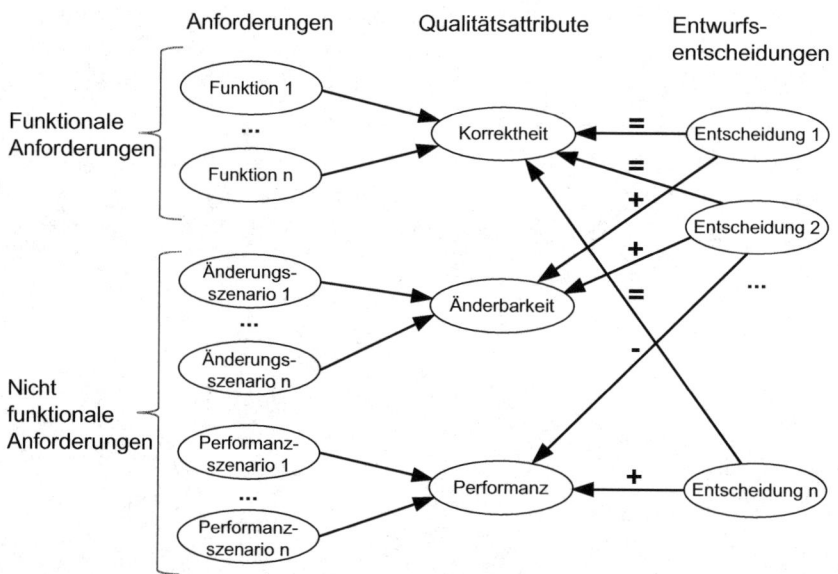

Abbildung 21 – Zusammenhang zwischen Anforderungen, Qualitätsattributen und Entwurfsentscheidungen

Bei Architektur-Reviews werden die Einflüsse von Entwurfsentscheidungen auf Qualitätsattribute systematisch untersucht, um zu beurteilen, wie geeignet die Architektur unter den gegebenen Anforderungen ist, bzw. wie robust sie gegenüber als wahrscheinlich erachteten Änderungen der Anforderungen wäre.

3.9.6 Nutzen der Qualitätsattribute für die IT-Architekturarbeit

Anhand des Qualitätsanspruchs an die IT-Landschaft (angestrebte Lösungsqualität) versucht die IT-Architektur die relevanten Qualitätsattribute für die IT-Landschaft oder für Teile davon festzulegen, die Qualitätsszenarien zu bestimmen und, darauf aufbauend, entsprechende Entwurfsentscheidungen zu treffen. D. h., die IT-Architektur definiert zusätzliche nicht funktionale Anforderungen an die IT-Landschaft, indem sie Messverfahren und Zielgrößen für die relevanten Qualitätsattribute festlegt, und erarbeitet vordefinierte Entwurfsentscheidungen zwecks Erfüllung dieser Zielgrößen.

> Architekturvorgaben stellen nichts anderes als bereits getroffene Entwurfsentscheidungen dar, welche die aus dem Qualitätsanspruch abgeleiteten Zielgrößen der relevanten Qualitätsattribute zu erreichen versuchen. Architekturvorgaben geben in einem Vorhaben den übergeordneten Lösungsraum für die detaillierten Entwurfsentscheidungen vor oder legen diese sogar konkret fest.

Architekturvorgaben existieren nicht nur auf der Ebene IT-Landschaft, sondern beziehen sich auf einen beliebigen Verbund von IT-Betriebsmitteln und Technologien. Wie Architekturvorgaben systematisch zu strukturieren und welche Architekturvorgaben sinnvoll zu erarbeiten sind, zeigen das Kapitel 4 »Das IT-Architekturmodell« und insbesondere das Kapitel 4.4 »Übersicht über die Architekturergebnisse«.

Im Grunde bedeutet das Vorhandensein einer IT-Architektur, dass in jedes einzelne Vorhaben Architekturvorgaben in Form von vorgegebenen Entwurfsentscheidungen einfließen können, welche *nicht funktionale Anforderungen* repräsentieren, die *nicht* vom Abnehmer des Systems stammen (Abbildung 22).

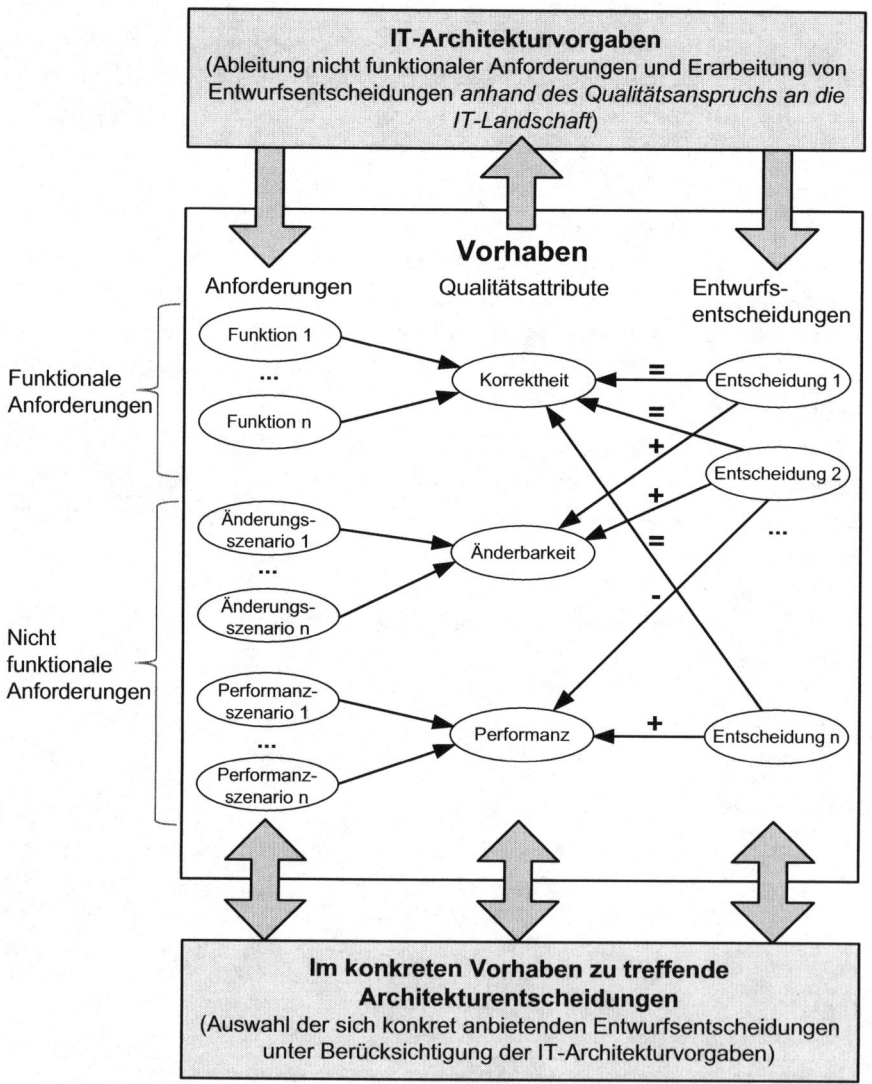

Abbildung 22 – Einfluss von übergreifenden IT-Architekturvorgaben auf Anforderungen und Entwurfsentscheidungen bei der Festlegung der IT-Lösung eines Vorhabens

Die explizite Betrachtung von Qualitätsattributen hat sich bei der Entwicklung, Änderung und auch dem Einkauf von einzelnen IT-Systemen bewährt. Wenn wir hingegen von den einzelnen Systemen zur gesamten IT-*Landschaft* eines Unternehmens übergehen und damit von einer Architektur eines Einzelsystems, welches im Rahmen eines Projekts gebaut wird, zur IT-Architektur, dann betreten wir Neuland.

Es geht um all jene Qualitätsattribute, die man auf der Ebene der gesamten IT-Landschaft des Unternehmens beobachten und wofür man Anforderungen definieren möchte. Auf Ebene der IT-Landschaft beziehen sich nicht funktionale Anforderungen entweder auf einzelne Schlüsselsysteme oder auf alle Systeme einer bestimmten Art. Beispiele:

- Zuverlässigkeit: z. B.: »Alle von extern zugreifbaren Webservices des Unternehmens müssen mindestens 99 % der Zeit verfügbar sein.«
- Effizienz: z. B.: »Jede Mutation von Partnerdaten muss spätestens nach 24 Stunden mit dem zentralen Partnersystem abgeglichen sein.«
- Portierbarkeit: z. B.: »Jede neu entwickelte Mainframe-Anwendung muss innerhalb von maximal zwei Jahren zu höchstens 20 % der Entwicklungskosten auf Unix migrierbar sein.«

»Wartbarkeit im Großen«, auf dieser Ebene oft auch einfach Flexibilität genannt, hat oft die größte praktische Bedeutung, obwohl oder gerade weil es so schwer ist, sie sicherzustellen. Dieses Qualitätsattribut beschäftigt uns in diesem Buch denn auch am stärksten. Den Aufwand für jedes relevante Änderungsszenario einer gesamten IT-Landschaft abzuschätzen ist kaum möglich, da nur schon die Analyse eines einzigen solchen Szenarios ein Projekt für sich sein kann. Szenariounabhängige Versuche, die Flexibilität einer IT-Landschaft zu definieren und zu messen, sind hingegen äusserst problematisch. Der Grund dafür liegt darin, dass verschiedene Szenarien zu komplett verschiedenen Bewertungen derselben Software führen können. Eine gewünschte Änderung mag trivial sein, eine andere nahezu unmöglich, und die meisten liegen irgendwo dazwischen. Selbst für ein konkretes Änderungsszenario ist die Aufwandsabschätzung oft schwierig und mit großen Unsicherheiten behaftet.

Auf der Ebene der gesamten IT-Landschaft gibt es keinen Projektbeginn und kein Projektende und deswegen auch kein Time-to-market in diesem Sinne. Die IT-Landschaft ist ein ganzes Portfolio von Systemen, welche im Rahmen vieler Einzelprojekte quasi kontinuierlich weiterentwickelt werden.

Entwurfsentscheidungen auf Ebene der IT-Landschaft sind z. B.:

- Für alle von außerhalb des Unternehmens zugreifbaren Webserver wird Linux mit dem Apache Webserver, MySQL und PHP benutzt.
- Alle Kundendaten werden vom zentralen Partnerservice bezogen.

Falls es z. B. von Anfang an klar ist, dass ein neu zu entwickelndes System Daten an SAP liefern muss, bringt dies eine ganze Reihe von technischen Zwängen mit sich. Solche Randbedingungen sind normalerweise durch die Integrationsbedürfnisse mit Nachbarsystemen oder durch Plattformstrategien motiviert.

Es ist wichtig, bewusst abzugrenzen, welche (insbesondere nicht funktionalen) Anforderungen und Entwurfsentscheidungen übergreifend für alle Systeme gelten oder auf Ebene der einzelnen Systeme geklärt werden sollen.

Generell sollte man auf der übergreifenden Ebene zurückhaltend sein mit Vorgaben, da schlechte Vorgaben viel Schaden anrichten können und selbst gute Vorgaben schwer durchsetzbar sind. Realistische Messverfahren können unrealistisch teuer werden. Man muss wählen, was für das Unternehmen wirklich wichtig ist. Die gewählten Qualitätsattribute und ihre Qualitätsszenarien müssen zu einem Unternehmen »passen«. Sie müssen dort ansetzen, wo die IT-Landschaft für das Unternehmen primär Nutzen schaffen soll oder wo diesbezüglich die größten Risiken herrschen. Da man also eine Gewichtung vornehmen und eine Auswahl treffen muss, werden kaum zwei Unternehmen genau die gleiche Festlegung von Lösungsqualität verwenden können; insofern gibt es keine Patentrezepte – und damit auch nicht *die* eine richtige IT-Architektur –, und man sollte sich vor allzu weitgehend standardisierten Qualitätsattributen und -szenarien hüten.

> Ein Architekt muss mithilfe von Architekturvorgaben und -maßnahmen eine möglichst gute Voraussetzung dafür schaffen, dass ein System die Anforderungen bezüglich aller geforderten Qualitätsattribute erreicht.
>
> Dabei geht es um die *von außen* beobachtbaren Qualitätsattribute. Ein komplexes System besteht aus kleineren Elementen, deren individuelle Qualitätsattribute einen indirekten Einfluss haben: Der Architekt muss darauf achten, dass diese kleineren Elemente so entworfen und realisiert werden, dass ihr Zusammenspiel immer noch die geforderten End-to-end-Zielgrößen der Qualitätsattribute (gemessen mittels passender Szenarien) liefert.

> Wann immer dies nötig ist, muss der Architekt den Abnehmern oder den Entwicklern eines Systems die Konsequenzen von Entwurfsentscheidungen auf die Qualitätsattribute des Systems aufzeigen. Den Abnehmern muss er Abwägungen zwischen verschiedenen Qualitätsattributen erklären (z. B. mehr Performanz auf Kosten von Wartbarkeit), den Entwicklern muss er die globalen Auswirkungen von Architekturverletzungen verständlich machen.
>
> Die für die angestrebte Lösungsqualität dienlichen übergeordneten Entwurfsentscheidungen werden möglichst nicht ad hoc in einem Vorhaben, sondern systematisch in Form von Architekturvorgaben erarbeitet. Vorhaben geben oft den Anstoß für die Erarbeitung fehlender Architekturvorgaben oder für deren Präzisierung und Ergänzung.

Wir haben in diesem Kapitel gesehen, dass man Lösungsqualität als ganzes Bündel von Qualitätsattributen betrachten muss und für diese Qualitätsattribute konkrete Anforderungen in Form von Qualitätsszenarien definiert werden sollten. Dabei kann ein Teil der nicht funktionalen Anforderungen lediglich auf der Ebene einzelner Anwendungen relevant sein, andere auch (oder ausschließlich) auf anwendungsübergreifender Ebene, z. B. auf alle Anwendungen einer Domäne oder sogar auf die gesamte IT-Landschaft.

3.9.7 Emergenz als Hürde bei der Sicherstellung der Lösungsqualität

Die Aufgabe der IT-Architektur, also das Sicherstellen der angestrebten Lösungsqualität, ist deshalb so schwierig, weil Entwurfsentscheidungen sich gegenseitig auf nicht offensichtliche Art beeinflussen können. Das Ganze ist etwas anderes als die Summe seiner Teile. Es geht um die *Emergenz*, um das Resultat des Zusammenspiels der Eigenschaften einzelner Komponenten. Die Emergenz ist die spontane Herausbildung von systemweiten Qualitätsattributen durch das Zusammenspiel seiner Elemente. Dabei lassen sich die emergenten Eigenschaften des Systems nicht – oder jedenfalls nicht offensichtlich – auf Eigenschaften der Elemente zurückführen, die diese isoliert aufweisen. So kann man bei einem Algorithmus einer Komponente dessen Zeitkomplexität angeben, d. h., ob die Rechenzeit z. B. linear oder quadratisch mit der Größe des Inputs ansteigt. Wie schnell der Algorithmus am Ende aber tatsächlich abläuft, hängt noch von den anderen Komponenten ab, z. B. der verwendeten Hardware. Das Verständnis, wie ein großes Spektrum unterschiedlicher Entwurfsentscheidungen zusammenwirkt, stellt eine der großen Herausforderungen an IT-Architekten dar. Dies gilt für jede Granularität der Architektur, sei es für eine einzelne Anwendung oder die gesamte IT-Landschaft.

Die Emergenz ist nicht nur ein Problem, sondern auch eine Chance. So kann es sein, dass ein guter Architekt Entwurfsentscheidungen findet, die wenig kosten und viel bringen. Es ist eben nicht so, dass mehr Nutzen linear auch mehr Kosten bedeutet. Im Extremfall kann man sogar »mehrere Fliegen mit einer Klappe« erschlagen. So hatte z. B. Apple in der Frühzeit des Macintosh-Computers versucht, die Anzahl von Drahtlitzen zwischen Computer, Maus und Tastatur zu minimieren, da diese teuer waren. Ihre Lösung war es, in jedes Peripheriegerät einen Mikrocontroller einzubauen und statt einfacher Analogsignale ein flexibles digitales Bussystem einzuführen (Apple Desktop Bus). Damit konnten sie Kosten für die Drähte sparen, was die Zusatzkosten für die Mikrocontroller mehr als kompensierte. D. h., sie hatten Kosteneinsparungen als Ziel, dieses Ziel erreicht und als Nebenprodukt erst noch eine höhere Flexibilität für den Anschluss weiterer Peripheriegeräte erreicht. So gesehen wäre es auch völlig falsch zu sagen, dass eine Übererfüllung von Anforderungen immer zu teuer, also ein Overkill sei. Manchmal führt so die Lösung eines Teilproblems zu neuen Möglichkeiten, auf welche der Auftraggeber gar nie gekommen wäre.

Umgekehrt kann es sein, dass durch eine leichte Abschwächung von Anforderungen eine unerwartet große Kosteneinsparung erreicht werden könnte, was ein guter IT-Architekt seinem Auftraggeber auch kommunizieren sollte.

3.10 Die IT-Architektur

Wir verstehen die IT-Architektur als einen Prozess, der innerhalb des IT-Managementsystems geregelt werden muss.

Wie jeder Prozess legt die IT-Architektur u. a. die Entscheidungswege und Hilfsmittel fest und macht entsprechende Ergebnisvorgaben. Der organisatorische Aspekt der IT-Architektur wird in der Praxis häufig als IT-Architekturmanagement bezeichnet. Das IT-Architekturmanagement befasst sich mit der Frage, wie IT-Architektur in einem Unternehmen organisiert und betrieben werden soll. Wie ein solcher Prozess aussehen könnte, besprechen wir im Kapitel 14 »Organisation der IT-Architektur«.

Wir haben in den vorangegangenen Kapiteln die Ziele und Aufgaben der IT-Architektur identifiziert, erörtert und eine inhaltliche Abgrenzung vorgenommen. Wir möchten hier das Gesagte in einer zusammenfassenden Definition der IT-Architektur wiedergeben und das Verständnis der IT-Architektur weiter erhöhen.

3.10.1 Strategiebezug und Definition von IT-Architektur

Wir ergänzen die Abbildung 13 aus dem Kapitel 3.7.2 »Strategiebezug der IT-Unterstützung« mit der IT-Architektur und zeigen damit den Strategiebezug der IT-Architektur (Abbildung 23).

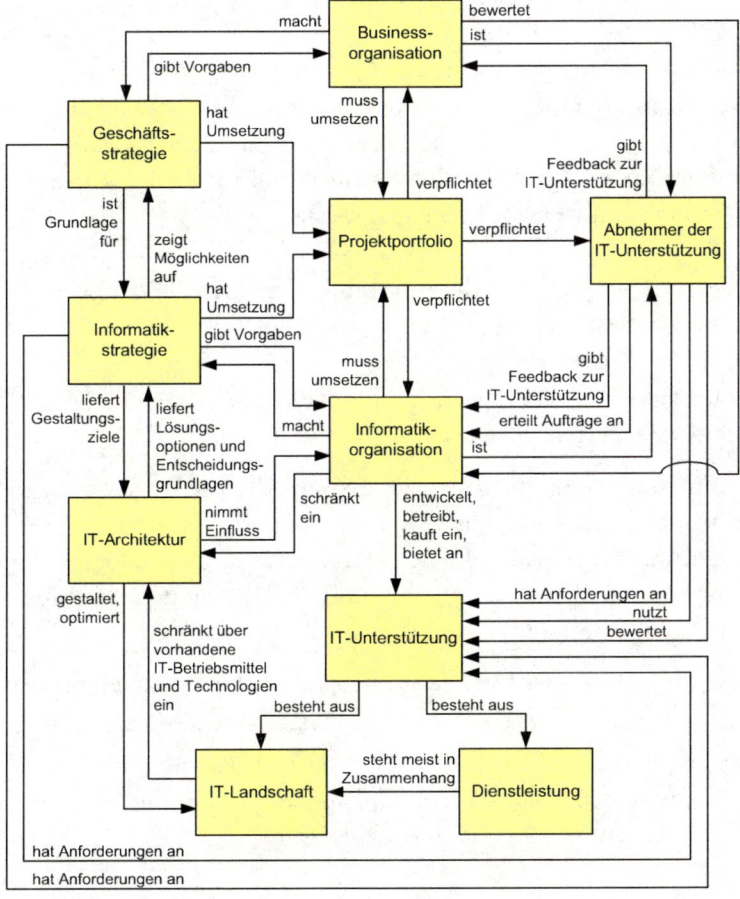

Abbildung 23 – Strategiebezug der IT-Architektur

Aus Abbildung 23 ist ersichtlich, dass die Informatikstrategie der IT-Architektur die mittel- bis langfristigen Gestaltungsziele zur IT-Landschaft liefert. Die Gestaltungsziele liegen unter anderem in Form der Businessarchitektur vor. Die IT-Architektur wiederum liefert der Informatikstrategie Lösungsoptionen und Entscheidungsgrundlagen. Die Überlegungen in Kapitel 3.7 »Von der Strategie zur IT-Unterstützung« und 3.8 »Wirtschaftliche Bereitstellung der IT-Unterstützung« verdeutlichen, wie wichtig die Gestaltungsziele der Informatikstrategie für die IT-Architektur sind (was werden die zukünftigen Anforderungen an die IT-Unterstützung sein?).

> Die IT-Architektur kann ihren Auftrag nur dann optimal erfüllen, wenn eine Businessarchitektur in genügender Qualität vorhanden ist.

Des Weiteren hat jede Informatikstrategie die Zielsetzung, die IT-Unterstützung wirtschaftlich zu erbringen. Diese Zielsetzung der Informatikstrategie hat auch die IT-Architektur, wobei aus IT-Architektursicht die IT-Landschaft im Vordergrund steht. Somit können jegliche Architekturinvestitionen als Umsetzungsmaßnahmen der Informatikstrategie betrachtet werden.

> Die IT-Architektur sorgt dafür, dass Anpassungen an der IT-Landschaft konform zur Informatikstrategie erfolgen.

Die IT-Architektur kann die inhaltlichen Zusammenhänge aufzeigen und eine Kostenkalkulation erleichtern bzw. erst fundiert ermöglichen.

Die IT-Architektur nimmt, soweit nötig, Einfluss auf die Informatikprozesse und auf das Personal, welche die Lösungsqualität der IT-Landschaft beeinträchtigen können. Die eingesetzten IT-Betriebsmittel und Technologien der IT-Landschaft sowie das vorhandene Personal und die Organisationsvorgaben schränken die IT-Architektur in ihren Gestaltungsmöglichkeiten ein.

Der Begriff IT-Architektur lässt sich nun abschließend wie folgt definieren:

> Die IT-Architektur kann als Instrument der Informatikorganisation betrachtet werden, um die Entwicklung, den Einkauf, die Verwaltung und den Betrieb der IT-Landschaft wirtschaftlich zu erbringen.

Dazu versucht sie, die für das Unternehmen optimale Qualität der IT-Landschaft (Lösungsqualität) festzulegen und diese zu erreichen.

Die angestrebte, als optimal betrachtete Lösungsqualität entspricht dem Qualitätsanspruch des Unternehmens an die IT-Landschaft. Die inhaltlichen Zielgrößen dieses Qualitätsanspruchs lassen sich anhand des Unternehmensauftrags an die Informatikorganisation, der strategischen Vorgaben, der Erwartungshaltung der Entscheidungsträger und der Anforderungen der einzelnen Vorhaben unter Wahrung der betriebswirtschaftlichen (Gesamt-) Unternehmenssicht bestimmen.

Die Arbeitsweise der IT-Architektur, Entwurfsentscheidungen anhand ihres Einflusses auf die Lösungsqualität zu beurteilen, ist ein Werkzeug, um wirtschaftlich sinnvolle, mit der Businessorganisation einfacher abstimmbare und nachvollziehbare Entwurfsentscheidungen zu treffen.

Die IT-Architektur erarbeitet dafür Architekturvorgaben, welche in die jeweiligen Vorhaben zwecks Erreichung der angestrebten Lösungsqualität einfließen. Sie initiiert Maßnahmen zur Bewahrung oder Verbesserung der Lösungsqualität der IT-Landschaft.

In der Praxis wird die IT-Architektur einen Trade-off finden müssen zwischen der von ihr angestrebten Lösungsqualität, ihrem vorgegebenen Budget und den Optimierungskonflikten mit der Businessorganisation.

3.10.2 IT-Architektur als Tätigkeit und Ergebnis

In der Praxis werden häufig die Architekturergebnisse als IT-Architektur bezeichnet.

Wieso findet in der Praxis diese begriffliche Vermischung bzw. Mehrdeutigkeit statt? Die Tätigkeiten der IT-Architektur sind sehr anspruchsvoll und vielfältig, sie lassen sich schwer fassen. Die Ergebnisse sind hingegen leichter fassbar. Dies ist ein Grund, wieso in der Praxis die IT-Architektur auch als Ergebnis verstanden wird. Diese Gleichsetzung wird noch dadurch verstärkt, dass in der Praxis häufig gar kein Begriff existiert, welcher die Dinge bezeichnet, die wir unter IT-Landschaft verstehen. Denn die IT-Landschaft selbst kann als Architekturergebnis verstanden werden.

Diese Doppelbelegung des Architekturbegriffs führt häufig zu Verständnisproblemen und zu falschen Schlussfolgerungen. So wird z. B. die Businessarchitektur der IT-Architektur konzeptionell gleichgestellt. Die Businessarchitektur ist jedoch *ein Ergebnis* des Strategieprozesses und stellt eine Vorgabe an die IT-Architektur dar. Die IT-Architektur ist *ein eigenständiger Prozess des IT-Managementsystems* und ihre Ergebnisse beziehen sich auf die IT-Landschaft.

Im Kapitel 4.4 »Übersicht über die Architekturergebnisse« geben wir einen detaillierteren Einblick in die wichtigsten Ergebnisse der IT-Architektur.

3.10.3 Architektur versus Design und Entwicklung

Zur weiteren Betrachtung lohnt es sich, auf den Unterschied zwischen Architektur, Design und Entwicklung einzugehen. In der Praxis wird oft diskutiert, ob es sich dabei um komplett verschiedene Tätigkeiten handelt.

Bei der IT-Architektur geht es unter anderem um die Strukturierung von Software. Diese ist aus Komplexitätsgründen in der Regel hierarchisch, d. h., Strukturierungsüberlegungen und -entscheidungen fallen im ganz Großen wie auch im ganz Kleinen an. Was teilt man auf, was fasst man zusammen, was benutzt man an mehreren Stellen, wie sehen die Schnittstellen aus? Bereits im Kleinen wird man also architekturnahe Fragestellungen kennenlernen. Dies geht bis hin zur Entscheidung über Risikoinvestitionen: Zum Beispiel bestimmt der Entwickler auf Implementierungsebene, ob er einen Teil des Source-Codes durch ein komplexeres Design flexibler gestaltet – dafür wägt er, meistens intuitiv, zwischen erwartetem Nutzen und Kosten ab. D. h., dass auf allen Ebenen laufend Risikoinvestitionen stattfinden. Die meisten davon laufen unbewusst ab, getrieben durch die Erfahrung des jeweiligen Ingenieurs. Alle Risikoinvestitionen bewusst und transparent zu machen wäre weder praktisch möglich noch ökonomisch sinnvoll.[31]

Die Unterscheidung von Architektur, Design und Entwicklung könnte also als eine willkürliche Unterscheidung aufgrund des Detaillierungsgrades betrachtet werden. Da ein Architekt nicht alles selbst machen kann, muss er Design- und

---

[31] Der Bereich der sicherheitskritischen Software, bei dem es um Leib und Leben geht, mag eine Ausnahme darstellen. Es gibt dort z. B. Zertifizierungsvorschriften, nach denen jede Zeile Code, d. h. jede auch noch so kleine Entscheidung, rückverfolgbar sein muss auf eine Anforderung. Deshalb gibt es dort nur Flexibilität, wo diese in den Anforderungen auch explizit vorgesehen ist. Diese Art Software wird schnell um eine Größenordnung teurer.

Entwicklungsaufgaben delegieren und sich auf die Grobstruktur eines Systems beschränken. Er definiert damit die Grenze zwischen Architektur und Design passend zum System und verfügbaren Team.

Die Aufteilung ist jedoch systemrelevant:

> Der Architekt eines Systems ist verantwortlich für dessen Lösungsqualität, d. h. für die Einhaltung aller systemweiten Qualitätsattribute, die gewünscht sind.

Der Architekt sollte Strukturierungsaufgaben derart an seine Designer delegieren, dass diese die relevanten systemweiten Qualitätsattribute nur lokal beeinträchtigen können. Es muss sich um Strukturierungsentscheidungen mit überschaubaren Konsequenzen handeln. Im Notfall kann deshalb lokal korrigierend eingegriffen werden, ohne dass dies alle anderen Teile des Systems tangieren würde. Ein schlechtes Komponentendesign sollte korrigiert werden können, ohne dass andere Komponenten deshalb massiv angepasst werden müssen. Selbst eine interne bilaterale Schnittstelle des Systems sollte geändert werden können, ohne dass mehr als zwei Komponenten betroffen sind. Umgekehrt muss der Architekt alle Strukturierungsentscheidungen treffen, die nicht lokaler Natur sind. So ist er z. B. verantwortlich für Schnittstellen, die innerhalb seines Systems weit verbreitet benutzt werden, sowie für Schnittstellen mit Nachbarsystemen. Konsequenterweise ist er verantwortlich für alle systemweiten Regeln, wie z. B. »alle Komponenten werden in Java implementiert«, »es darf keinen Methodenaufruf zwischen Komponente ‚Client' und Komponente ‚Server' geben«, »innerhalb einer Transaktion dürfen keine Threads erzeugt werden«, »alle Kerndaten von Partnern müssen beim zentralen Partnerservice bezogen werden« usw.

> Der Architekt muss überall dort mehr Verantwortung übernehmen, notfalls auch im Detail, wo es besonders weitreichende Risiken gibt, d. h. Risiken welche die Lösungsqualität des Systems infrage stellen (z. B. manche Schnittstellendesigns).

Damit hängt die Frage, ob etwas Architektur oder Design ist, davon ab, wie genau das *System* festgelegt wurde. Diese Festlegung gibt den Kontext sowohl für die Lösungsqualität als auch für architekturelle Entscheidungen vor.

Design und Entwicklung lassen sich aus unserer Sicht in der Praxis nicht sinnvoll trennen. Bereits die Auswahl von Datentypen, welche eine Programmiersprache bietet, kann als Designaufgabe betrachtet werden. Umgekehrt ergibt es keinen Sinn, ein Designmodell einer anderen Person zur Implementierung zu geben, da die Transaktionskosten[32] bzgl. des Wissenstransfers zu hoch sind.

> Wir wehren uns entschieden dagegen, dass man Architektur und Entwicklung von Software als komplett verschiedene Tätigkeiten betrachtet, was oftmals durch die Analogie *Programmierer = Maurer* suggeriert wird.
>
> Es stellt sich sogar die Frage, ob die Natur der Softwareentwicklung nicht ganz anders ist [Messerschmitt-Szyperski]: Man kann nämlich die Analogie mit dem Bau auch ganz anders aufziehen als das übliche »hier Architekt, dort Entwickler/Maurer, das Resultat ist Software/Gebäude«: Dann ist Software nicht das Gebäude, das man erstellt, sondern dessen *Plan*. Dieser Plan wird z. B. auf einer CD-ROM abgelegt, diese einem Computer gegeben, dessen Prozessor dann der »Maurer« ist und »Backsteine« stapelt, d. h. innerhalb von Millisekunden gemäß Bauplan/Programm Objekte erzeugt, miteinander verknüpft und aufruft. Das »Gebäude« ist dann das *laufende Programm*, mit dem der Benutzer interagiert. Der Entwickler ist ein Zeichner, der die Pläne u. U. bis im Maßstab 1 : 1 detailliert ausarbeitet.
>
> Diese Analogie ist in mancher Beziehung aussagekräftiger und weniger irreführend.

Der Teufel steckt im Detail, und Details kosten Zeit. Meistens kann ein Architekt gewisse in seinen Augen offensichtliche Mängel auf Anhieb erkennen, was oft bereits sehr wertvoll ist. Er könnte jedoch nur mit riesigem Aufwand einen umfassenderen bzw. vertieften Review durchführen. Deshalb ist es wichtig, dass zwischen Architekt und Designern/Entwicklern ein Vertrauensverhältnis existiert: Der Architekt muss darauf vertrauen können, dass die Schnittstellen kompetent entworfen werden, welche er weiterdelegiert. Auf der anderen Seite müssen Designer und Entwickler auch dem Architekten vertrauen, dass seine Arbeit gut ist und es sich lohnt, sie ernst zu nehmen.

---

[32] Auf das Thema der Transaktionskosten werden wir im Kapitel 6.5 »Make or Buy« zu sprechen kommen.

Der Architekt ist am Ende verantwortlich für die systemweiten Qualitäten eines Softwaresystems, z. B. die geforderten Antwortzeiten, die gewünschte Wartbarkeit usw. Eine gute Architektur ist dafür zwar notwendig, aber nicht hinreichend. Wenn an einer entscheidenden Stelle einer Schnittstelle ein Datentyp falsch entworfen worden ist oder Komponenten schlecht implementiert worden sind, dann hilft die beste Architektur nichts (siehe »schwache Kausalität«, Kapitel 3.10.4 »Denkansätze zur Beherrschung von Komplexität«). Da ein Architekt gerade die nicht lokalen Entscheidungen trifft, können diese an besonders vielen Orten verletzt werden. Insofern ist der Architekt auf seine Design- und Entwicklerkollegen angewiesen. Auch sie müssen ihren Teil gut machen, was er höchstens stichprobenartig prüfen kann. Ja, er kann in der Regel noch nicht einmal mit Sicherheit wissen, ob seine Architektur auch umgesetzt wurde oder – aus Versehen oder böswillig – ignoriert worden ist. Moderne Architekturtools können helfen, dass der Architekt – vor allem aber die Designer und Entwickler selbst – jederzeit sehen kann, ob bzw. wo der Code die Architektur verletzt, ob es z. B. Abhängigkeiten gibt, die keinen zugelassenen Schnittstellen entsprechen. Das Management solcher Abhängigkeiten entscheidet darüber, wie gut die Software später geändert werden kann auf die in der Architektur vorgesehenen Arten.

Ein Architekt kann und sollte für seine Designer und Entwickler auch als Coach zur Verfügung stehen und ihnen helfen, die Auswirkungen ihrer tatsächlich oder vermeintlich lokalen Entwurfsentscheidungen besser zu verstehen. Dies wird ihm auch helfen, die Reife der Mitarbeiter einzuschätzen und damit auch seine Reviews und Stichproben zu fokussieren: Bei manchen Mitarbeitern muss man praktisch nie genauer hinschauen, da sie die übergreifenden Aspekte sehr gut verstehen und bei ihrer Arbeit automatisch berücksichtigen. Andere Mitarbeiter sind neu hinzugestoßen, und müssen die vorgegebenen Qualitätsszenarien und Architekturentscheidungen zuerst kennenlernen, verstehen und verinnerlichen. Wiederum andere Mitarbeiter sind nicht an übergeordneten Zusammenhängen interessiert und sehen ihre Komponente als Spielwiese, bei der sie ihren eigenen Qualitätsvorstellungen folgen können. Dies ist gefährlich.

Das extremste Beispiel, das wir dazu kennen, betraf einen wohlbekannten amerikanischen Computerhersteller. Dieser war daran, eine für das Unternehmen überlebenswichtige Migration von einer alten Softwareplattform auf eine neue durchzuführen. Für die neue Plattform brauchte es die üblichen Werkzeuge wie Compiler, Linker usw. Ohne diese grundlegenden Werkzeuge hätten die Kunden ihre Software nicht migrieren können. Der Entwickler, welcher den neuen Linker schreiben sollte, benutzte die Gelegenheit, eine bessere Programmiersprache zu verwenden als seine Kollegen, welche mit C++ arbeiteten. Dies fiel erst auf, als die gesamte neue Systemsoftware zum ersten Mal komplett neu gebuilded wurde. Nur bei einem Werkzeug meckerte der C++-Compiler ...

Derartige lokale Optimierungen ohne Rücksicht auf ihre globalen Konsequenzen können einem Architekten leicht den Tag verderben. Coaching und, soweit realistisch möglich, Code-Reviews sind deshalb ebenfalls wichtige Aufgaben eines Architekten, auch wenn er sich dort auf einer eigentlich zu detaillierten Ebene bewegt. Wir werden diese Art der Architekturtätigkeit später unter dem Namen Softwarearchitektur genauer besprechen (Kapitel 4.1.3 »Aufgaben der Softwarearchitektur«).

3.10.4 Denkansätze zur Beherrschung von Komplexität

Wir wollen nachfolgend die Denkansätze der IT-Architektur zur Beherrschung der Komplexität der IT-Unterstützung bzw. IT-Landschaft untersuchen. Auf einen wesentlichen Aspekt, welcher die Komplexität der IT-Landschaft ausmacht, nämlich die Wahrung der Konsistenz in den Informationssystemen, werden wir im Kapitel 9 »Komplexität der IT-Unterstützung« noch konkreter eingehen.

Für die Diskussion der Denkansätze zur Beherrschung der Komplexität einer IT-Landschaft rücken wir die Software in den Mittelpunkt der Betrachtung, da Änderungen an der IT-Landschaft meist mit Änderungen an der Software verbunden sind. Die Quintessenz über die hier vorgestellten Denkansätze ist jedoch nicht auf Software beschränkt.

Zuerst möchten wir uns die ganz fundamentale Frage nach der Natur der Software stellen. Ihr Name sagt ja schon aus, dass sie auf irgendeine Art »soft« ist. Sie ist sicherlich leichter änderbar als Hardware. Aber wie soft ist soft? Zur Annäherung an diese Frage greifen wir zur Analogie von Software zu einem Gericht und den dazu passenden Getränken:

Wasser hat eine praktische Eigenschaft: Es passt zu jedem Gericht und verhindert erst noch das Verdursten. Diese Qualität hat allerdings auch eine Kehrseite: Wasser *unterstützt* auch kein Gericht, dafür ist es zu unspezifisch. Wasser kann nicht das Vergnügen schaffen, das ein guter Wein auslöst, der zum gewählten Gericht passt. Die Kehrseite des Weins wiederum ist, dass man einen bestimmten Wein nicht für jedes Gericht verwenden kann. Der spezifische Vorteil eines bestimmten Weins führt zu einem »Lock-in« auf bestimmte Arten von Gerichten. Man sollte sich also gut überlegen, in welche Weine man beim Einkauf investiert, denn man wird lange mit dieser Entscheidung leben müssen. Ist der Weinkeller erst einmal mit Chianti gefüllt, wird man nicht mehr so leicht zum Fischrestaurant.

Kann man Software bzw. die IT-Landschaft nun so gestalten, dass sie so flexibel nutzbar ist wie das Wasser beim Essen? Oder haben IT-Systeme eher den Charakter von distinguierten Weinen?

Es wäre zu schön, wenn auch IT-Systeme und ganze IT-Landschaften die Flexibilität von Wasser hätten. Wir haben auch manche Experten getroffen, die dieses Ideal anstreben – denn ist es nicht die Kernqualität von Software, dass sie soft, eben »weich« ist?

Die tägliche Praxis zeigt ein komplett anderes Bild: Software ist nur so lange »soft«, d. h. leicht änderbar, solange man nicht verlangt, dass sie irgendwelche vorgegebene Anforderungen erfüllt, wie z. B. die korrekte und zeitgerechte Abwicklung eines Geschäftsprozesses. Real existierende Systeme sind hingegen oftmals schwer zu ändern, haben dann mehr den Charakter von Wein – oder Essig, bei den ungeliebten »Legacy«-Systemen.

Wo liegt denn das Problem bei der Software? Software kann schnell sehr *komplex* werden, und selbst kleine Fehler können große Folgen haben: der sprichwörtliche Absturz einer Rakete, weil ein Strichpunkt im Programm fehlt. Dies ist eine Folge der »Nichtlinearität« oder »schwachen Kausalität« von Software:

> Schwache Kausalität von Software:
>
> Kleine Ursachen (Änderungen, Fehler) können kleine, aber auch beliebig große Wirkungen haben.[33]

---

33 Gute Programmiersprachen verstärken die Kausalität: z. B. blockstrukturierter Kontrollfluss, information hiding in Klassen und Modulen, Typsicherheit, referential transparency und andere mehr sind Fortschritte, mit denen überraschende »Fernwirkungen« von Programmänderungen beschränkt werden. Weniger gute Programmiersprachen bieten Konstrukte, welche die Kausalität schwächen: z. B. GOTOs, globale Variablen, exception handling, Funktionen mit Seiteneffekten, threads.

Dazu kommt, dass innere Zusammenhänge in der Software (z. B. Kontrollflüsse und Datenstrukturen) sehr »hochdimensional« sein können – sie lassen sich nicht leicht und eindeutig auf ein zweidimensionales Blatt Papier projizieren, sodass einem alle wichtigen Zusammenhänge intuitiv »ins Auge fallen«. Dies führt dazu, dass man meistens nicht bewusst wahrnimmt, wenn Software so komplex wird, dass sie einem entgleitet. Ob man sie noch im Griff hat, zeigt sich erst später bei Änderungen.

So verhindert paradoxerweise ausgerechnet die enorme Leichtigkeit, mit der Software geändert werden kann, das Durchführen von tatsächlichen Änderungen – weil das *Erhalten der Korrektheit*[34] umso schwieriger ist. Das kann bis zum »If it works don't fix it«-Syndrom führen: lieber mit unangemessener oder sogar fehlerhafter Software arbeiten, als zu riskieren, dass die Situation durch Änderungen noch schlimmer gemacht wird.

> Um Vertrauen in die Korrektheit von Änderungen zu gewinnen, muss die *Komplexität der Folgen von Änderungen* begrenzt werden, auf ein Maß, das die Entwickler noch beherrschen. Dies erreicht man primär durch folgende Ansätze:
>
> - Man schafft *mentale Modelle* der Software, an denen sich die Entwickler orientieren können, z. B. eine grobe Aufteilung des Systems in seine wichtigsten Komponenten mit den jeweiligen Aufgaben der Komponenten und ihren wichtigsten Zusammenhängen (Schnittstellen).
>
> - Man trifft *systemweite Festlegungen* (Regeln, Standards usw.), auf die man sich verlassen und berufen kann – d. h., bei denen man nicht jederzeit damit rechnen will, dass sie verletzt sein könnten.

Wie kommt man zu solchen mentalen Modellen? Mittels »divide and conquer« bzw. »separation of concerns«: das Problem in Teile aufteilen, welche auch weitgehend *unabhängig voneinander lösbar* sind. Man betrachtet hierfür das Problem aus unterschiedlichen Blickwinkeln. Das Einnehmen von verschiedenen Blickwinkeln auf eine komplexe Thematik, dient primär zur Vereinfachung, damit man aus einer bestimmten Perspektive fähig ist, den Überblick über sämtliche Informationen und deren Zusammenhänge zu bewahren, korrekte Analysen vorzunehmen, Erkenntnisse zu gewinnen und Maßnahmen festzulegen. Die-

---

34 Korrektheit verstanden als die Erfüllung von gegebenen funktionalen Anforderungen.

ses »Divide and conquer«-Prinzip kann auch hierarchisch angewendet werden, wie z. B. auf einzelne Teilsysteme eines Systems. Dabei ist entscheidend, dass die Modelle prägnant und intuitiv sind, wozu z. B. Einfachheit, Symmetrie und Regularität beitragen können.

Das Bilden von Modellen und das Treffen von hilfreichen Festlegungen werden übrigens nicht nur von der IT-Architektur, sondern auch beim Bauen von Gebäuden angewandt. Dies ist sofort klar in Bezug auf das – in diesem Fall nicht nur mentale – Modell: Wir kennen alle die Papp- oder Holzmodelle, die bei Architekturwettbewerben jeweils stolz präsentiert werden.

Bauarchitekten treffen jedoch auch wichtige Festlegungen, z. B. welches die tragenden Mauern eines Gebäudes sind. Solange man diese in Ruhe lässt, kann man Zwischenwände einführen, herausreißen oder abändern. Falls man hingegen nicht weiß, welches die tragenden Wände sind, riskiert man bei jedem Umbau den Einsturz – oder muss aus Sicherheitsgründen auf jegliche Umbauten verzichten, obwohl sie vielleicht gefahrlos möglich wären.

> Auf den ersten Blick bringen Festlegungen vor allem Grenzen, also Einschränkungen des Freiraums der Entwickler. Auf den zweiten Blick hingegen erhellen sie den vollen tatsächlich vorhandenen Freiraum und ermuntern damit dessen Nutzung!
>
> Der Ansatz liegt also paradoxerweise darin, bewusst tragende, unflexible Elemente einzuführen, um damit dem Rest umso mehr Flexibilität zu verschaffen.

Unflexible Elemente in der IT-Landschaft sind z. B. die Festlegung von Standardschnittstellen (z. B. zu MS Office) und Plattformen (z. B. Java Enterprise Edition). Es gibt Festlegungen, die den Source-Code von Software betreffen, z. B. welche Teile eines Programms wie miteinander interagieren dürfen und wie nicht (interne Schnittstellen). Man kann jedoch auch Festlegungen treffen, die sich nicht direkt auf den Source-Code des Programms beziehen. Test Suites stellen eine interessante Kategorie solcher Festlegungen dar.

»Extreme Programming« (XP, [Beck]) ist ein Entwicklungsansatz, bei dem man sich primär auf automatisch ablaufende Test Suites verlässt, um nach Änderungen sofort wieder sicherzustellen, dass das Programm noch korrekt läuft – und damit die Angst vor Änderungen und ihren Auswirkungen zu reduzieren. So gesehen bleibt die Software »weich«, dafür bilden die Tests eine Art »starres Exoskelett« um die Software herum – ein stabiles Gefäß, damit die Software nicht »ausläuft«. In der Praxis gibt es bei XP jedoch typischerweise sehr wohl auch eine bewusste interne Strukturierung der Software, es wird dort keineswegs auf Architekturarbeit verzichtet.

Unserer Ansicht nach kann die Änderbarkeit der inneren Struktur eines Programms am besten durch eine Kombination von externen Test Suites, im Programm eingebauten Selbsttests (Design by Contract, siehe Kapitel 10.2 »Schnittstellen als Annahmen«) und internen typgeprüften Schnittstellen sichergestellt werden. Die relative Gewichtung dieser Elemente mag je nach Projekt und Team verschieden ausfallen.

So oder so ist die automatische Prüfbarkeit[35] aller Festlegungen der Schlüssel zur Änderungsfreundlichkeit: Je schneller, unkomplizierter und umfassender Verletzung von Festlegungen nach einer Softwareänderung entdeckt werden, desto eher wird man bereit sein, eine Änderung zu wagen. Dies ist nicht nur wichtig, um die unweigerlich zu erwartenden »neuen Features« einbauen zu können. Nein, es geht auch darum, unnötige Komplexität mit der Zeit auch wieder eliminieren zu können, z. B. wenn ein neues Feature ein altes unnötig macht, und letztlich auch darum, dass man nicht von Anfang an so viele Features wie möglich einbaut, solange man das Gefühl hat, dass man das Programm noch halbwegs versteht. Änderungsfreundlichkeit ist somit auch ein wichtiger Beitrag zur Vermeidung von unnötiger Komplexität.

> Das Treffen von Festlegungen und das Bilden von Modellen zu den IT-Betriebsmitteln und Technologien der IT-Landschaft stellen die *Denkansätze der IT-Architektur* dar, um eine »flexible« IT-Landschaft zu erhalten. Sie bilden den Schlüssel zur Erreichung der angestrebten Lösungsqualität – insbesondere der Flexibilität, aber auch aller anderen Qualitätsattribute!

Eine Anwendung dieser Denkansätze stellt das IT-Architekturmodell dar, welches im Kapitel 4 »Das IT-Architekturmodell« vorgestellt wird.

---

[35] Oder noch besser: halbautomatische Änderbarkeit mithilfe von »Refactoring«-Werkzeugen, mit welchen viele mühsame und fehlerträchtige Routineänderungen automatisiert werden können. Werkzeuge können auch Hinweise geben, wo sich vermeidbare Komplexität versteckt, z. B. aufgrund von Metriken wie der cyclomatic complexity [McCabe].

Wir sollten also vom »Weichen Wasser«-Wunschdenken Abschied nehmen und akzeptieren, dass es in jedem Programm und in jeder IT-Landschaft unflexible Elemente und damit einen »Lock-in« geben wird, ja, dass gerade diese Elemente dem Rest des Systems Flexibilität verschaffen können. So wird der Chianti, damals billig eingekauft, zum wertvollen Besitz des italienischen Restaurants.

3.10.5 Standardisierung

In einer Informatikorganisation gibt es verschiedene Bereiche, in denen standardisiert werden kann. Mit einer Standardisierung können verschiedene Ziele verfolgt werden, z. B. bessere Kommunikation innerhalb des Unternehmens, Reduktion von Integrationskosten, Zugang zu Marktprodukten, Mengenrabatte beim Einkauf, Wiederverwendung von Skills usw. Wie wir im Kapitel 3.10.4 »Denkansätze zur Beherrschung von Komplexität« gesehen haben, ist die Standardisierung bzw. die Festlegung von ausgewählten Sachverhalten ein zentrales Werkzeug für den Architekten:

> Der Architekt trifft systemweite Festlegungen (Regeln, *Standards* usw.), auf die man sich verlassen und berufen kann – d. h., bei denen man nicht jederzeit damit rechnen will, dass sie verletzt sein könnten.

Ihr Nutzen besteht aus Sicht eines IT-Architekten primär in der Verhinderung unnötiger Komplexität. Dies ist deshalb so wichtig, weil Komplexität zu Überforderung führt und Überforderung zu schlechter Lösungsqualität. Dies zu verhindern ist wiederum die Hauptaufgabe des IT-Architekten.

Der IT-Architekt kann auf verschiedenen Ebenen Festlegungen treffen, d. h. Standards vorgeben, z. B.:

- Konzepte und ihre Begriffe:
    - z. B. die in diesem Buch definierten Konzepte für Anwendung, Softwarekomponente, Schnittstelle, Service usw. (Softwarearchitektur), die Konzepte für Kunde, Offerte, Auftrag usw. für ein Unternehmen (Informationsarchitektur) usw. Ein gemeinsames Verständnis der wichtigsten Begriffe ist die Voraussetzung für die Kommunikation und damit z. B. für die Einarbeitung eines Entwicklers in eine Anwendung, die er erweitern soll (Änderungsfreundlichkeit).

- Methoden
    - für das Design, z. B. Design by Contract [Meyer] und Attribute-Driven Design Method (Änderungsfreundlichkeit, [Clements-Kazman-Klein]);
    - für die Dokumentationen von Designs, z. B. UML (Änderungsfreundlichkeit);
    - für Architektur-Reviews, z. B. Structured Architecture Analysis Method (Änderungsfreundlichkeit), Architecture Tradeoff Analysis Method (beliebige Qualitätsattribute), siehe [Clements-Kazman-Klein];
    - für die Ablage von Artefakten in einem SCM (Änderungsfreundlichkeit).
- Architekturmuster:
    - z. B. dürfen keine synchronen (blockierenden) Operationen auf Netzwerkschnittstellen ausgeführt werden (Performanz, Skalierbarkeit), Stringvariablen dürfen nie als Anweisungen interpretiert werden (Sicherheit).
- Schnittstellen:
    - z. B. OData [OData] als Protokoll für den Zugriff auf Datenbasen via Webservices (Lieferantenunabhängigkeit), Zugriff auf das Partnersystem grundsätzlich nur über eine vorgegebene Fassaden-Library (Flexibilität) usw.
- Produkte und Services:
    - z. B. Oracle als Datenbankprodukt (verschiedene Qualitätsattribute, welche in Kosten- und Time-to-market-Vorteile münden), Amazon EC2 als Service für virtuelle Testserver (verschiedene Qualitätsattribute, welche in Kosten- und Time–to-market-Vorteile münden).

Es gibt also ein großes Spektrum von möglichen Standardisierungen von Begriffen bis hin zu ganzen Produkten. Bei der Diskussion von IT-Standards stehen Produkte meistens im Vordergrund, wohl weil dort die Kostenwirksamkeit am direktesten sichtbar ist. Oft kann man durch eine Flottenpolitik und die entsprechenden Rabatte viel Geld sparen. Standardisierung ist also ein essenzielles Werkzeug, keine Frage, aber »there is no free lunch«: Standardisierung hat auch ihren Preis.

Insbesondere kann sie zu einer suboptimalen Produktauswahl führen und dadurch zu schlechterer IT-Unterstützung des Business. Wie schlimm das ist, hängt völlig vom Einzelfall ab. Manchmal führt es nur zu vernachlässigbaren »Schönheitsfehlern«, manchmal hingegen dazu, dass das noch kaum eingeführte Produkt sofort wieder abgelöst werden muss. Das kann wegen funktionaler Mängel der Fall sein; oder weil sich die Benutzer (oder Kunden) weigern, mit dem System zu arbeiten, da es so schlecht zu bedienen ist; oder weil unerwartete Folgekosten sichtbar werden. Die Einstellung: »Jeder Standard ist besser als gar keiner«, ist bequem, aber dumm: Man muss im Einzelfall sehr genau hinschauen, was Kosten und Nutzen einer Standardisierung sind. Ein Standard muss nicht perfekt sein, aber »gut genug« muss er schon sein. Und es muss ein passender Standard sein: Ein gutes Kommunikationsprotokoll für geschützte interne Netzwerke ist nicht unbedingt auch sinnvoll über das Internet benutzbar, da dort andere Randbedingungen herrschen (Latenzzeiten, Zuverlässigkeit, Sicherheit), sprich andere Qualitätsattribute als Messlatte anzuwenden sind.

Den Mehraufwand für die Entwicklung eines internen Standards oder die Auswahl eines externen Standards sollte man nur treiben, wenn klar ist, dass er auch mehrfach benutzt werden wird. Wenn völlig klar ist, dass es sich um eine extrem spezialisierte Verbindung zwischen zwei bestimmten Systemen handelt, sollte man die einfachste Lösung wählen. Wenn man z. B. lediglich eine Liste von Strings austauscht, genügt ein Text mit comma-separated values, man muss dann nicht gleich XML nehmen oder gar mit noch schwererem Geschütz auffahren.

Ein anderer Aspekt ist, wie lange die neue Lösung stabil sein wird. Wenn man z. B. ein Programm entwickelt, mit dem die Daten eines alten Systems auf ein neues migriert werden, dann ist die Lebensdauer dieses Programms derart kurz, dass jeglicher Mehraufwand für die Anpassung an irgendwelche Standards unsinnig ist.

Wie man aus den aufgeführten Beispielen ersehen kann, kann Standardisierung auf einem ganzen Spektrum erfolgen, von reinen Konzepten oder Methoden über Schnittstellen bis hin zu konkreten Produkten. Wobei man mit Produkten wie z. B. MS Office auch eine Reihe von Schnittstellen erhält, und mit Schnittstellen bekommt man wiederum automatisch Konzepte, z. B. was Dokumente, Kapitel, Kopf, Fuß usw. bedeuten und in welcher Beziehung sie stehen.

Die nachfolgende Abbildung 24 zeigt, wie sich durch die Erhöhung des Standardisierungsgrads potenziell Integrationskosten für die Nutzung neuer IT-

Betriebsmittel oder Technologien sparen lassen, dabei jedoch die Nutzung des IT-Marktes selbst eingeschränkt wird. D. h., die mit den eingeführten Standards sich ergebende Lösungsqualität reduziert die nutzbaren Angebote des IT-Marktes. Wenn man sich z. B. auf die Produkte eines bestimmten Herstellers beschränkt, dann wird es zwar sehr einfach, weitere Komponenten dieses Herstellers hinzuzunehmen, Software anderer Hersteller ist jedoch unter Umständen überhaupt nicht integrierbar.

Abbildung 24 – Kosten für die Integration von IT-Betriebsmitteln und Technologien, je nach Standardisierungsgrad

> Wo sich ein Unternehmen auf diesem Spektrum positioniert, hängt davon ab, welcher Standardisierungsgrad (je nach Problemfeld) überhaupt möglich und *sinnvoll* ist *hinsichtlich der erwarteten Änderungsdrücke*.

Wenn es keine geeigneten Produkte gibt, kann man nicht (oder sollte man zumindest nicht ...) auf Produkte als Standards setzen. In sehr vielen Bereichen gibt es heute Produkte, die »gut genug« sind. Was von einem Unternehmen allerdings als gut genug betrachtet wird, hängt auch davon ab, ob es sich von einer Eigenentwicklung Marktvorteile verspricht (Kapitel 6.5 »Make or Buy«).

Bei Schnittstellen zu technischen Komponenten, z. B. zu einem Datenbanksystem, wird man ebenfalls versuchen, geeignete Standards zu finden, was oft gelingt – einfach deshalb, weil es reife Märkte für derartige Produkte gibt und oft auch De-facto-Standards, welche von Produkten verschiedener Hersteller unterstützt werden (z. B. der WS-* Stack für Webservices). Fachliche Komponenten gibt es heute noch wenige auf dem Markt, diese sind dann meistens äußerst umfangreiche komplette Anwendungen (und selbst Plattformen), wie z. B. SAP R/3. Die faktische Standardisierung selbst von scheinbar einfachen fachlichen Schnittstellen, wie z. B. dem Zugriff auf elektronische Kalender, gestaltet sich in der Regel sehr zäh.

Bei der Standardisierung von fachlichen Schnittstellen geht es deshalb normalerweise um firmeninterne Standards, z. B. zu einem Partnersystem, welches die Kunden und Lieferanten eines Unternehmens verwaltet. Wo, wie und wie intensiv hier standardisiert wird, ist eines der zentralen Themen der Service-Oriented Architecture (Kapitel 11.1 »Service-Oriented Architectures«).

3.11 Verwandte Begriffe und Modelle

3.11.1 TQM, EFQM, Kaizen, KVP, BPO und BPR

TQM (Total Quality Management) basiert auf den Überlegungen von William Edwards Deming in den 1940er-Jahren, bekannt ist unter anderem der sogenannte Deming-Cycle »plan-do-check-act«. Diese Überlegungen wurden zuerst durch die japanische Industrie aufgegriffen und weiterentwickelt und fanden dann weltweit Beachtung.

TQM möchte Qualität als Systemziel einführen und stetig verbessern, wobei Qualität sich primär am Kunden zu orientieren hat. Qualität wird mit allen Mitarbeitern aus allen Organisationseinheiten erzielt.

Im europäischen Wirtschaftsraum ist das EFQM-Modell (European Foundation for Quality Management) bekannt. EFQM ist ein Netzwerk von TQM-Firmen, die Erfahrungsaustausch und ein gewisses Maß von quantitativer Vergleichbarkeit anstreben.

Qualitätsmodelle wie z. B. TQM haben bei den betroffenen Mitarbeitern teilweise einen zweifelhaften Ruf erworben. Sie werden häufig als eine zum Managementsystem (Kapitel 3.4 »Das Managementsystem als Ressource einer Unternehmung«) zusätzlich etablierte Qualitätssicherungsbürokratie innerhalb des Unternehmens empfunden, welche keine direkte Ergebnisorientierung hat und somit zu Fehlallokationen von Ressourcen führt. Bei gut umgesetzten TQM-Implementierungen wird der Qualitätsgedanke bereits in der Ausgestaltung des Managementsystems berücksichtigt. D. h., die Prozesse müssen nach dem Qualitätsgedanken modelliert und mit sinnvollen KPIs versehen werden. Es darf kein separates Qualitätssystem geben, sondern der Qualitätsgedanke muss bereits im Managementsystem *integriert* sein. Der Fokus liegt auf dem konstruktiven Qualitätsmanagement, weniger auf dem analytischen.[36] Dabei sind die erprobten und fundamentalen Konzepte betriebswirtschaftlichen Wissens (das Konzept der Deckungsbeitragsrechnung, der Grundsatz von Grenzkosten gleich Grenzerlösen usw.) für den Aufbau eines Managementsystems zu beachten. Ein auf dieser Basis entworfenes Managementsystem ist prädestiniert, um weiterentwickelt und kontinuierlich verbessert zu werden. Diese Idee der kontinuierlichen Prozessverbesserung (Kaizen) beruht auf der japanischen Arbeitsphilosophie, welche nach ständiger Verbesserung strebt. Kontinuierlicher Verbesserungsprozess (KVP) oder Business Process Optizimation (BPO) sind mit Kaizen verwandt. Business Process Reengineering (BPR) gestaltet Prozesse von Grund auf neu. Für die Umsetzung der Geschäftsstrategie einer Unternehmung kommen in der Regel sowohl BPR- als auch BPO-Ansätze zum Tragen.

Die IT-Architektur kann auch als ein in vielen Informatikprozessen *integrierter Qualitätsprozess* verstanden werden. Aus unserer Sicht ist es durchaus legitim, Teile der Aktivitäten der IT-Architektur als Qualitätsmanagementaktivitäten zu bezeichnen. Aus objektiver Sicht ist es eigentlich »egal«, ob z. B. eine Architekturmaßnahme unter dem Aufhänger einer Qualitätsmanagementmaßnahme läuft, solange die Maßnahme an sich sinnvoll ist.[37] Bei IT-Architekturaktivitäten handelt es sich vorwiegend um konstruktive Qualitätsmaßnahmen.

---

36 Für das analytische Qualitätsmanagement ist heute noch der Begriff der Qualitätssicherung gebräuchlich. Mit analytischen Qualitätsmanagementmaßnahmen können Mängel eines Produkts festgestellt werden. Durch analytische Qualitätsmanagementmaßnahmen wird »die« Qualität an sich nicht verbessert. Erst durch konstruktive Qualitätsmanagementmaßnahmen kann die Qualität verbessert werden, indem z. B. die Prozessqualität verbessert und somit folglich die Produktqualität gesteigert wird.

37 Wir werden im Kapitel 5.5 »Interpretation der Änderungsdrücke im Unternehmen« aufzeigen, dass mit Begriffen Interessenpolitik betrieben werden kann und es somit nicht »egal« ist, wie man eine Maßnahme bezeichnet.

3.11.2 Governance, IT-Governance

Unter dem Begriff Governance findet man in Wikipedia folgende Definition (November 2009):

»*Governance (von frz. ‚gouverner' verwalten, leiten, erziehen aus lat. ‚gubernare'; gleichbed. griech. ‚kybernan': das Steuerruder führen; vgl. Kybernetik) bezeichnet allgemein das Steuerungs- und Regelungssystem im Sinne von Strukturen (Aufbau- und Ablauforganisation) einer politisch-gesellschaftlichen Einheit wie Staat, Verwaltung, Gemeinde, privater oder öffentlicher Organisation. Häufig wird es auch im Sinne von Steuerung oder Regelung einer jeglichen Organisation (etwa einer Gesellschaft oder eines Betriebes) verwendet. Der Begriff Governance wird häufig unscharf verwendet.*«

Das IT-Service-Management-Forum definiert in seinem Buch »IT Governance based on COBIT 4.1« [itSMF] den Begriff IT-Governance. Man adaptiert hier den durch die OECD (Organization for Economic Co-operation and Development) definierten Begriff Corporate Governance sinngemäß:

»*IT Governance is the system by which IT within enterprises is directed and controlled. The IT governance structure specifies the distribution of rights and responsibilities among different participants, such as the board, business and IT managers, and spells out the rules and procedures for making decisions on IT. By doing this, it also provides the structure through which IT objectives are set, and the means of attaining those objectives and monitoring performance.*«

Anhand der obigen Begriffsdefinitionen erkennt man, dass die Begriffe Governance bzw. IT-Governance selbst keine Innovation darstellen, sondern Altbekanntes in einen englischen, gut klingenden Begriff verpacken. Die Ausgestaltung der Strukturen und Prozesse einer Organisation, sprich die betriebswirtschaftlich notwendige Tätigkeit, sein Geschäft zu organisieren, wird als Governance bezeichnet. Dies ist lediglich ein anderer Name für den Führungsprozess des (IT-)Managementsystems.

Hinter dem Begriff (IT-)Governance verbergen sich a priori nicht neue Konzepte, wie ein Unternehmen zu organisieren ist. Wie bereits in Kapitel 3.11.1 »TQM, EFQM, Kaizen, KVP, BPO und BPR« erwähnt sind die erprobten und fundamentalen Konzepte betriebswirtschaftlichen Wissens unter Berücksichtigung der Regulatorien des Gesetzesgebers für den jeweiligen Markt (Kapitel 3.11.5 »Compliance, IT-Compliance«) für den Aufbau des Managementsystems maßgebend. Dabei wird das Managementsystem derart gestaltet bzw. so optimiert, dass es die betriebswirtschaftlichen Ziele erreicht, an denen das Unternehmen gemessen werden möchte und auf deren Erfüllung es hinarbeitet. Diese betriebswirtschaftlichen Ziele sollten sich aus der Strategie ergeben (Abbildung 25). Dies ist in der Praxis oft nicht der Fall. Oft werden Ziele aus einer rein wertorientierten[38] Führungssicht heraus definiert. Bei der wertorientierten Führung muss eine Balance gefunden werden zwischen dem Schaffen von Unternehmenswert (Rendite, Profitabilität) und dem Minimieren von Risiken (Sicherheit).[39] Diese finanziellen Ziele sollten jedoch, soweit möglich, auch in Einklang stehen mit den Zielen aus einer kundenorientierten Führungssicht. Hier existieren Zielkonflikte (Shareholder Value versus Customer Value; sehr zufriedene, aber unerwünschte Kunden[40] usw.).

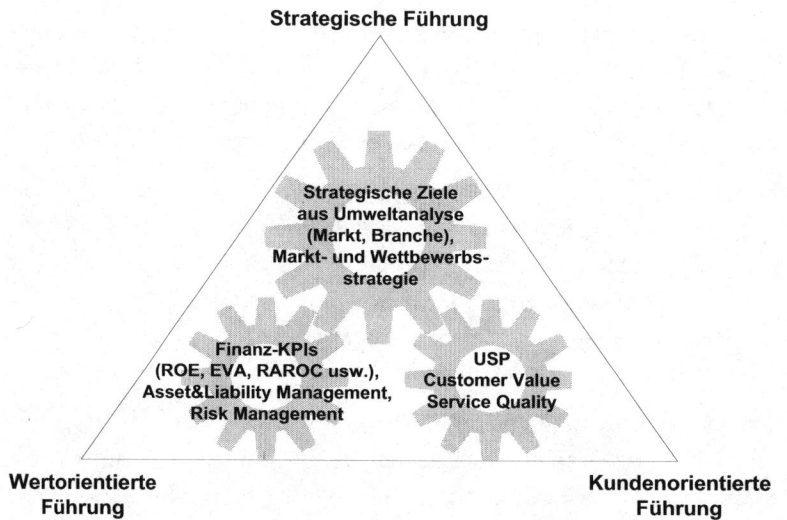

Abbildung 25 – Verschiedene Ziele für die Unternehmensführung je nach Führungssicht

---

38 In der Fachliteratur wurde das Konzept der wertorientierten Unternehmensführung in den 80er-Jahren erstmals durch das Buch »Creating Shareholder Value« (1986) von Alfred Rappaport bekannt [Rappaport]. Die wertorientierte Unternehmensführung stellt die Interessen der Kapitalgeber in den Vordergrund (Shareholder-Value-Ansatz).

39 Wachstum ist kein eigentliches Ziel der wertorientierten Unternehmensführung, sondern eher Mittel zum Zweck.

40 Als Beispiel sind die schlechtesten Kunden einer Sachversicherung zu nehmen (ein kleiner Prozentwert der Kunden verursacht den grössten Teil der Schäden). Sie zeigen bei Umfragen jeweils die höchsten Zufriedenheitswerte. – Je nach Geschäftsmodell sind Kundenzufriedenheitswerte mit Vorsicht zu geniessen oder sie müssen anders erfragt werden.

Mit der Diskussion über IT-Governance ist es wie mit anderen Managementthemen: Bekannte Sachverhalte werden unter einem neuen Begriff neu verkauft. Für die Organisation einer Informatik bzw. einzelner Disziplinen existieren zahlreiche (Organisations-)Modelle. Viele dieser Modelle sind aus der Informatik herausgewachsen und beanspruchen zum Teil einen umfassenden Organisationsansatz. Als Beispiele können ITIL und COBIT erwähnt werden.

3.11.3 ITIL

ITIL (IT Infrastructure Library) ist ein Framework (eine Art Baukasten), welches primär die Aufgaben (das Was) einer Informatikorganisation beschreibt. Wie die Aufgaben genau erfüllt werden sollen, ist nicht Gegenstand dieses Baukastens. Es ist zu beachten, dass ITIL seine Wurzeln im IT-Operation-Bereich (IT-Betrieb) hat, dort stark verbreitet ist und einen De-facto-Standard darstellt. Wie fast alle anderen aus der technischen Welt stammenden »Organisationsframeworks« bezieht sich ITIL heute auf sämtliche, nicht nur auf betriebliche Organisationsaspekte einer Informatikorganisation.

Zu ITIL vertreten wir folgende Ansicht:

- ITIL sollte als Nachschlagereferenz, Ideengeber oder Orientierungshilfe zur Gestaltung einer Informatikorganisation genutzt werden. Die konkrete *Organisationsausgestaltung*, sprich die Festlegung des IT-Managementsystems, *ist und bleibt jedoch eine Führungsaufgabe* und ist, wie wir gezeigt haben, von der gewählten *Strategie abhängig*.

- Die Organisationsausgestaltung ist Aufgabe des Strategischen Managements und umfasst sowohl Business- als auch Informatikorganisation. Eine übergreifende Prozesssicht ist Voraussetzung, damit die für die Leistungserbringung der IT maßgebenden Prozesse klar geregelt und abgestimmt sind.

- ITIL kompensiert nicht mangelnden Sachverstand der Führungspersonen. *Leiter von Informatikeinheiten sollten auch etwas von IT verstehen.*

Anbei die aus unserer Sicht wichtigsten ITIL-Prozesse (Version 3.0), auf die die IT-Architektur Einfluss nehmen muss (ohne weitere Erklärungen):

- Strategy Generation
- Service Portfolio Management
- Service Level Management
- Information Security Management
- Supplier Management
- Change Management
- Service Asset & Configuration Management
- Release & Deployment Management
- Problem Management

3.11.4 COBIT

COBIT (Control Objectives for Information and related Technology) wurde ursprünglich für Audit-Zwecke (IT-Revisionen) entworfen und wird mit COBIT 4 als IT-Governance-Framework positioniert.

COBIT ordnet schematisch Businessziele IT-Zielen zu. Die Businessziele werden kategorisiert nach »Financial Perspective«, »Customer Perspective«, »Internal Perspective« und »Learning and Growth Perspective«. Die IT-Ziele wiederum werden den COBIT-Prozessen zugeordnet. Die COBIT-Prozesse werden einem »Management Cycle« zugeordnet, welcher die Phasen »Plan & Organize« (PO), »Aquire & Implement« (AI), »Deliver & Support« (DS) und »Monitor & Evaluate« (ME) aufweist. Die COBIT-Prozesse benötigen oder bewirtschaften IT-Ressourcen. COBIT unterscheidet zwischen den IT-Ressourcen People, Applications, Information und Infrastructure. Des Weiteren definiert COBIT seine eigenen Qualitätsattribute (Effectiveness, Efficiency, Confidentiality, Integrity, Availability, Compliance, Reliability) und benennt sie als Information Criteria. Diese Information Criteria kategorisieren die Informationen, welche die Anforderungen unterstützen. Unter anderem aus diesen Elementen wird eine Matrix definiert, in der den COBIT-Prozessen die IT-Ressourcen und Information Criteria bzgl. ihrer Relevanz zugeordnet werden. Die COBIT-Prozesse werden als die »Control Objectives« betrachtet. D. h., diese *Zuordnungsmatrix* dient als *Checkliste für die Auditierung*.

Ab COBIT Version 4 ist ein zusätzlicher konzeptioneller Überbau für die IT-Governance hinzugekommen. Die sogenannten IT-Governance-Focus-Areas sind Strategic Alignment, Value Delivery, Resource Management und Performance Measurement. Die oben erwähnte Zuordnungsmatrix wird durch diese Sicht erweitert und die Prozessrelevanz auf die jeweilige IT-Governance-Focus-Area ausgedehnt.

Zu COBIT vertreten wir folgende Ansicht:

- COBIT liefert kein IT-Managementsystem frei Haus und ist wesentlich weniger geeignet als ITIL, als Grundlage für den Aufbau eines IT-Managementsystems zu dienen. Die Prozessleistungen der COBIT-Prozesse sind sehr allgemein definiert. Sie fallen in einer Informatikorganisation in verschiedenen realen Prozessen an. Bedingt durch diese allgemeine Prozessmodellierung weisen die COBIT-Prozesse untereinander eine extreme Vernetzung auf. Aus Prozessmodellierungssicht ist dies nicht gewünscht. Die Prozessleistung bzw. der Aufgabenbereich eines Prozesses sollte soweit wie möglich in sich abgeschlossen sein und so wenig Schnittstellen wie möglich aufweisen. Dies bedeutet auch, dass die COBIT-Blueprints (Beispielprozessabläufe) von sehr allgemeiner Natur sind und für die Ausgestaltung eines IT-Managementsystems wenig nützlich sind. Beispiele von COBIT-Prozessen:

    - PO1: Define a strategic IT plan
    - AI1: Identify automated solutions
    - DS1: Define and manage service levels
    - ME1: Monitor and evaluate IT performance

- Der eigentliche Kern der Managementarbeit und -komplexität, nämlich der Aufbau und die Gestaltung eines Managementsystems inkl. der Festlegung des zugehörigen Führungsprozesses für dessen Pflege, wird mit dem COBIT-Prozess PO4 (Define the IT processes, organisation and relationships) adressiert. Dabei müssten sämtliche übrigen COBIT-Prozesse bzw. Aufgaben einer Informatikorganisation bereits mit PO4 definiert sein (aus unserer Sicht ein konzeptioneller Widerspruch). Auch der COBIT-Prozess PO8 (Manage Quality) ergibt aus Prozessmodellierungssicht nicht wirklich Sinn. Qualitätsüberlegungen müssen bereits in den Entwurf der Informatikprozesse einfließen und somit integrierter Bestandteil des jeweiligen Prozesses werden (siehe Ausführungen in Kapitel 3.11.1 »TQM, EFQM,

Kaizen, KVP, BPO und BPR«). Als Auditierungshilfe ist PO8 sehr wohl geeignet, als dedizierter Informatikprozess nicht.

- Die COBIT-Ressourcen lassen sich auf unsere Definition von IT-Ressourcen abbilden. Die COBIT-Ressourcen Applications, Information und Infrastructure lassen sich der IT-Ressource IT-Landschaft zuordnen, People der IT-Ressource Personal. Im Gegensatz zu COBIT betrachten wir das Managementsystem aus betriebswirtschaftlichen Überlegungen heraus als eigenständige Ressource.

3.11.5 Compliance, IT-Compliance

Compliance umfasst die Gesamtheit aller zumutbaren Maßnahmen, die das regelkonforme Verhalten eines Unternehmens, seiner Organisationsmitglieder und seiner Mitarbeiter im Hinblick auf alle gesetzlichen Ge- und Verbote begründen.

Darüber hinaus hat die Compliance sicherzustellen, dass das Geschäftsgebaren der Mitarbeiter den normativen Vorgaben[41] des Unternehmens entspricht.

Compliance ist eine Form des Risikomanagements. Unternehmen unterliegen zahlreichen rechtlichen Verpflichtungen, deren Nichteinhaltung zu hohen Geldstrafen und Haftungsverpflichtungen führen kann. Die Compliance ist Bestandteil der Governance bzw. des Führungsprozesses. Da die Welt nicht einfacher wird, sondern zunehmend komplexer (Indikatoren sind z. B. die Erhöhung der Gesetzesdichte, neue Märkte, branchenübergreifender Wettbewerb um Eigen- und Fremdkapital mit Druck auf Internationalisierung der Rechnungslegung[42]

---

41 [Dubs et al.] unterscheiden zwischen einem normativen, strategischen und operativen Management. Das normative Management sorgt für den Aufbau von Legitimations- und Verständigungspotenzialen (Orientierung an den gesellschaftlichen Wertvorstellungen), das strategische Management für den Aufbau nachhaltiger Wettbewerbsvorteile und das operative Management für die Gewährleistung effizienter Abläufe und Problemlösungsroutinen.

42 International Accounting Standards (IAS) und International Financial Reporting Standards (IFRS) [Grünberger]. Bei diesen Rechnungslegungsnormen geht es u. a. darum, dass die Bewertungsgrundsätze für die Rechnungslegung derart geändert werden, dass die Risiken, welche die Unternehmen sowohl auf Aktiv- als auch auf Passivseite in ihren Büchern tragen, dem Kapitalmarkt transparent gemacht werden. Bei der herkömmlichen Handelsbilanz nach HGB (Deutschland) und OR (Schweiz) gelten das Anschaffungskosten- und das Vorsichtsprinzip (Niederstwertprinzip für Vermögensteile sowie das Höchstwertprinzip für Verbindlichkeiten). Dadurch wurden unrealisierte Verluste, aber keine unrealisierten Gewinne ausgewiesen (Ermöglichung von Reservenbildung). Die neuen Rech-

usw.), globaler und trotzdem kleinräumiger (z. B. die Zerstörung der Reputation durch »Social Networks« im Internet), hat dieser Aspekt der Führungsarbeit einen besonderen Stellenwert erlangt.

Häufig werden die Umsetzung und die Einhaltung von Vorschriften im Banken- und Versicherungsbereich, wie z. B. Basel II, Basel III, Solvency I, Solvency II (von der EU noch nicht verabschiedet), SST (Schweizer Solvenztest), welche aus den vergangenen Finanzkrisen hervorgegangen bzw. im Entstehen sind, als Compliance-Themen verstanden. Diese Themen können eindeutig der wertorientierten Führung (Kapitel 3.11.2 »Governance, IT-Governance«) zugeordnet werden und sind Kernaufgaben des Risk-Managements eines Unternehmens. Eine Abgrenzung zwischen Compliance und Risk-Management könnte wie folgt lauten:

Compliance-Anforderungen beinhalten Verpflichtungen zur Einhaltung von Governance-Richtlinien und zum Risk-Management. Risk-Management beinhaltet die Bewertung von Compliance-Anforderungen und Governance-Entscheidungen. Governance umfasst sowohl Compliance als auch Risk-Management.

IT-Compliance fokussiert auf diejenigen Aspekte von Compliance-Anforderungen, welche die IT-Systeme eines Unternehmens betreffen. Zu den IT-Compliance-Anforderungen gehören hauptsächlich die Informationssicherheit[43] (Vertraulichkeit, Verfügbarkeit, Integrität von Daten), die Datenaufbewahrung und der Datenschutz (Schutz personenbezogener Daten vor Missbrauch). Die IT-Architektur hat die IT-Landschaft derart zu gestalten, dass die IT-Compliance-Anforderungen wirtschaftlich umgesetzt werden können. Jedoch ist es nicht die Aufgabe der IT-Architektur, diese zu definieren. Zur Überprüfung der IT-Compliance wird häufig COBIT angewandt.

---

nungslegungsnormen verfolgen u. a. das »True and fair value view«-Prinzip, welches sowohl die Aktiv- als auch die Passivseite marktkonform bewertet.

43 Auch als Datensicherheit bezeichnet.

3.11.6 Unternehmensarchitektur, Enterprise Architecture, TOGAF, Zachman

Für den Begriff Unternehmensarchitektur (engl. Enterprise Architecture) gibt es keine allgemein anerkannte Definition. In allen Begriffsdefinitionen hat die Unternehmensarchitektur einen weitläufigen Charakter. Als Beispiel die Begriffsdefinition von IFEAD (Institute For Enterprise Architecture Developments) vom Gründer Jaap Schekkerman ([IFEAD], Januar 2009):

»*Enterprise Architecture is a complete expression of the enterprise; a master plan which ‚acts as a collaboration force' between aspects of business planning such as goals, visions, strategies and governance principles; aspects of business operations such as business terms, organization structures, processes and data; aspects of automation such as information systems and databases; and the enabling technological infrastructure of the business such as computers, operating systems and networks.*«

Größere Unternehmen können aufgrund der Geschäftskomplexität ihren Ressourceneinsatz nur dann effizient und effektiv (strategiebezogen) lenken und gestalten, wenn die Auswirkungen von Managemententscheidungen auf die Ressourcen bestimmbar sind. Dazu werden relevante Informationen benötigt, die oft vielfach aus aggregierten und vernetzten Informationen bestehen. Hierzu braucht es aufeinander abgestimmte Integrationsmodelle. Deren Konzeption stellt eine höchst komplizierte Engineering-Arbeit dar. Für die Konzeption, Pflege und Weiterentwicklung dieser Modelle braucht es einen dafür zuständigen Prozess im Managementsystem. Die Unternehmensarchitektur kann aus unserer Sicht als ein solcher Prozess verstanden werden.

> Die Unternehmensarchitektur kann als ein Instrument der Businessorganisationseinheiten oder des gesamten Unternehmens betrachtet werden für die *Optimierung des Ressourceneinsatzes für das gewählte Wertschöpfungsmodell* und zur *Unterstützung des Strategie- und Führungsprozesses*. Die Unternehmensarchitektur liefert der Geschäftsstrategie Lösungsoptionen und Entscheidungsgrundlagen und übernimmt die operative Ausarbeitung der Businessarchitektur.

Je nach Verständnis versucht die Unternehmensarchitektur sämtliche geschäftsrelevanten und IT-technischen Konzepte in eine Art firmenspezifisches Gesamtmodell bzw. Teilmodelle zu gießen. *Welche Modellzusammenhänge in welcher Granularität erarbeitet werden sollen und welcher Nutzen davon erwartet wird, stellen dabei die zentral zu beantwortenden Fragen dar.* Es besteht die Gefahr, dass Modelle für Entscheidungen benützt werden, für die sie nicht konzipiert worden sind. Ein Unternehmen ist ständig Änderungsdrücken ausgesetzt (Kapitel 5 »Die Änderungsdrücke auf die IT-Unterstützung«), deren Wechselwirkungen nicht deterministisch beschreibbar sind. Eine zu detaillierte Modellgranulariät vermittelt zum Beispiel eine Aussagegenauigkeit, die unter Umständen nichts mit der Realität zu tun hat. Darum sind diejenigen Modelle sicherer und hilfreicher, welche einen inventarisierenden Charakter aufweisen bezüglich der im Unternehmen allozierten Ressourcen.

Bekannte Frameworks, welche sich auf Stufe der Unternehmensarchitektur positionieren, sind [TOGAF] und [Zachman].

TOGAF 9 bezieht sich in seiner Definition auf Norm ISO/IEC 42010: 2007, welche den Begriff »architecture« wie folgt definiert:

»The fundamental organization of a system, embodied in its components, their relationships to each other and the environment, and the principles governing its design and evolution.«

TOGAF unterscheidet zwischen Business Architecture (definiert die Businessstrategie, Organisation, Governance und wichtigsten Geschäftsprozesse), Data Architecture (Beschreibung der logischen und physischen Datenstrukturen einer Organisation inkl. Datenmanagement), Application Architecture (liefert Blueprints/Muster für die einzelne Applikation, für deren Schnittstellen und Interaktionen mit den wichtigsten Geschäftsprozessen) und Technology Architecture (beschreibt die IT-Betriebsmittel, Standards …). TOGAF postuliert des Weiteren eine Methode, um Unternehmensarchitekturen zu entwickeln.

Das Zachman-Framework von John A. Zachman ist in der *heutigen* Lesart ein Metamodell, welches den Anspruch erhebt, die Grundstruktur der Unternehmensarchitektur zu bilden und die Beschreibungselemente für ein Unternehmen zu liefern. Das Metamodell ist als Matrix aufgebaut mit den Achsendimensionen Rollen (Planner, Owner, Designer, Builder, Subcontractor) und Perspektiven (What, How, Where, Who, When, Why). Die Aufteilung der Achsendimensionen in Rollen und Perspektiven wirft Fragen auf, einerseits bezüglich der methodischen Herleitung der Achsendimensionen selbst, andererseits bezüglich der Eindeutigkeit und Vollständigkeit der Aussagekraft für eine Unternehmung. Des Weiteren sind aus unserer Sicht die konzeptionellen Aussagen der einzelnen Zellen unklar (einige benannte Lieferobjekte in den Zellen würden wir dort nicht so erwarten). Das Gleiche gilt für die Zusammenhänge und Abhängigkeiten zwischen den einzelnen Zellen selbst.

Beide Architektur-Frameworks entstammen der technischen Welt. Vergleicht man den geäußerten Anspruch dieser Frameworks (*Unternehmens*architektur) mit ihrer Herkunft und ihrem Ansatz (keine Berücksichtigung betriebswirtschaftlicher Konzepte), so sehen wir hier eine Diskrepanz zwischen dem extrem hohen Anspruch und der Realität.

> Wir sehen die *IT-Architektur* als eine durch die Informatikorganisation eigenständig und zwingend wahrzunehmende Disziplin. Bezug nehmend auf die Definition von Unternehmensarchitektur (IFEAD), deckt die IT-Architektur den Teil der Unternehmensarchitektur ab, welcher sich mit der *wirtschaftlichen Bereitstellung der IT-Hilfsmittel in den Prozessen (d. h. der IT-Landschaft)* befasst.

4 Das IT-Architekturmodell

Wir wissen aus Kapitel 3 »Begriffsdefinition der IT-Architektur«, welche Ziele und Aufgaben die IT-Architektur verfolgt, was die Arbeitsweise und Denkansätze der IT-Architektur sind und wie sich IT-Architektur gegenüber anderen Tätigkeiten einer Informatikorganisation abgrenzt.

Aber was ist nun konkret zu tun, um IT-Architektur betreiben zu können? Was muss man konkret tun, um überhaupt erkennen zu können, was die angestrebte Lösungsqualität der IT-Landschaft ist oder von Teilen der IT-Landschaft und welche Gestaltungsvorgaben und Entscheidungen dafür dienlich sind? Wir benötigen ein gegenüber dem IT-Architekturbegriff *verfeinertes, stärker inhaltlich auf die IT-Landschaft Bezug nehmendes Denkmodell*, anhand dessen über architektonische Vorgaben und Entscheidungen zu IT-Betriebsmitteln und Technologien auf allen Ebenen, sei es auf Ebene der gesamten IT-Landschaft oder innerhalb eines Vorhabens, nachgedacht werden kann.

Wir teilen die IT-Architektur in *Teilarchitekturen* auf, welche sich inhaltlich eindeutig voneinander abgrenzen lassen, untereinander eindeutige Beziehungen (Interaktionen) aufweisen und deren Zusammenspiel ein *Beschreibungs- und Erklärungsmodell* der IT-Architektur ergibt. Diese Aufteilung der IT-Architektur in Teilarchitekturen kann man auch als Festlegung von Architektursichten betrachten. Die jeweilige Teilarchitektur gibt vor, was für Gestaltungsvorgaben und Entscheidungen in diesem Bereich zu erarbeiten und zu treffen sind.

Wir werden nachfolgend ein solches Beschreibungs- und Erklärungsmodell der IT-Architektur vorstellen.

4.1 Aufteilung der IT-Architektur in drei Teilarchitekturen

Wir haben im Laufe der Jahre verschiedene Varianten und Kombinationen von Architektursichten praktisch verwendet. Es ging uns immer darum, wie man sinnvoll und doch möglichst einfach über Strukturen einer IT-Landschaft nachdenken und kommunizieren kann.

Wir sind dabei auf folgende drei Teilarchitekturen gekommen:

> Die *Anwendungsarchitektur* strukturiert die Software des Unternehmens in Anwendungen bzw. in fachliche Komponenten, die jeweils Teile der Geschäftsprozesse unterstützen.
>
> Die fachlichen Komponenten benutzen technische Komponenten, welche in der *Plattformarchitektur* strukturiert werden.
>
> Die *Softwarearchitektur* strukturiert das Vorgehen bei Einkauf, Entwicklung, Dokumentation, Review und Verwaltung von Komponenten und legt die Konstruktionsprinzipien fest.

Die Anwendungsarchitektur erstellt *nicht nur eine* Ist- und Soll-Anwendungslandschaft für das Unternehmen, sondern in der Regel *je eine pro Domäne* (Kapitel 4.5 »Domäneneinfluss auf die Architekturergebnisse«).

Die Begriffe »fachlich« und »technisch« *sind weder selbsterklärend noch kontextunabhängig*. Je nach Betrachter wird eine Komponente als fachlich oder als technisch eingestuft. Die Anwendungen der Anwendungslandschaft einer Informatikorganisation können z. B. der Businessorganisation als sehr technisch erscheinen. In der Praxis erreicht man eine eindeutige Unterscheidung, indem man eine explizite Bestimmung und Zuordnung vornimmt. Wir werden in den Kapiteln 4.1.2 »Aufgaben der Plattformarchitektur« und 10.1 »Anwendungen und Komponenten« systematischer auf diese Unterscheidung eingehen und weitere Hinweise darauf geben.

Die Begriffe *Anwendung und Komponente* benutzen wir vorerst informell, sie werden später im Kapitel 10 »Komponentenbildung als Schlüssel zur Wartbarkeit« noch ausführlicher besprochen. Als Anmerkung genügt vorerst, dass Anwendungen und Komponenten IT-Betriebsmittel darstellen.

> Das Strukturierungsziel aller Teilarchitekturen ist die Erreichung der für das jeweilige Unternehmen optimalen Lösungsqualität gemäß unserer IT-Architekturdefinition, wie z. B. die Ermöglichung eines effizienten Betriebs der IT-Landschaft.

Nachfolgend werden wir die drei Teilarchitekturen mit ihren Querbeziehungen im Detail betrachten.

4.1.1 Aufgaben der Anwendungsarchitektur

Die *Anwendungsarchitektur* strukturiert die Software des Unternehmens in Anwendungen bzw. in fachliche Komponenten, die jeweils Teile der Geschäftsprozesse unterstützen. D. h., die Anwendungsarchitektur modelliert die Aufteilung und Abhängigkeiten (Schnittstellen) einer Anwendungslandschaft. Dies geschieht anhand der strategischen Vorgaben, die unter anderem durch die Businessarchitektur dokumentiert und festgelegt sind, anhand konkreter Aufträge zur Automatisierung von Prozessen sowie anhand konkreter Vorgaben aus der Plattformarchitektur (z. B. SAP für die Buchhaltung).

Die Vorgaben bzw. Hinweise der Businessarchitektur sind oft in sich widersprüchlich, was die Schwierigkeit der Aufgabe illustriert:

- Falls ein Änderungsdruck für einen Prozess konkret wird, d. h. die Änderung beschlossen wird, so sollten möglichst wenige Anwendungen davon betroffen sein – im Idealfall nur eine einzige. Dies bedeutet auf der einen Seite, dass die Unterstützung für den Prozess möglichst in einer Anwendung konzentriert werden sollte. Auf der anderen Seite möchte man jedoch auch, dass die Änderungen an einer Komponente nur diesen einen Geschäftsprozess tangieren können. Dies bedeutet, dass Anwendungen so lange aufgeteilt werden sollten, bis keine Anwendung mehr als einem Änderungsdruck unterworfen ist. Soll man nun also aufteilen oder doch besser zusammenfassen?

- Wenn ein Informationsobjekt nur von einer Anwendung benutzt wird, ist bei einer Änderung des Informationsobjekts nur diese Anwendung betroffen. D. h., die dieses Objekt verwaltende Anwendung sollte entsprechend umfassend sein. Falls jedoch eine Anwendung sehr viele verschiedene Arten von Informationsobjekten kennt, dann wird sie von jeder Änderung eines dieser Objekte betroffen sein und in diesem Sinne »fragil« werden. D. h., die Anwendung sollte entsprechend aufgeteilt werden. So kann ein Informationsobjekt, das von verschiedenen Prozessen erzeugt und verändert wird, ein Hinweis dafür sein, dass eine eigenständige Anwendung zur Verwaltung dieser Art von Informationsobjekten etabliert werden sollte, z. B. eine Geschäftspartner-Anwendung.

Derartige Überlegungen können zum Entwurf einer Anwendungsarchitektur, d. h. zur Zuordnung von Funktionen zu Anwendungen, benutzt werden. Die Plattformarchitektur (Kapitel 4.1.2 »Aufgaben der Plattformarchitektur«) kann dabei Komponenten, Schnittstellen oder ganze Anwendungen (Musterbeispiel SAP) vorgeben und damit auch Teile von Geschäftsprozessen oder Informationsobjekten »bottom up« festlegen, d. h. strategierelevant werden.

Datenmodelle spielen eine wichtige Rolle innerhalb der Anwendungsarchitektur. Im Idealfall würde man aus einem groben Unternehmensdatenmodell ein verfeinertes fachliches Unternehmensdatenmodell bzw. Domänenmodell entwickeln, sodass jede Anwendung die für sie relevante Teilmenge dieses Modells direkt benutzen könnte. Eine Schnittstelle zwischen zwei Anwendungen kann die Schnittmenge ihrer beiden Datenmodelle benutzen, welche wiederum eine Teilmenge des übergreifenden fachlichen Unternehmensdatenmodells darstellt (Abbildung 26).

Als Beispiel: Eine Anwendung A zum Vertrieb von Privathaftpflichtversicherungen und eine Anwendung B zum Vertrieb von Fahrzeugversicherungen benutzen beide Elemente des übergreifenden Datenmodells, z.B. »Privatkunde«, »Kundenadresse« und andere Entitäten sind für beide Anwendungen gleichermaßen relevant. Damit gibt es einen erheblichen gemeinsamen Kontext, der als Basis für Anwendungsintegrationen genutzt werden könnte, z. B. wenn Anwendung A Werbung für Haftpflichtversicherungen an alle Kunden schicken soll, die bereits eine Fahrzeugversicherung gekauft haben.

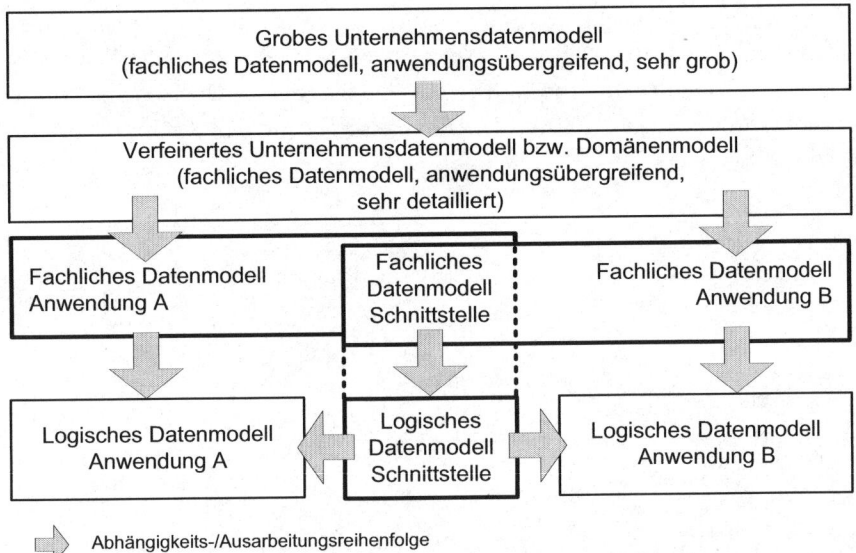

Abbildung 26 – Ideales Top-down-Szenario mit Unternehmensdatenmodell als Basis für Anwendungs- und Schnittstellendatenmodelle

Ohne einen gemeinsamen Kontext ist keine Kommunikation möglich, so gibt es z. B. höchstens einen sehr kleinen gemeinsamen Kontext der Anwendung A mit einer Anwendung C, welche Reklamationen von Kliniken verwaltet, die fehlerhafte Medikamente erhalten haben.

> Der gemeinsame fachliche Kontext, d. h. eine Teilmenge des Unternehmensmodells, stellt also die Basis und Begrenzung für jegliche Schnittstelle zwischen Anwendungen dar.

Die Schnittstelle zwischen zwei Anwendungen, die einen unterschiedlichen Fachbezug aufweisen, z. B. die Schnittstelle zwischen einem Vertragsverwaltungssystem und einem Drucksystem, haben *nur einen »technischen« Kontext gemeinsam*, nämlich das Verständnis von in Seiten aufgeteilten Papierdokumenten.

Die Praxis sieht jedoch anders aus als das idealisierte Modell von Abbildung 26. In der Regel gibt es, außer höchstens bei kleinen Unternehmen, kein übergreifendes Unternehmensdatenmodell, da dessen Erstellung und Pflege zu aufwendig wäre. Stattdessen hat man fachliche »Inseldatenmodelle« jeweils pro Anwendung. Wenn nun Anwendung A und Anwendung B integriert werden sollen, muss man nachträglich eine passende (wahrscheinlich bilaterale) Schnittstelle definieren. Dazu muss man die Schnittmenge der fachlichen Datenmodelle überhaupt erst erarbeiten, mit den dazu nötigen Übersetzungen. So kann z. B. der Kunde im Datenmodell von A »Kunde« heissen und im Datenmodell von B »Partner«, und sie können sich im Detail erheblich voneinander unterscheiden (Abbildung 27).

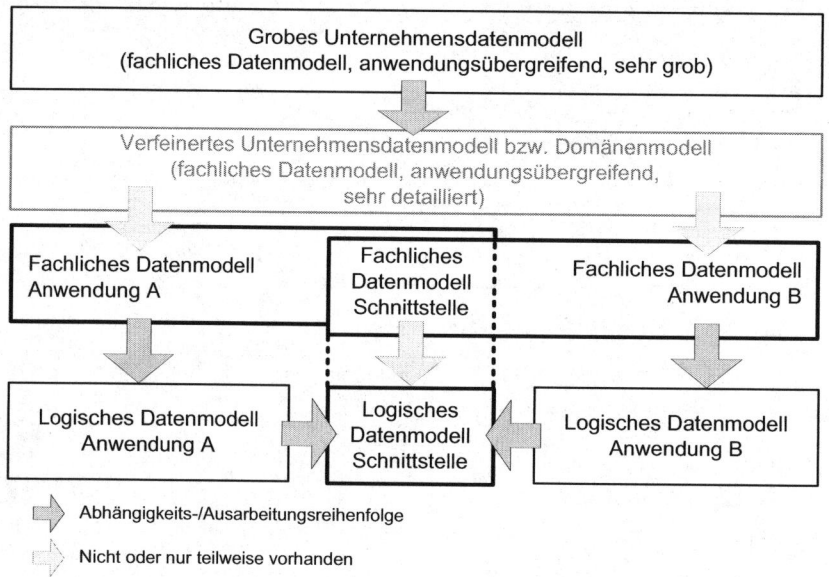

Abbildung 27 – Reales Bottom-up-Szenario mit Inseldatenmodellen als Ausgangssituation für die Entwicklung von Schnittstellen

Die detaillierte technische Umsetzung dieser fachlichen Anwendungs- und Schnittstellendatenmodelle, welche erst durch die Festlegungen der Anwendungsarchitektur entstehen, ist die Aufgabe der Softwarearchitektur (siehe Kapitel 4.1.3 »Aufgaben der Softwarearchitektur«).

> Neben dieser konzeptionellen Arbeit (Aufteilung der IT-Unterstützung in Anwendungen) produziert die Anwendungsarchitektur Beschreibungen, welche die Ergebnisse der Businessarchitektur und der anderen Teilarchitekturen referenzieren, und ermöglicht eine Übersicht über die Gesamtzusammenhänge.

Im einfachsten Fall besteht die Beschreibung einer Anwendungsarchitektur lediglich aus einer Liste der betriebenen Anwendungen und einer groben Zuordnung zu den unterstützten Geschäftsprozessen und Informationsobjekten (Kernentitäten). Eine weitergehende Modellierung beschreibt auch die Vernetzung der Anwendungen mit ihren Schnittstellen, wie oben erläutert. Eine solche Beschreibung vereinfacht damit auch z. B. die Frage, welche Folgen das Abschalten einer alten Anwendung haben würde – vielleicht unterstützt sie zwar keine Geschäftsprozesse mehr direkt, wird aber noch als »Zwischenstation« für den Datentransfer anderer Anwendungen benötigt.

Die Anwendungsarchitektur dient auch als wichtige organisatorische Orientierungs- und Kommunikationshilfe: Wer hat die Verantwortung für welche Anwendung, wer beschließt über neue Releases, woher kommen die Budgets, wer sind die Sponsoren dieser Anwendungen usw.?

> Die Anwendungsarchitektur ist das Herzstück einer IT-Architektur. Sie ist das Bindeglied zwischen allen Teilarchitekturen und der Businessarchitektur. Über die Anwendungsarchitektur werden die IT-technischen Möglichkeiten und Restriktionen, welche die IT-Landschaft bietet, der Strategieausarbeitung zugänglich gemacht.
>
> Die Anwendungsarchitektur bringt unterschiedliche Abstraktionen bzw. Detailsichten auf die applikatorische IT-Unterstützung hervor. Diese Abstraktionen bzw. Detailsichten auf die IT-Betriebsmittel zur Abdeckung der Anforderungen sind notwendig, damit die Gesamtzusammenhänge ersichtlich bleiben und Entscheidungen für Investitionen in die IT-Unterstützung in einem Gesamtkontext getroffen und priorisiert werden können.

4.1.2 Aufgaben der Plattformarchitektur

Die Plattformarchitektur strukturiert die technischen Komponenten. Technische Komponenten werden zu sogenannten Plattformen zusammengefasst. Es werden in der Regel Produktions-/Testplattformen und Entwicklungsplattformen definiert. Plattformen fassen technische Komponenten zusammen, welche funktional zusammen eine Laufzeitumgebung für Anwendungen bilden. Die Bildung von Laufzeitumgebungen bzw. von Plattformen ist technologiegetrieben (z. B. benötigen Java-Anwendungen eine Java-Plattform, während .NET-Anwendungen eine .NET-Plattform benötigen). Plattformen sind firmeninterne

Standards, z. B. für Hardware, Betriebssysteme, Netzwerke, Sicherheit, Datenbankmanagementsysteme, Middleware, Graphical User Interfaces, Libraries von Entwicklungswerkzeugen, Technologien wie Programmiersprachen sowie Standardpakete wie SAP R/3.

> Die Verantwortung für die Plattformen ist getrennt von der Verantwortung für die Anwendungen: Die Plattform ist hier definiert als *das, worauf man aufbaut*, was jedoch nicht unter direkter eigener Kontrolle steht.

Plattformen werden unterschiedliche betriebliche Service Level zugeordnet (z. B. eine Plattform für Anwendungen, welche Hochverfügbarkeitsanforderungen haben). Sie bedingen dementsprechend andere IT-Dienstleistungen bzw. operative Prozesse, wie z. B. einen »7 x 24 Stunden«-Betrieb, und gründen auf unterschiedliche Qualitätsattribute bzw. Qualitätsszenarien. Eine Plattform stellt somit für ihre Benutzung an die Anwendungsentwicklung oder den Anwendungseinkauf konkrete Technologieanforderungen. Wenn in unserem Beispiel eine Anwendung hochverfügbar sein muss, so muss sie die Technologieanforderung der Plattform für die Hochverfügbarkeit erfüllen.

Aus Time-to-market-Gründen müssen unter Umständen Ausnahmen gemacht werden, die auf Plattformstufe sehr teuer werden können. Es sind nicht nur die dazu benötigten IT-Betriebsmittel zu beschaffen und miteinander abzustimmen (Engineering-Arbeit), sondern die betrieblichen Prozesse müssen angepasst werden inkl. der Schulung des Personals. D. h., alle drei IT-Ressourcen sind von solchen Ausnahmen betroffen.

> Das Ziel bei der Plattformarchitektur besteht in der Optimierung von sich diametral widersprechenden Wünschen. Einerseits der Kostenoptimierung durch Standardisierung der IT-Betriebsmittel: Je weniger verschiedene Produkte im Einsatz sind, umso weniger Ausbildungskosten fallen an, umso weniger Integrationskosten fallen an, umso größere Mengenrabatte sind bei der Lizenzierung möglich, umso größer ist die Reduktion der Komplexität des Zusammenspiels einzelner Komponenten und umso leichter kann man betriebliche Qualitätsattribute wie Verfügbarkeit und Skalierbarkeit erreichen. Dagegen steht der Wunsch nach Unabhängigkeit von einzelnen Lieferanten sowie der bestmöglichen Unterstützung der Geschäftsprozesse.

Im einen Extremfall verzichtet man auf jede Differenzierung gegenüber Konkurrenten und setzt auf De-facto-Standards, z. B. »überall SAP«. Damit schafft man allerdings eine starke Lieferantenabhängigkeit. Im anderen Extremfall setzt man für jede Anwendung eine optimierte Plattform ein, was oft Individualentwicklungen und entsprechend hohe Kosten und Projektrisiken nach sich zieht sowie Synergien und Know-how-Transfer verhindert. Bei der Plattformarchitektur geht es um die bewusste Entscheidung solcher Fragen und um die anschließende Lenkung gemäß diesen Entscheidungen.

Die Plattformarchitektur hat darüberhinausgehend die Aufgabe, den IT-Markt hinsichtlich *neuer IT-Betriebsmittel* zu beobachten.

4.1.3 Aufgaben der Softwarearchitektur

Die *Softwarearchitektur* strukturiert das Vorgehen bei Einkauf, Entwicklung, Dokumentation, Review und Verwaltung von Komponenten und legt die Konstruktionsprinzipien fest unter Berücksichtigung der Vorgaben aus der Anwendungs- und Plattformarchitektur. Da ein Unternehmen seine Hardwarebetriebsmittel in aller Regel nicht selbst entwickelt, können wir Hardwareentwicklung ignorieren.

Die Softwarearchitektur beschreibt, wie selbst entwickelte Software (Anwendung, fachliche oder technische Komponente) intern strukturiert werden soll, sodass sie die notwendigen Qualitätseigenschaften erreicht. Dazu zählen insbesondere die leichte Änderbarkeit bei Anforderungsänderungen (Wartbarkeit) und die Integrierbarkeit mit Nachbarsystemen, aber auch Skalierbarkeit, Durchsatz, Sicherheit und andere systemweite Qualitätsattribute einer Anwendung.

Diese interne Strukturierung der selbst entwickelten Software bezieht sich nicht nur auf funktionale bzw. algorithmische Aspekte, sondern auch auf Datenaspekte. Dazu gehört auch die technische Umsetzung der fachlichen Anwendungs- und Schnittstellendatenmodelle in logische und physische Datenmodelle unter Berücksichtigung der plattformarchitektonischen Vorgaben (im konkreten Fall das eingesetzte Datenbankmanagementsystem, DBMS). Auch mit einer entsprechenden Ausarbeitung der logischen und physischen Datenmodelle versucht man bestimmte Qualitätsattribute zu erfüllen. Zum Beispiel die Abstraktion von Datenrepräsentationen eines Quellsystems im Schnittstellenmodell stellen solche in der Praxis bewährte Entwurfsentscheidungen dar. Sie dienen u. a. der Erreichung der Qualitätsattribute »Änderbarkeit« und

»Robustheit«. Das Quellsystem kann z. B. sein internes Datumsformat ändern, ohne dass das Abnehmersystem bzw. Zielsystem von dieser Repräsentationsänderung etwas mitbekommt, da diese durch das Schnittstellenmodell gekapselt ist. Mit geeigneten Entwurfsentscheidungen zum physischen Datenmodell lassen sich Qualitätsattribute wie z. B. »Performanz« erreichen, indem das logische Datenmodell bewusst an einigen Stellen denormalisiert wird zwecks Erhöhung des Datenzugriffs und -durchsatzes. Die Datenabstraktion hat aber auch ihre Grenzen. Wir werden auf diese Grenzen im Kapitel 10.5 »Grenzen der Entkopplung von Komponenten« eingehen.

Die Softwarearchitektur macht zudem Vorgaben für die Softwareentwickler im Sinne von »Best Practices« des Software-Engineerings, z. B. Coding Conventions als »Bauvorschriften«. Sie gibt methodische Hilfestellungen, z. B. für die Dokumentation von Schnittstellen mittels »Design by Contract« [Meyer] oder für Architektur-Reviews mittels der Structured Architecture Analysis Method [Clements-Kazman-Klein]. Die Softwarearchitektur führt selbst Codeinspektionen durch und bietet Unterstützung bei der Festlegung von Metriken und der entsprechenden Toolunterstützung. Bei Bedarf führt sie Schulungen zu softwarearchitektonischen Themen durch.

Es ist auch Aufgabe der Softwarearchitektur, Architekturcontrollings durchzuführen, d. h. zu prüfen, ob sich eine Architektur korrekt in den entwickelten Artefakten spiegelt. Dazu braucht es faktisch ein Analysetool – oder ein extrem erfahrenes und eingespieltes Entwicklungsteam.

Bei Unternehmen mit hohem Architekturreifegrad definiert die Softwarearchitektur einen architekturgetriebenen Software-Engineering-Prozess. Dieser legt einerseits die notwendigen Begriffsdefinitionen und Modellzusammenhänge zu Anwendungsverbund, Anwendung, Library, Softwarekomponente, Programmkonstrukt, Build Element, Delivery Element usw. fest, andererseits stellt er neben den oben erwähnten Best Practices und Coding Conventions detaillierte Dokumentationsvorlagen zur Verfügung. Dabei wird der Einsatz von z. B. UML firmenintern geregelt und exakt definiert, welche Designdiagramme und Beschreibungen für welchen Zweck im Entwicklungsprozess der Architektur vorgelegt werden müssen. Erst nach Abnahme dieser Ergebnisse darf mit der Programmierarbeit für die jeweilige Phase begonnen werden. Des Weiteren macht die Softwarearchitektur Vorgaben an die Verwaltung der entwickelten Artefakte (z. B. die Abbildung der oben genannten Begriffe auf die Konzepte des Configuration Management). Diese Vorgaben stellen sicher, dass die in der Softwaredokumentation erörterten Designmodelle einen klaren Bezug zu den physischen Artefakten wie dem Source-Code oder dem ausführbaren Programm haben und umgekehrt.

> Die Softwarearchitektur kann Aussagen zu allen Varianten der Softwarebeschaffung machen, sei es Einkauf, Miete, Auftragsentwicklung oder Eigenentwicklung. Sie sollte sowohl neue Systeme als auch die Weiterentwicklung von existierenden Systemen abdecken. In allen Fällen geht es dabei um Qualitätsattribute und um den Umgang mit ihnen, z. B. in Form von Architektur-Reviews.

Die Softwarearchitektur arbeitet bei der Festlegung der Entwicklungsplattformen mit, unter anderem

- bei der Evaluation von Entwicklungswerkzeugen und der Erstellung der notwendigen Werkzeugeinsatzkonzepte,
- durch das Einbringen neuer Technologie-, Standard- und Produktanforderungen (wie z. B. die Version der Programmiersprache, Libraries usw.).

Die Softwarearchitektur arbeitet auch operativ in der Entwicklung mit. Je nach Organisation der IT-Architektur übernimmt sie die Architekturverantwortung in den Projekten.

Die Softwarearchitektur hat die Aufgabe, den IT-Markt hinsichtlich *neuer Technologien*, insbesondere neuer Entwicklungsmethoden, zu beobachten.

> Begriffe: Was meinen wir mit »Softwarearchitektur«?
>
> Für den Begriff »Softwarearchitektur« gibt es heute mehrere Hundert Definitionen [SEI]. Am einflussreichsten ist wohl diejenige des Software Engineering Institutes (SEI) der Carnegie Mellon University in den USA. Die Bücher des SEI, vor allem »Software Architecture in Practice« [Bass-Clements-Kazman], definieren Softwarearchitektur als die Strukturierungen von Software-Systemen:
>
> *»The software architecture of a program or computing system is the structure or structures of the system, which comprise software elements, the externally visible properties of those elements, and the relationships among them.«*

D. h., es handelt sich um einen sehr umfassenden Begriff, der alle Teilarchitekturen dieses Buches beinhaltet.

Während das SEI in seinen Büchern viele Aspekte behandelt, von der Dokumentation von Architekturen bis hin zur Thematik der Produktlinienarchitekturen, bleiben sie doch meistens im Rahmen einzelner Projekte, Systeme oder zumindest Produktfamilien und eher im Bereich von technischen Anwendungen. Eine eigenständige Behandlung der übergreifenden IT-Architekturthematik in großen Unternehmen fehlt bisher, d. h. für Systeme, welche die gesamte IT-Landschaft eines Unternehmens umfassen. Da es uns gerade um dieses Thema geht, erscheint uns eine feinere begriffliche Unterteilung von »Softwarearchitektur« vertretbar.

Ein anderer wichtiger Begriff ist die *Systemarchitektur*. Wir verstehen darunter einen noch umfassenderen Architekturbegriff, der neben Softwarearchitektur auch Hardwarearchitektur, Mechanik, Elektronik und weitere Gebiete, bis hin zur (Gebäude-)Architektur, umfassen kann. Auch hier gibt es viele verschiedene Definitionen, z. B. [Maier-Rechtin]:

»System architecture is the structure (in terms of components, connections, and constraints) of a product, process, or element.«

Die methodischen Ansätze, z. B. bei Architektur-Reviews, sind dabei recht ähnlich. Die Herausforderung liegt eher in der Koordination zwischen derart verschiedenen Disziplinen mit ihren eigenen »Subkulturen« und Terminologien und oft in der schieren Größenordnung der Projekte, z. B. beim Bau eines Kreuzfahrtschiffes oder eines Alpentunnels. Für unsere Diskussion spielt Systemarchitektur eine untergeordnete Rolle, da in typischen Enterprise-Umgebungen lediglich noch Hardware- und Netzwerkarchitektur hereinspielen, durch die ausschließliche Verwendung von Standardprodukten allerdings auf vergleichsweise einfache Art.

Diese Architekturaspekte können deshalb unter dem Begriff Plattformarchitektur mit subsumiert werden[44]. Anders würde es z. B. in Produktionsbetrieben aussehen, wo die klassische IT zunehmend mit der Automatisierung z. B. von physischen Produktionsprozessen in Berührung kommt (Stichwort

---

44 Typische Artefakte für diese Aspekte sind Diagramme mit dem Ist-Stand des Firmennetzwerks und der Zuordnung von Software zu physischen Rechnern (Deployment).

> »vertikale Integration«). Die speziellen Herausforderungen für diese Unternehmen sind jedoch nicht Gegenstand der vorliegenden Diskussion.

4.2 Welche Teilarchitektur treibt die Entwicklung der IT-Landschaft?

Je nach Organisationskultur oder momentaner »Architekturströmung« werden die einzelnen Architekturen tendenziell verschieden stark gewichtet, auch wenn es je nach Projekt Abweichungen geben mag. Am häufigsten findet man Organisationen, bei denen die Plattformarchitektur im Vordergrund steht. Sie ist die am einfachsten zu beherrschende Teilarchitektur, auch wenn endlose Diskussionen über die Vor- und Nachteile dieser oder jener Middleware o. Ä. dies manchmal vergessen lassen. Dabei wird angestrebt, für jede Technologie nur ein oder maximal zwei Produkte zuzulassen und die Anwendungslandschaft möglichst gut mit den zugelassenen Produkten zu harmonisieren. Im Vordergrund steht die Minimierung von Lizenz- und Betriebskosten. Als aktuelle Beispiele seien die Serverkonsolidierung mittels Virtualisierung und die Auslagerung von einzelnen Funktionen (z. B. Storage), Plattformen oder kompletten Anwendungen »in die Cloud« (Kapitel 11.3 »Cloud Computing«) genannt.

Eine andere Organisation mag das Primat auf die Geschäftsprozesse legen und optimale Anwendungen gemäß dieser Prozessstruktur beschaffen (Fokus auf die Businessarchitektur bzw. Prozessarchitektur). Im Extremfall werden dabei individualisierte Anwendungen geschaffen – koste es, was es wolle –, auch wo dies gegenüber stärker standardisierten und durch Standardsoftware unterstützten Prozessen keine Vorteile schafft. Im Grunde heißt das, dass die Businessarchitektur nicht optimal ist, da keine Rücksicht auf die Plattform- und Softwarearchitektur genommen wird. Tendenziell erhält man dadurch eine – an sich sehr gute – IT-Unterstützung für das Business, eventuell zum Preis von sehr teuren und nur schwer änderbaren IT-Systemen. Es wird dann manchmal versucht, mit Hilfe von Business Rule Engines oder ähnlich komplexen Mechanismen wieder ein gewisses Maß an Flexibilität zurückzugewinnen, bis hin zum Ideal (oder eher Wunschtraum), dass das Business Geschäftsregeln ohne Mithilfe der IT ändern kann.

Eine weitere Organisation wird die Informationen in den Vordergrund stellen (Fokus auf die Businessarchitektur bzw. Informationsarchitektur).

Es geht ihr darum, den Überblick über die verwalteten Informationen zu behalten und dem Business eine integrierte Sicht auf das Unternehmen zu ermöglichen. Deshalb stehen die Integration von Datenbanken sowie Data Warehouses hoch oben auf der Prioritätenliste. Es entstehen viele kleine Applikationen, welche verschiedene Sichten auf die Daten ermöglichen, jedoch auch funktionale Brüche in den Prozessabläufen. Mit dem Fokus auf Informationen steht für die Informationsarchitektur eine andere Form von optimaler IT-Unterstützung im Vordergrund.

Inzwischen beginnen auch durch die Softwarearchitektur getriebene IT-Landschaften zu entstehen. Dort geht es primär um technische Aspekte, z. B. wie man Software für einen Java-Application-Server entwickeln sollte, um eine genügende Skalierbarkeit zu erreichen, wie ein »deep linking«[45] zwischen Ressourcen verschiedener IT-Systeme realisiert werden soll oder welche Modellierungstechniken zur Dokumentation oder gar Generierung von Anwendungen geeignet sind. Im Vordergrund steht hier primär die Produktivität bei der Entwicklung, d. h. die Entwicklungskosten.

Die Anwendungsarchitektur stellt die größte Herausforderung dar. Sie muss all die oben aufgeführten Anforderungen unter einen Hut bekommen. Im Extremfall entsteht hier ein riesiges Spannungsfeld, wenn einerseits Druck vom Absatzmarkt kommt (»wir müssen bis vorgestern unser Vertriebssystem um einen Internetselbstbedienungskiosk erweitern, unser Hauptkonkurrent hat heute ein solches Angebot angekündigt«) und gleichzeitig der Beschaffungsmarkt Unruhe bringt (»der Hersteller des CRM-Systems für unseren Vertrieb wurde gekauft, das Produkt vom neuen Besitzer abgekündigt«). Die Qualität der Anwendungsarchitektur (und -architekten) entscheidet letztlich darüber, welche Kostenfolgen aus solchen Änderungsdrücken resultieren. Deshalb liefert die Anwendungsarchitektur den längsten Hebel unter den Teilarchitekturen. Sie ist jedoch auch am anspruchsvollsten, da hier am meisten Know-how notwendig ist, und zwar sowohl technisches als auch fachliches Know-how. Bei der Anwendungsarchitektur steht die gute Balance von Kosten (mitunter von Time-to-market) und Lösungs-

---

45 Bei Webanwendungen sind »deep links« Hyperlinks von einer Webseite einer Anwendung auf eine spezifische Webseite einer anderen Anwendung statt nur auf ihre Homepage. So könnte z. B. aus einer Seite eines Webshops heraus direkt auf die Beschreibung eines bestimmten Produkts gezeigt werden, welches von einer separaten Produktmanagementanwendung verwaltet wird. Generell wird der *Resource-oriented-Architecture*-Ansatz durch Prinzipien der Softwarearchitektur getrieben, siehe [Richardson-Ruby] oder [Tilkov] und Kapitel 11.1 »Service-Oriented Architectures«.

qualität der IT-Unterstützung im Vordergrund, und zwar unter Berücksichtigung des verfügbaren IT-Personals sowie der Strukturen und Prozesse im Unternehmen.

> Welche Teilarchitektur nun tatsächlich die treibende Kraft in einem Unternehmen darstellt, ist eine Frage der persönlichen Fähigkeiten, Überzeugungen und Eigeninteressen der Entscheidungsträger (inklusive der IT-Architekten) und der Machtkonstellationen im firmeninternen Markt. Ein wesentlicher Aspekt, der diese Machtkonstellationen mitprägt, ist der Sachverhalt, wer welchem Kostendruck ausgesetzt ist.

Wir werden im Kapitel 5 »Die Änderungsdrücke auf die IT-Unterstützung« ausführlicher auf diesen firmeninternen Markt zu sprechen kommen.

Eine proaktiv betriebene Anwendungsarchitektur steuert die zulässigen Verknüpfungen, d. h. Schnittstellen, zwischen Anwendungen. Ohne eine solche Steuerung entstehen unvermeidlich zu viele an sich unnötige Schnittstellen. Wenn man eine Information benötigt, kommen oft mehrere Anwendungen als Quelle dafür infrage. Ohne architektonische Steuerung wählt man meistens den Weg des geringsten Widerstandes, z. B. die Anwendung, zu deren Verantwortlichen man gerade den besten persönlichen »Draht« hat oder wo momentan am meisten personelle Ressourcen zur Verfügung stehen.

Im Extremfall »redet« am Ende jede Anwendung mit jeder anderen, möglichst noch unter Verwendung von verschiedenen Datenformaten und verschiedenen Middleware-Produkten. Die Krux dabei ist, dass die Anzahl möglicher Schnittstellen quadratisch[46] mit der Anzahl der Anwendungen steigt!

> In großen Unternehmen mit Hunderten von Anwendungen entsteht durch die große Anzahl von Schnittstellen eine ungeheure Komplexität, die schwer beherrschbar ist und die Kernursache von Problemen bei der Anpassung an neue Anforderungen und neue Technologien darstellt. Sie mindert massiv die Prozesseffizienz auf Entwicklungs- *und auch* auf Betriebsseite. Sie erzeugt eine enorme Schwerfälligkeit. Man mag sich alleine schon die inhaltliche und planerische Komplexität vorstellen, welche bei der Bereitstellung von abgestimmten Test- und Produktivinstallationen für große Anwen-

---

46 Exakt: $n * (n-1)/2$, wobei n = Anzahl Anwendungen.

> dungslandschaften notwendig wird, damit eine funktionale Übereinstimmung der Versionsstände der Anwendungen, ihrer Datenbestände sowie deren Plattformen erreicht werden kann.

Daraus folgt, dass eine aktiv betriebene Anwendungsarchitektur, die sich konsequent gegen unnötige – sowie gegen unnötig komplizierte – Schnittstellen wehrt, den wichtigsten Hebel für die wirtschaftliche Bereitstellung der IT-Landschaft darstellt und damit die größte Kompetenz und Sorgfalt unter den drei IT-Teilarchitekturen erfordert.

Tatsächlich ist die Sache noch anspruchsvoller, da ein Zusammenfassen von Anwendungen zwar Schnittstellen reduzieren helfen würde, jedoch die interne Komplexität von Anwendungen in die Höhe schnellen ließe. Es handelt sich also um eine umfassendere Optimierungsproblematik. Diese Thematik werden wir im Kapitel 10.4 »Wie kommt man zu einer Aufteilung in Komponenten?« anhand der Frage nach der sinnvollen Größe von Komponenten wieder aufgreifen.

Nochmals anspruchsvoller wird das Thema dadurch, dass auch die antizipierten Änderungsdrücke (Kapitel 5 »Die Änderungsdrücke auf die IT-Unterstützung«) mit in die Betrachtung einbezogen und beurteilt werden müssen. Denn jegliche Schnittstellen oder Schnittstellenfeatures, die erst durch mögliche zukünftige Anforderungen begründet sind, sind momentan unnötig. Ob sie trotzdem sinnvoll und ihre Komplexitätskosten vertretbar sind, ist eine häufige Frage an die Anwendungsarchitektur.

> Unsere Meinung zur Priorisierung der Teilarchitekturen ist dezidiert: Über kurz oder lang sollte eine proaktive – also steuernde, und nicht nur »die Unfälle dokumentierende« – Anwendungsarchitektur zum Treiber der Entwicklung der gesamten IT-Architektur werden. Nur die Anwendungsarchitektur hat eine ausgleichende Funktion, die anderen Teilarchitekturen verfolgen zwar wichtige, aber auch einseitige Interessen.

4.3 Die Gesamtsicht – das IT-Architekturmodell

Die bisherigen Ausführungen zu den einzelnen Teilarchitekturen der IT-Architektur haben gezeigt, dass die Anwendungsarchitektur der Dreh- und Angelpunkt einer IT-Architektur ist. Sie ist das Bindeglied zwischen allen Teilarchitekturen und zum Strategieprozess. Dabei ist auch die Bedeutung der Businessarchitektur für die IT-Architektur ersichtlich geworden. Unser IT-Architekturmodell (Abbildung 28) zeigt nun die drei Teilarchitekturen der IT-Architektur mit ihren zentralen Aufgaben und die Art ihrer gegenseitigen Beeinflussung sowie den Strategieprozess bzw. die Unternehmensarchitektur mit der Businessarchitektur als Schnittstellenergebnis für die IT-Architektur. Sämtliche Ergebnisse der Teilarchitekturen werden mit dem Ziel erarbeitet, dass damit die Lösungsqualität der IT-Landschaft bewahrt oder verbessert wird. Das IT-Architekturmodell stellt die Funktionsweise der IT-Architektur dar.

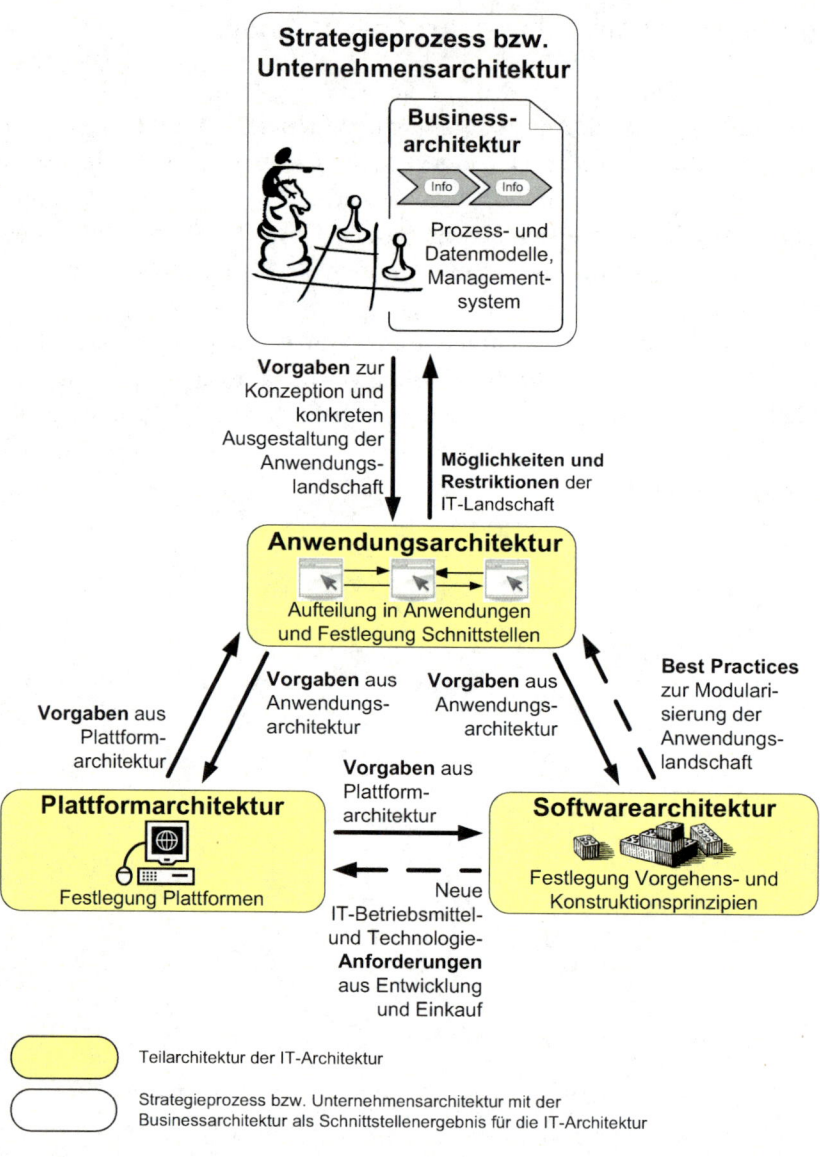

Abbildung 28 – Das IT-Architekturmodell (4Views[47]-Architekturmodell)

---

47 Zwecks Identifikation der in diesem Buch postulierten Modelle werden wir diese mit dem Namen *4Views* kennzeichnen. 4Views steht für die drei Teilarchitekturen der IT-Architektur und für die Businessarchitektur als Schnittstellenergebnis des Strategieprozesses bzw. der Unternehmensarchitektur.

Der Strategieprozess bzw. die Unternehmensarchitektur liefert der Anwendungsarchitektur in Form der Businessarchitektur Vorgaben und Hinweise zur Aufteilung der benötigten IT-Unterstützung in Anwendungen mit den dazugehörigen fachlichen Datenmodellen (z. B. die Zentralisierung der Bearbeitung von bestimmten Daten in nur einer Anwendung). Diese Vorgaben und Hinweise werden von der Anwendungsarchitektur verarbeitet und an die Plattform- und Softwarearchitektur weitergegeben. Umgekehrt zeigt die Anwendungsarchitektur dem Strategieprozess bzw. der Unternehmensarchitektur die Möglichkeiten und Restriktionen der IT-Landschaft auf, welche wiederum die Businessarchitektur anhand dieser realen Gegebenheiten zu erarbeiten bzw. abzustimmen hat. D. h., die Anwendungsarchitektur beeinflusst auch die Businessarchitektur, indem sie dem Strategieprozess bzw. der Unternehmensarchitektur den funktionalen Rahmen vorgibt, in dem diese ihre fachlichen Daten- und Prozessmodelle detailliert auszuarbeiten hat.

Die Anwendungsarchitektur und Plattformarchitektur machen sich gegenseitig Vorgaben. Die Liste der zulässigen Plattformen beeinflusst die Gestaltung der Anwendungsarchitektur. Eine solche Liste ist normalerweise nicht völlig starr: Falls z. B. eine wichtige neue Anwendung die Verwendung einer bestimmten Middleware nahelegt, kann dies ein Grund sein, diese Middleware in den Katalog der zulässigen Plattformen aufzunehmen und allgemein zur Verwendung freizugeben. Deshalb gibt es in Abbildung 28 Pfeile zwischen den beiden Architekturen in beide Richtungen.

Die zulässigen Plattformen stellen auch Vorgaben an die Softwarearchitektur dar: Wenn ein javabasierter Application-Server beschafft wird, muss die Softwarearchitektur sich darauf einstellen und Best Practices für die serverseitige Java-Programmierung zur Verfügung stellen. Vorhaben üben einen gewissen Druck zur Einführung neuer IT-Betriebsmittel und Technologien aus. Die Softwarearchitektur nimmt diesen Druck auf und formuliert entsprechende Anforderungen an die Plattformarchitektur.

Die Anwendungsarchitektur gibt der Softwarearchitektur die Komponentengrenzen in Form von Anwendungen und die damit verbundenen fachlichen Datenmodellen vor. Die Softwarearchitektur liefert wiederum der Anwendungsarchitektur Best Practices für die Modularisierung der Anwendungslandschaft.

Bei der Weiterentwicklung eines einzelnen IT-Systems stellen sich ähnliche Fragen wie bei der Gestaltung der gesamten IT-Landschaft. Es geht ebenfalls um

Informationen, Plattformen, Methoden sowie die Strukturierung des Systems. Ein wesentlicher Unterschied besteht darin, dass die IT-Landschaft quasi »ewig« lebt, d. h., sie wird immer nur inkrementell verändert, nie komplett abgelöst, wie dies bei kleineren Systemen noch möglich ist.

> Das 4Views-Architekturmodell funktioniert als Denkmodell sowohl für das Zusammenspiel aller Komponenten einer IT-Landschaft als auch für die architektonischen Aspekte eines einzelnen Vorhabens. Einzig die zu beantwortenden Fragestellungen sowie die Art und Dichte der Architekturvorgaben verändern sich.

4.4 Übersicht über die Architekturergebnisse

Unter Architekturergebnisse verstehen wir u. a. Blueprints, sogenannte Gestaltungs- bzw. Bebauungspläne zur IT-Landschaft (Soll-Modelle), normierende Dokumente (Vorgaben), Guidelines (Leitfäden), Analyse- und Übersichtsdokumente zur bestehenden IT-Landschaft sowie IT-Marktanalysen. Auch das Initiieren von Maßnahmen und Treffen von Entscheidungen zur Bewahrung oder Verbesserung der Lösungsqualität verstehen wir als Architekturergebnisse.

Ein- und dasselbe Architekturergebnis kann auf verschiedenen Abstraktionsebenen (Detaillierungsausprägungen) erarbeitet werden. Bei der Abstraktion geht es um das Herausschälen von wichtigen Aspekten eines Sachverhalts zwecks Erkenntnisgewinnung oder Verifikation von Annahmen, indem unwichtige Aspekte weggelassen werden. Es werden Sachverhalte auf bestimmte Zusammenhänge verdichtet. Welche Abstraktionsebene sinnvoll und notwendig ist, hängt von der Situation ab. Wir beschäftigen uns im Kapitel 12.2 »Vom Entwickler zum Projektarchitekten« damit, welche Fähigkeit für das Abstrahieren von Sachverhalten notwendig ist und welche Herausforderungen damit verbunden sind. Zwei wichtige Abstraktionen sind die Ist- und Soll-Perspektiven. In welchem Maße beide Perspektiven zu Architekturergebnissen verarbeitet und diese dann gepflegt werden, hängt vom Einsatzzweck der IT-Architektur ab (Kapitel 7 »Die Funktion der IT-Architektur in einem Unternehmen«).

Architekturergebnisse sind oft voneinander abhängig (z. B. die Festlegung der Entwicklungsplattform von der Festlegung der Betriebsplattform) und besitzen unterschiedliche Tragweiten. Die Tragweite eines Ergebnisses bzw. einer Entscheidung ist bestimmt durch ihren Ressourcenbedarf und die Konsequenzen, welche sie verursacht. Architekturergebnisse, welche die Ausgestaltung der IT-Ressourcen in Form von Grundsatzentscheidungen betreffen, weisen eine wesentlich größere Tragweite auf als Architekturergebnisse, welche Vorgaben in Detailfragen machen. Eine Grundsatzentscheidung ist z. B. die Bestimmung des Technologieeinsatzes, wie beispielsweise die Festlegung der Entwicklungs- und Betriebsplattformen. Solche Grundsatzentscheidungen sind Leitplanken für die Ausarbeitung von weiteren detaillierten Architekturergebnissen. Wird eine solche Grundsatzentscheidung geändert, hat dies weitreichende Konsequenzen.

Eine größere oder geringere Tragweite ist nicht gleichbedeutend mit der damit verbundenen Aufgabenkomplexität. D. h., Architekturarbeiten mit größerer Tragweite müssen nicht per se komplexer sein als Arbeiten mit geringerer Tragweite. Sie sind jedoch meist schwerer überprüfbar.

Die IT-Landschaft ist als ein übergreifendes IT-Architekturergebnis zu verstehen.

> Die IT-Landschaft stellt die *physische Ergebnismanifestation* der Ist-Architektur, die architekturkompatiblen Teile der IT-Landschaft diejenigen der Soll-Architektur dar.
>
> Die Ist-Architektur besteht aus der IT-Landschaft selbst und den auf sie bezogenen Architekturergebnissen (Dokumentationen, Analysen usw.). Die Soll-Architektur besteht aus den architekturkompatiblen Teilen der IT-Landschaft und den auf sie bezogenen Architekturergebnissen (Soll-Modelle, Architekturvorgaben, Architekturplanung usw.).

Die IT-Landschaft wird mithilfe der nachfolgend aufgeführten Architekturergebnisse im Rahmen von Vorhaben gestaltet. Die Übersicht zu den Architekturergebnissen ist nicht abschließend. Sie soll eine grobe Vorstellung vermitteln, was in den einzelnen Teilarchitekturen sowie teilarchitekturübergreifend erarbeitet werden kann und sollte.

4.4.1 Ergebnisse der Anwendungsarchitektur

Die Anwendungsarchitektur liefert folgende Ergebnisse:

- Dokumentation der Analyse der aktuellen Aufteilung der Ist-Anwendungslandschaft (Bestimmung des Handlungsbedarfs)
- Dokumentation der Überlegungen zur Aufteilung der Ist- und Soll-Anwendungslandschaft
- Ist- und Soll-Anwendungslandschaft dargestellt in verschiedenen Dimensionen:
    - Zuordnung der Anwendungen zu Prozessen und weiteren fachlich relevanten Dimensionen (häufig Produktfamilien oder Vertriebskanäle)

    Im unten stehenden Beispiel (Abbildung 29) sind z. B. Überlappungen von Anwendungen ein Indiz dafür, dass für eine ähnliche Funktionalität eine unterschiedliche applikatorische Unterstützung geboten wird oder Spezialfälle durch andere Anwendungen unterstützt werden. Des Weiteren ist die unterschiedliche Funktionalitätsabdeckung (Prozessabdeckung) von ähnlich positionierten Anwendungen ersichtlich (Anwendungen 3 und 4).

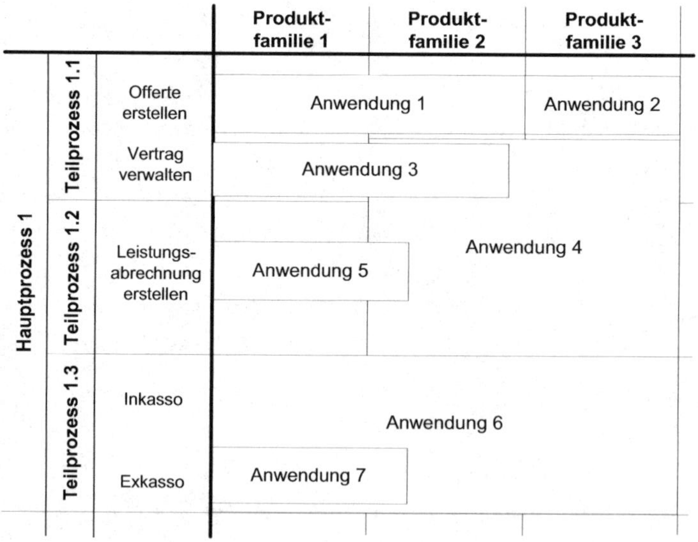

Abbildung 29 – Beispiel einer Anwendungslandschaft, aufgegliedert nach ihrer Prozessunterstützung für die jeweilige Produktfamilie

- Zuordnung der Anwendungen zu Plattformen
- Zuordnung der Anwendungen zu Datenmodellen
- Schnittstellendiagramm der Anwendungslandschaft (z. B. in Form eines UML-Komponentendiagramms, Abbildung 30)

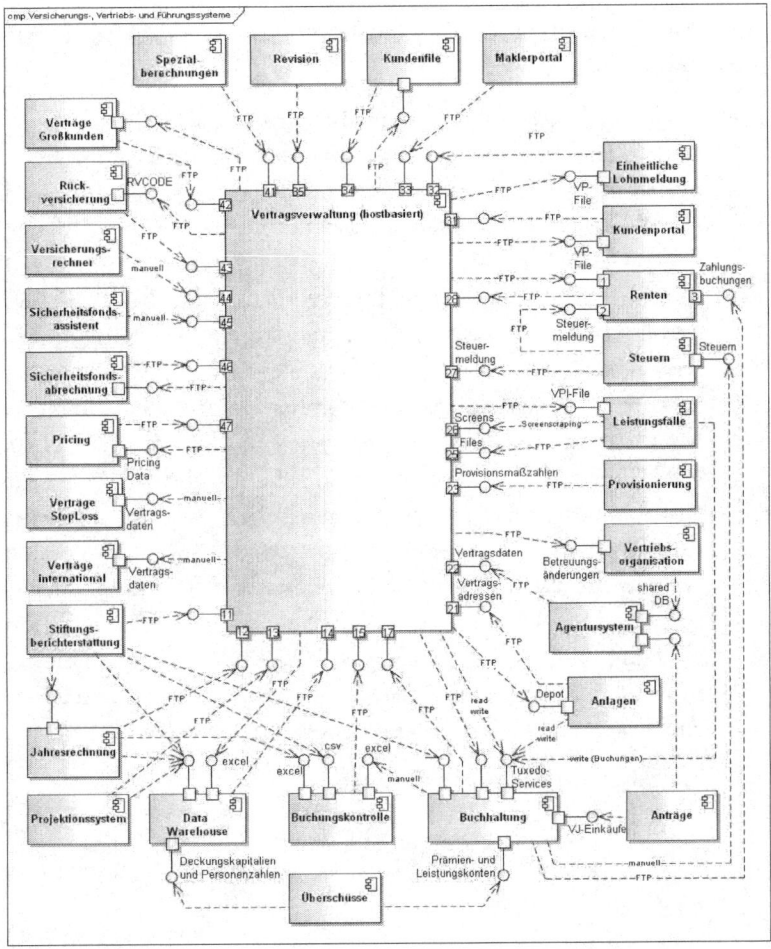

Abbildung 30 – Beispiel eines Schnittstellendiagramms einer host-/mainframebasierten Anwendungslandschaft (Quelle: H. Nägeli)

- Kurzbeschreibung der einzelnen Anwendung (Einsatzzweck) inkl. Referenzierung der Anwendungsdokumentation (Beschreibung der Anforderungen, des Designs, Betriebskonzept, Nutzer- und Installationsanleitung usw.)

- Qualitative und quantitative Aussagen, wie z. B. die wirtschaftliche Bedeutung der Anwendung, Legal References, Service Level (Verfügbarkeit usw.), Anzahl Benutzer, Anzahl Change Requests und Problem Reports pro Jahr, LOC (Lines of Codes) usw.

- Um die oben erwähnten Aufgaben (Kurzbeschreibung sowie qualitative und quantitative Aussagen zu einer Anwendung) effizient und korrekt vornehmen zu können, müssen zuerst die konzeptionellen Vorarbeiten in Form von entsprechenden Klassifizierungsmodellen zu den Anwendungen, inkl. der Kriterien zur Domänenzuordnung (siehe Kapitel 4.5 »Domäneneinfluss auf die Architekturergebnisse«), erarbeitet werden. Dabei ist darauf zu achten, wie diese Informationen in der Praxis einfach bestimmt werden können. Deren Erfassung ist in den operativen Prozessen zu verankern. Jede Aussage zu einer Anwendung, welche sich nicht aus den operativen Prozessen ergibt, ist meistens praxisuntauglich bzgl. des zu betreibenden Aufwands, der Akzeptanz und schlussendlich der Aussagekonsistenz (Informationen werden nicht gepflegt bzw. sie sind nicht aktuell). Dies bedeutet, dass die Pflege der Informationen Bestandteil der operativen Prozesse sein muss. Dies wird unter anderem auch dadurch erreicht, dass eine Abnahme von Ergebnissen die Bereitstellung dieser Informationen voraussetzt. Ein *IT-Architektur-Repository*, welches diese Informationen verwaltet, muss für die operativen Prozesse nicht nur eine Datensenke, sondern auch eine Datenquelle darstellen und einen Nutzen liefern.

- Vornahme von Standardisierungen

    - Eine standardisierte Terminologie erleichtert die Kommunikation innerhalb der Firma. Ein standardisiertes Dokumentationswerkzeug kann dies unterstützen.

    - Durch Standardschnittstellen für Services, welche von mehreren Anwendungen benutzt werden, kann die Anzahl der Schnittstellen verkleinert, die Komplexität der Anwendungslandschaft reduziert und die Flexibilität für Anpassungen erhöht werden. Solche Schnittstellen können selbst entwickelt sein und damit interne Standards darstellen. Oder es sind

- externe Standards, von erfolgreichen Marktteilnehmern oder Normierungsgremien entwickelt. In diesem Fall kann die Wahl einer Standardschnittstelle ein ganzes wirtschaftliches Ökosystem zugänglich machen mit kompatiblen Produkten, erfahrenen Dienstleistern usw. Die Schnittstellen können generische technische Mechanismen anbieten, z. B. die Schnittstelle des Amazon S3 Storage Service, oder stärker domänenspezifisch sein, z. B. die Schnittstelle für ein Adressverwaltungssystem.

- Erfahrungsgemäß können Entwickler keine korrekten und kompatiblen Anwendungen realisieren, wenn sie lediglich über abstrakte Schnittstellenspezifikationen in einem Standardbeschreibungsdokument verfügen. Bei der Qualität der meisten Spezifikationen ist dies auch kein Wunder. Libraries können die Benutzung oder Bedienung von Standardschnittstellen stark erleichtern und damit ihre Akzeptanz erhöhen sowie Entwicklungsaufwand und Integrationsprobleme reduzieren.[48]

- Mit einer Standardschnittstelle wird meistens auch ein konkreter Service festgelegt. So möchte man i. d. R. vermeiden, dass es mehrere Adressverwaltungssysteme in einem Unternehmen gibt. Dass es in einem Unternehmen mehrere Implementierungen der gleichen Schnittstelle gibt, ist eher selten, typischerweise am ehesten dann, wenn damit keine Datenbanken angesprochen werden, sondern gleichartige Ressourcen, z. B. Drucker. Die Entscheidung, dass ein solcher Service erstellt werden soll, ist eine anwendungsarchitektonische Entscheidung. Die Entscheidung, wie der Service zu implementieren ist, ist eine softwarearchitektonische Entscheidung.

- Mit »Standardsoftware« kauft man sich meistens auch eine Reihe von Standardschnittstellen ein und damit eine Architektur. Die meisten komplexen Geschäftsanwendungen, von Microsoft Office bis zu SAP R/3, bieten verschiedenste eigene Schnittstellen an. Damit können entweder andere Systeme integriert (Integrationsschnittstellen, z. B. für Datenimport und -export) oder die eigene Funktionalität erweitert werden (Plug-in-Schnittstellen). So gesehen sind komplexe Anwendungen eigentliche Plattformen, auf die eigener Code aufgesetzt werden kann.

---

48 Die Gefahr dabei ist allerdings, dass Entwickler – und leider auch Architekten – am Ende zu wenig Verständnis haben, was »hinter den Kulissen« eigentlich abläuft. So haben wir schon Architekten angetroffen, die eine beinahe mythische Vorstellung davon haben, was eine HTTP Message und ein TCP/IP Port eigentlich sind.

- Programme wie SAP R/3 bieten auch umfangreiche Konfigurationsmöglichkeiten, von Unmengen an verstellbaren Parametern bis hin zu Skriptsprachen, wobei ein Skript als eine spezielle Art von Plug-in im oben erwähnten Sinne betrachtet werden kann. Wenn man diese Konfigurationsmöglichkeiten stark nutzt, kann man die IT-Unterstützung der Firma durch dieses System u. U. stark verbessern (z. B. mit einer »Helvetisierung« von R/3). Die Kosten dafür können jedoch enorm werden und die Wartbarkeit solcher »Non-Standard«-Standardsoftware kann fatal leiden. Es braucht deshalb Festlegungen, wie weit man gehen will.

4.4.2 Ergebnisse der Plattformarchitektur

Die Plattformarchitektur liefert folgende Ergebnisse:

- Dokumentation der Analyse der Ist-Plattformen (Bestimmung des Handlungsbedarfs)

- Dokumentation der Überlegungen, die zur Bildung der Ist- und Soll-Plattformen (Produktions-, Test- und Entwicklungsplattform) geführt haben

- Grafische Aufbereitung der Ist- und Soll-Plattformen (Zuordnung der wesentlichen IT-Betriebsmittel zu Plattformen)

- Kurzbeschreibung der einzelnen Plattformen inkl. der mit der Plattform angebotenen Service Levels. Die Service Level definieren die qualitativen und quantitativen Leistungsversprechen der jeweiligen Plattform.

- Qualitative und quantitative Aussagen wie z. B. die wirtschaftliche Bedeutung der Plattform, Desasterszenarien usw.

- Netzwerk- und Sicherheitsarchitekturen (Aufbau des Netzwerkes, Klärung des Zugangs zum Extranet und Intranet, Aufbau entsprechender Sicherheitszonen wie DMZs[49] usw.)

- Vorgaben für das Configuration Management der IT-Betriebsmittel, welche der Verwaltung des IT-Betriebs unterstellt sind. Dabei handelt es sich um sämtliche eingekauften IT-Betriebsmittel sowie die von der IT-Ent-

---

49 Demilitarized Zone.

wicklung an den IT-Betrieb ausgelieferte Software (ausführbare Anwendungsprogramme).
- Verwaltung der Lizenzen der IT-Betriebsmittel
- Vornahme von Standardisierungen
  - Eine standardisierte Terminologie erleichtert die Kommunikation innerhalb der Firma. Ein standardisiertes Dokumentationswerkzeug kann dies unterstützen.
  - Es kann festgelegt werden, welche Produkte in neuen Projekten benutzt werden dürfen. Dabei kann z. B. das Ziel verfolgt werden, für jede Kategorie zwei verschiedene Produkte zuzulassen, damit man nicht zu stark von einzelnen Lieferanten abhängig wird. Oder man setzt strategisch auf einen Lieferanten, um Integrationsprobleme zu minimieren. Durch geschickte Wahl der Produkte kann man Kostenvorteile erreichen, von Lizenzkosten über Projektkosten bis zu Betriebs- und Wartungskosten. Zudem kann die Abhängigkeit von externem Know-how verringert werden, falls kein Zoo von exotischen Produkten eingesetzt wird. Produkte, die man gut kennt, wird man auch kompetenter einsetzen.
  - Typische Kategorien sind Betriebssysteme, Virtualisierungssoftware, Middleware, Datenbanksysteme, Büroanwendungen usw.

4.4.3 Ergebnisse der Softwarearchitektur

Die Softwarearchitektur liefert folgende Ergebnisse:
- Systemdesigns inklusive der logischen und physischen Datenmodelle
- Vorgaben bzgl. »Best Practices« und »Coding Conventions« sowie Checklisten
  - Namenskonventionen sind der Klassiker. Das Minimum an Festlegungen, einfach zu erstellen, störend, falls nicht eingehalten, ansonsten weniger relevant, als sie erscheinen. Oft beschränkt man sich auf die Namenskonventionen, da alles andere zwar nützlicher sein mag, aber eben auch viel anspruchsvoller ist.
  - Stuctured Architecture Analysis Method [Clements-Kazman-Klein] für Reviews der Änderungsfreundlichkeit von Systemen

- Design by Contract [Meyer] für robuste Schnittstellen und eine möglichst frühe Entdeckung von Programmfehlern
- Vorgehen und Hilfsmittel für Peer Reviews von Design oder Code
* Verwaltung von zu verwendenden Lösungsmustern
* Festlegung der Software-Engineering-Methode(n) inkl. der
    - Begriffsdefinition und Zusammenhänge von Anwendungsverbund, Anwendung, Library, Softwarekomponente, Programmkonstrukt, Build Element, Delivery Element usw.
    - Dokumentation von Software (z. B. Standardisierung des UML-Einsatzes im Unternehmen) sowie der Bereitstellung von Dokumentations-Templates. Falls für den Entwurf UML eingesetzt wird, empfehlen wir, ein geeignetes Customizing vorzunehmen.
* Vorgaben für das Configuration Management der selbst entwickelten IT-Betriebsmittel (Software) und Abbildung[50] der erwähnten Begriffe auf die Konzepte des Configuration Management

4.4.4 Übergreifende Architekturergebnisse

Folgende Architekturergebnisse sind übergreifend zu erarbeiten:

* Festlegung der notwendigen Hilfsmittel und Werkzeugunterstützung (Stichwort IT-Architektur-Repository)
* Unternehmensspezifisches Modell für die von der IT-Architektur zu erfassenden und verwaltenden Informationen (Grundlage für ein IT-Architektur-Repository)
* Entsprechende Festlegungen für allfällig separat zu verwaltende Architekturergebnisse wie für getroffene Architekturentscheidungen und gewählte Standards
* Festlegung, welche Art von Standards und welche Themenbereiche in einem Unternehmen durch die IT-Architektur zu bewilligen sind und welche nicht. Wir haben einige Beispiele für die Standardisierung im Rahmen der einzelnen Teilarchitekturen bereits in den vorangegangenen Kapiteln genannt.

---

50 So dass z. B. klar ist, wo der Source-Code einer bestimmten Softwarekomponente zu finden ist.

- Festlegung, welche Teilarchitekturergebnisse domänenspezifisch erarbeitet werden sollen (Kapitel 4.5 »Domäneneinfluss auf die Architekturergebnisse«)
- Festlegung der Periodizität, mit der Architekturergebnisse bzgl. ihrer Gültigkeit zu überprüfen sind. Diese Überprüfungsperiodizität ist mit der Periodizität anderer Prozesse, z. B. des Strategieprozesses, abzustimmen.
- Festlegung der Architekturplanung (Architekturprojektportfolio, Maßnahmenkatalog, Investitionsplanung usw.)
- Festlegung des IT-Architekturprozesses (Kapitel 14 »Organisation der IT-Architektur«)

4.5 Domäneneinfluss auf die Architekturergebnisse

Konkrete Architekturentscheidungen und -maßnahmen sind unternehmens- und domänenspezifisch. Je nach Domäne gibt es Referenzmodelle oder dokumentierte Best-Practice-Beispiele hinsichtlich einer funktionalen Aufteilung der IT-Unterstützung für ein Unternehmen, welches in dieser Domäne tätig ist. Ein Beispiel dafür ist »Die Anwendungsarchitektur der deutschen Versicherungswirtschaft« [VAA].

> Die Businessarchitektur definiert, welche Domänen es im Unternehmen gibt. Die Informatik ist *auch* eine Domäne des Unternehmens.

Die von der Informatikorganisation benötigte IT-Unterstützung müsste wie bei den übrigen Domänen des Unternehmens architektonisch aufgearbeitet werden (Ist- und Soll-Anwendungslandschaft, Bestimmung des Handlungsbedarfs usw.). Man erkennt den Maler im Dorf am Haus, das am notwendigsten gestrichen werden sollte …

Das benötigte Know-how und die Skills bei der Domäne »Informatik« sind sehr technologieabhängig. Technologische Schwerpunkte ergeben sich in einem Unternehmen durch den Einsatz entsprechender IT-Betriebsmittel und Technologien. Die Verfeinerung der Domäne »Informatik« sind sogenannte Technologiedomänen. Sie bilden sich aus technologischen Schwerpunkten heraus mit dem Ziel einer optimalen Nutzung der Ressource IT-Personal.

Die Aufbauorganisation des Managementsystems orientiert sich an den festgelegten Domänen (Kapitel 3.3 »Gestaltung des Managementsystems«). Domänen haben somit einen Sponsor, d. h. den Leiter einer Organisationseinheit mit Budgetverantwortung. Eine Domäne kann z. B. Retail-Banking sein und wird repräsentiert durch die Geschäftseinheit »Retail-Banking«. Eine Technologiedomäne kann z. B. Middleware und Integrationstechniken sein, welches durch das Team »Competence Center Middleware« der Informatikorganisation verkörpert wird. Die IT-Architektur folgt dieser Domänenbildung.

> Eine von der Businessarchitektur losgelöste »IT-Architektur-Domänenbildung« wäre kaum praxistauglich, da kein eindeutiger Sponsor und somit Geldgeber bestimmt werden könnte.

Teile der Businessarchitektur sowie die Ergebnisse der Anwendungsarchitektur müssen in der Regel für jede einzelne Domäne einer Unternehmung erarbeitet werden. D. h., sie sind *nur für diese Domäne anwendbar* und somit *domänenspezifisch*. Der Klassiker ist die Ist- und Soll-Anwendungslandschaft pro Domäne, z. B. separat für Retail-Banking und Investment-Banking. Dasselbe gilt für die den Anwendungen zugeordneten fachlichen Datenmodellen.

Die Ergebnisse der Plattformarchitektur entstammen verschiedenen Technologiedomänen. Sie sind *technologiedomänenspezifisch*. Die Ergebnisse selbst werden derart konzipiert, dass sie *domänenunabhängig genutzt* werden können, da eine Plattform doch ein erhebliches Investitionsvolumen repräsentiert (sämtliche IT-Betriebsmittel und die darauf abgestimmten betrieblichen Prozesse mit entsprechend geschultem Personal). Das Gleiche gilt für die Softwarearchitektur. Ein durchschnittlicher Entwickler benötigt ein bis zwei Jahre, bis er auf einer (Entwicklungs-)Plattform seine volle Produktivität erreicht (Aufbau der Kenntnisse und Praxiserfahrungen zur eingesetzten Programmiersprache mit all ihren Bibliotheken und Besonderheiten, zu den Möglichkeiten und Restriktionen der Laufzeitumgebung, zur effizienten Bedienung und Nutzung der Entwicklungswerkzeuge usw.). Leider ist diese Erkenntnis den wenigsten IT-Managern wirklich bewusst.

Die Abbildung 31 illustriert die oben gemachten Aussagen.

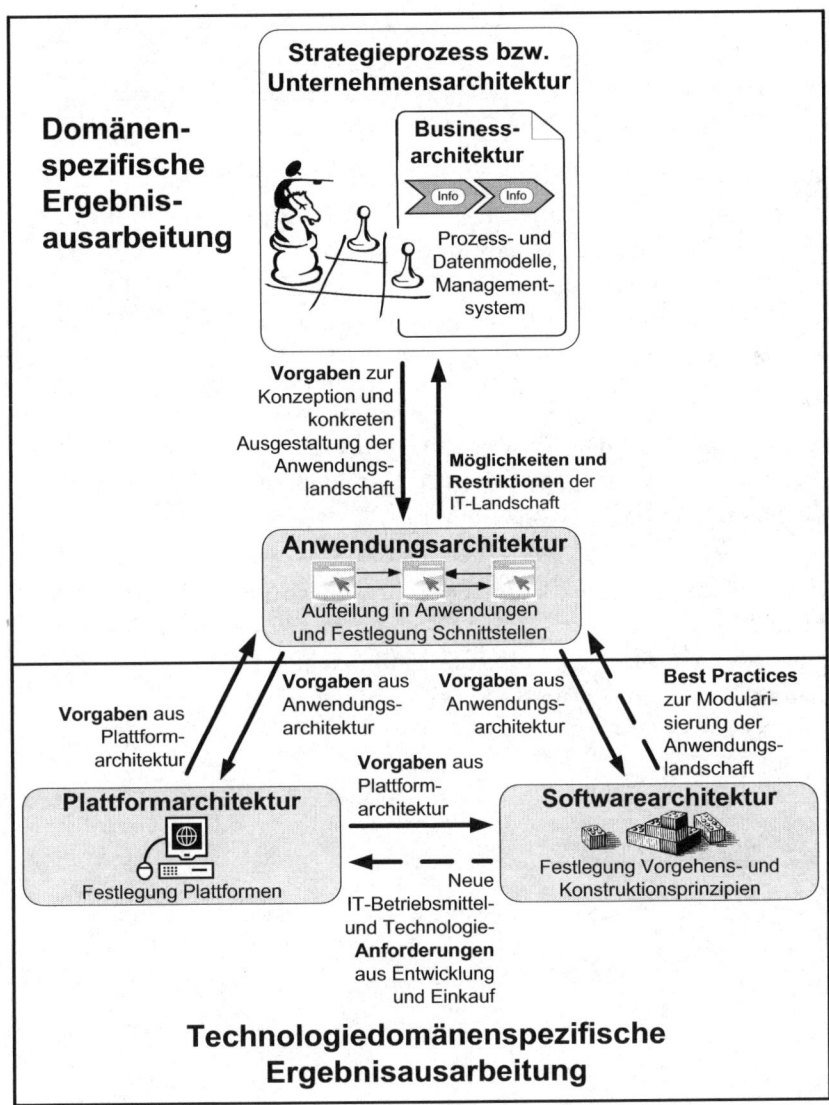

Abbildung 31 – Domäneneinfluss auf die Architekturergebnisse

4.6 Beeinflussung von Soll- und Ist-Architektur

Wir haben unsere Tour durch die drei Teilarchitekturen und durch das 4Views-Architekturmodell abgeschlossen. Jede dieser Architekturen hilft den Beteiligten, die Orientierung zu behalten, untereinander effektiv zu kommunizieren und direkt die Lösungsqualität der IT-Landschaft zu beeinflussen.

Jede Teilarchitektur wirkt auf ihre Weise auf die IT-Landschaft ein. Umgekehrt wirkt die existierende IT-Landschaft, direkt oder indirekt, auch auf die Teilarchitekturen ein. Wenn durch Beschaffung einer Software neue Fakten geschaffen werden, z. B. eine Anwendung oder ein Middleware-Produkt eingekauft wird, müssen die Anwendungsarchitektur und die Plattformarchitektur dies widerspiegeln, evtl. auch die Softwarearchitektur.

Existierende Anwendungen und Plattformen sind Fakten, die nicht von heute auf morgen und nicht ohne Kosten geändert werden können. Solche Kosten beschränken nun auch, wie weit sich eine Soll-Architektur realistischerweise von der Ist-Architektur entfernen kann.

> Wir haben damit eine gegenseitige Beeinflussung von Soll- und Ist-Architektur. Architekten bewegen die Ist-Architektur bzw. die IT-Landschaft in Richtung einer gewünschten Soll-Architektur, während die Ist-Architektur den Rahmen der noch realisierbaren Wünsche bestimmt.

5 Die Änderungsdrücke auf die IT-Unterstützung

Auf die IT-Unterstützung und somit auf die IT-Landschaft wirken aus Unternehmenssicht äußere und innere Änderungsdrücke. In diesem Kapitel erörtern wir, was diese Änderungsdrücke bewirken, woher sie stammen, wie mit diesen Änderungsdrücken umgegangen wird, welche Rolle dabei die IT-Architektur übernimmt und wie Entscheidungen auf Basis dieser Änderungsdrücke gefällt werden.

5.1 Das Gute bleibt nicht einfach gut – die Entropie der IT-Architektur

Die Lösungsqualität einer IT-Landschaft ist nicht etwas, was erarbeitet werden kann und einfach so bleibt. Die Lösungsqualität und somit die IT-Architektur sind einer Art von Entropie – einem quantitativen Maß der Unordnung – unterworfen: Entropie nimmt im Laufe der Zeit zu. Es braucht Energie, um sie wieder zu reduzieren.

In einem Unternehmen werden laufend Fakten geschaffen, die die Lösungsqualität der IT-Landschaft potenziell verschlechtern. Solche die Lösungsqualität negativ beeinflussenden Fakten entstehen meist direkt im jeweiligen Vorhaben zugunsten eines höheren Businessnutzens (Kapitel 6.2 »Das Business beeinflusst die IT-Ressourcen«), aber auch indirekt, indem auf fachlicher Seite die *IT-Unterstützung anders als geplant oder vereinbart (abgenommen) genutzt* wird. Solche direkten Fakten zeigen sich z. B. in Form von Insellösungen zur schnellen Erschließung eines Marktes. Indirekte Fakten zeigen sich in Form von historisch gewachsenen, ineffizienten Geschäftsprozessen, z. B. wegen einer schleichenden Umnutzung existierender Systeme, die ursprünglich zur Abdeckung anderer Geschäftsbedürfnisse konzipiert wurden. Weitere Klassiker sind etablierte manuelle Arbeiten zur Korrektur unzulänglicher Systemergebnisse und »Aufträge« an andere Abteilungen, nur weil diese als Einzige den notwendigen Systemzugriff haben. Solche indirekten Fakten sind Folge einer mangelhaften Businessarchitektur oder Führung. Sie machen sich *sehr oft sehr spät* bemerkbar in Form von hochprioritären Anforderungen an die IT-Unterstützung. Da sie meist ohne Kenntnis der eigenen Informatikorganisation bzw. der IT-Architektur entstanden sind, ist die IT-Architektur auf diese Art von Änderungsdrücken schlecht vorbereitet und kann ihre Aufgabe nicht optimal erfüllen.

> Das freie – nicht mit Umsetzungsauflagen verbundene und unkontrollierte – Einwirken von Änderungsdrücken führt zwangsläufig zur Architekturdegeneration und somit zur Senkung der Lösungsqualität der IT-Landschaft.

Diese Behauptung – ohne weitere Beweisführung – basiert auf unseren Erfahrungen über viele Berufsjahre und -stationen. Ohne eine bewusst gelebte IT-Architektur werden für gleiche oder ähnliche Businessbedürfnisse

- überlappende IT-Lösungen geschaffen,
- eine Unzahl von Technologien eingeführt,
- das konstruktive Qualitätsmanagement im Systemdesign gemindert,
- die Komplexität – um die IT-Landschaft weiterentwickeln und betreiben zu können – massiv erhöht,
- ohne Handlungsdruck zwischen Technologien migriert usw.

Änderungsdrücke auf die Lösungsqualität der IT-Landschaft ergeben sich auch, wenn die Ideenträger der Ursprungsidee nachlassen oder weggehen oder wenn architektonische Restposten (eingegangene Kompromisse in der Bereitstellung) nicht entfernt werden.

Nach dem Weggang oder Nachlassen der Ideenträger der Ursprungsidee werden die implementierten Konzepte – meist aus falschem Verständnis heraus – missbraucht. Die bereitgestellte Lösung wird derart umgebogen, dass sie plötzlich für einen anderen Zweck als gedacht verwendet wird.

Oft werden die architektonischen Restposten aus Prioritätsgründen gegenüber neuen Anforderungen nicht wie geplant entfernt (siehe auch Kapitel 6.4 »Architekturinvestitionen – eher ad hoc als geplant«). Die architektonischen Restposten nehmen gar zu. Bevor z. B. existierende Security-Probleme gelöst sind, schleichen durch die Hintertüre Smartphones oder USB-Sticks herein und werfen neue Security-Probleme auf. Aus Sicht des Business sieht die Sache natürlich anders aus: Die Informatik wehrt sich gegen alle Neuerungen und ist nicht in der Lage, die so sehnlich erwünschten mobilen Geräte einzubinden.

5.2 Die Voraussage zukünftiger Änderungen

Der Mensch wird bei seinen Vorhersagen primär immer von seinem Wissen und seinen gemachten Erfahrungen geleitet und versucht so, eine Zukunftsvorstellung der Änderungsdrücke zu kreieren. Der sinnvollere und interessantere Ansatz ist die Formulierung von Änderungsdrücken aufgrund seines Nichtwissens. Wo man nichts weiß, sollte man sich Flexibilität für sein Handeln bewahren.[51]

Nichtwissen kann damit allerdings unbezahlbar teuer werden, denn Flexibilität hat immer einen Preis. Besonders bei den Anforderungen muss man nachdrücklich gegen billige Ausflüchte angehen: »Ich weiß nicht recht, was wir wirklich brauchen, also macht die Software doch parametrisierbar, damit alle Varianten gehen«, oder: »Ich sehe zwar nicht, wieso hier ein redundanter Server nötig sein sollte, aber seht doch sicherheitshalber mal einen vor; natürlich mit automatischer Umschaltung auf den zweiten Server, falls was passiert.«

Man wird nie alles Nichtwissen, alle Unsicherheit und alle Ängste eliminieren können, deshalb wird ein Architekt nie ganz darum herumkommen, aus seiner Erfahrung heraus Beurteilungen vorzunehmen (nach »Bauchgefühl«). Ist IT-Architektur deshalb eine Glückssache, der Architekt ein Spieler? In Bezug auf den Einbau von Flexibilität in eine IT-Landschaft ist das tatsächlich ein Stück weit der Fall! Immerhin, beim Bau von einzelnen Anwendungen innerhalb der Gesamtarchitektur geht es eher um solide Ingenieurskunst, was wenig mit Glück, hingegen viel mit Können und Handwerk zu tun hat.

Ein IT-Architekt muss sich einerseits überlegen, welche Aspekte der IT-Landschaft wahrscheinlich auch in den kommenden Jahren noch stabil sein werden, und andererseits, wo Flexibilität geschäftskritisch ist.

Letztlich muss er eine Analyse durchführen, welche Arten von Änderungen erwartet werden können und auf welche davon man sich vorbereiten will. Dazu muss man erst die Eintretenswahrscheinlichkeit eines Änderungswunsches und

---

51 Das lesenswerte Buch »Der schwarze Schwan« von Nassim Nicholas Taleb [Taleb] erörtert kritisch die Qualität von Voraussagen. »Die Logik des Misslingens – Handeln in komplexen Situationen« von Dietrich Dörner [Dörner] beschreibt die Handlungsmuster und -fehler in komplexen Situationen.

seine Kosten abschätzen. Dazu kann man knackige Behauptungen hören, wie z. B.: »Änderungswünsche kann man gar nicht abschätzen, alles ist Überraschung, also lassen wir es gleich.« Aber es gibt auch Gegenpositionen: »Weitreichende Überraschungen gibt es in der Praxis kaum je, fast alles ist absehbar.« Nehmen wir an, dass die Wahrheit irgendwo dazwischen liegt und eine grobe Abschätzung meistens möglich ist. Danach muss man bewusst entscheiden, in welche Änderungswünsche man aufgrund ihrer wirtschaftlichen Bedeutung vorinvestiert und in welche man das nicht tut (Kapitel 3.8.6 »Architekturnutzen versus Architekturkosten«).

Es ist ähnlich wie bei Versicherungen: Man kann Lebensversicherungen, Haftpflichtversicherungen, Krankenversicherungen, Fahrzeugversicherungen, Reiserücktrittsversicherungen und viele andere Versicherungen abschließen. Alle nur denkbaren Versicherungen mit maximalem Deckungsgrad abzuschließen ist kaum zu bezahlen, also muss man abschätzen, welcher Schadensfall wie wahrscheinlich ist, welche Kosten jeweils anfallen würden und wie teuer demgegenüber die Versicherungen sind.

Bei der IT-Landschaft ist es nicht anders, wenn man sie gegen Änderungsdrücke »versichern« will. Man muss auswählen, und es gibt nichts umsonst. Die Analyse und Bewertung von Änderungsdrücken ist ein Schlüssel zu ökonomisch sinnvollen Investitionen in die Flexibilität der IT-Landschaft:

Wenn man nichts investiert in absehbare Änderungen, so erhält man manchmal Systeme, die bereits vor ihrer Einführung obsolet sind und gar nicht erst eingeführt werden können.

Wenn man hingegen in alle nur denkbaren Änderungsmöglichkeiten investiert, so erhält man die ebenfalls zurecht gefürchteten »Eier legenden Wollmilchsäue«, übergeneralisierten Frameworks oder unnötigen »Metasysteme«. Hier muss man sich vor »Architekturastronauten« [Spolsky] in Acht nehmen, welche bei ihren Architekturen gerne die Bodenhaftung verlieren.

> Das Kennen und Voraussehen der Änderungsdrücke auf die IT-Landschaft stellt eine wesentliche Grundlage dar, um die IT-Unterstützung zu angemessenen Kosten und zeitgerecht erbringen zu können. Nur so kann eine Informatikorganisation wissen bzw. erahnen, wo sie investieren muss.

Das »Wo« bezieht sich einerseits auf die Auswahl der ihr zu Verfügung stehenden Ressourcen (IT-Personal, IT-Managementsystem und IT-Landschaft), andererseits auf deren Ausgestaltung. Auf die IT-Architektur bezogen, bedeutet eine Investition die Erhöhung der Lösungsqualität der IT-Landschaft.

> Die gute Interpretation von Änderungsdrücken und ihren Kosten hängt zentral von der Fachkompetenz der IT-Architekten ab.

Im Kapitel 12 »Vom Entwickler zum IT-Architekten« werden wir die Frage nach den Qualifikationen eines guten IT-Architekten wieder aufgreifen.

5.3 Änderungsdrücke auf das Unternehmen

Bevor wir auf die Änderungsdrücke auf die IT-Unterstützung eingehen können, führen wir uns in diesem Kapitel die Änderungsdrücke vor Augen, welche auf das Unternehmen als Ganzes wirken. Wir bestimmen dafür die auf das Unternehmen wirkenden »Märkte« bzw. die externen Anspruchsgruppen (Stakeholder), von denen schlussendlich die Änderungsdrücke ausgehen (Abbildung 32).[52]

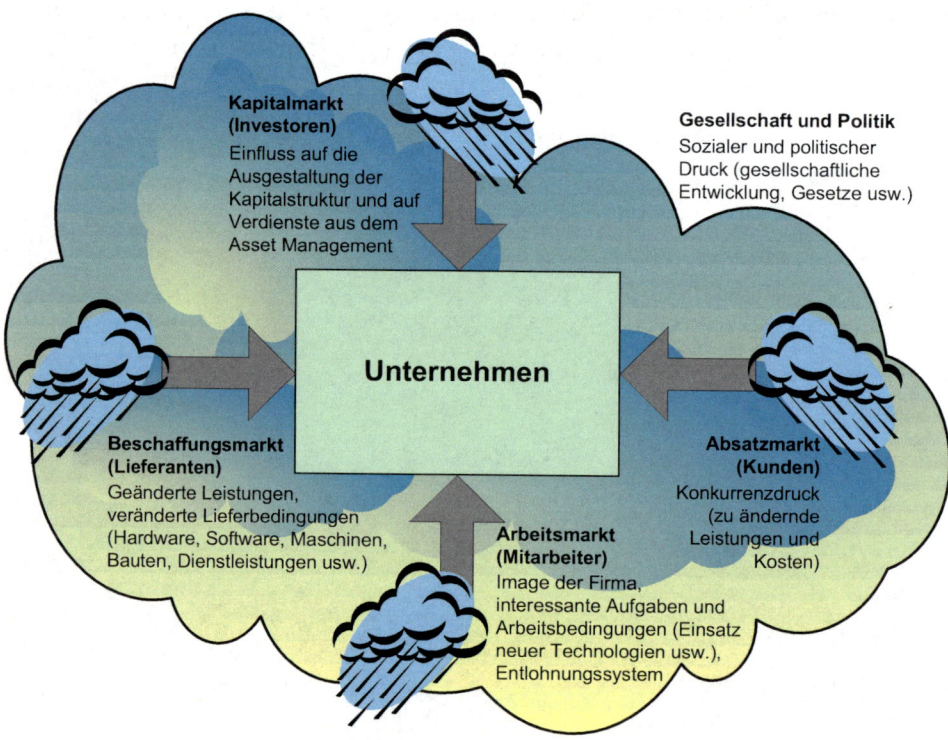

Abbildung 32 – Änderungsdrücke auf das Unternehmen

---

52 Das in der Abbildung 32 dargestellte Stakeholder-Modell beruht auf den Ideen des St. Galler Management-Modells.

Die Abbildung 32 zeigt die fünf Änderungsdrücke, welche auf das Unternehmen wirken:

- *Absatzmarkt*: Die Kunden des Unternehmens verlangen immer billigere, bessere oder gänzlich neue Leistungen. Die Konkurrenten zeigen, wie das geht.
- *Beschaffungsmarkt*: Die Lieferanten ermöglichen mit immer neuen Produkten eine bessere oder billigere Leistungserbringung. Oder sie erzwingen mit der Einstellung von Produkten eine teure Modernisierung der Infrastruktur ohne jeglichen Mehrnutzen für das Unternehmen.
- *Arbeitsmarkt*: Der Arbeitsmarkt versorgt das Unternehmen mit gut qualifizierten und erfahrenen Mitarbeitern, sofern das Unternehmen attraktiv ist. Die Attraktivität eines Unternehmens hängt stark von dessen Image, den gebotenen Aufgaben und dem wirtschaftlichen Erfolg ab. Zum Beispiel ermöglicht der wirtschaftliche Erfolg erst, dass eine gute Entlohnung geboten werden kann.
- *Kapitalmarkt*: Der Kapitalmarkt versorgt das Unternehmen mit Kapital, sofern das Unternehmen Markterfolg und eine angemessene Kapitalstruktur aufweist. Des Weiteren ist der Kapitalmarkt für viele größere Unternehmen eine weitere Einkommensquelle (Stichwort Asset Management).[53]
- *Gesellschaft und Politik*: Last but not least schaffen Gesellschaft und Politik veränderte Rahmenbedingungen, z. B. in Bezug auf die ökologischere Erbringung von Leistungen oder in Form von neuen gesetzlichen Rahmenbedingungen, wie zum Beispiel von neuen Steuern. Gesellschaft und Politik beeinflussen die zuvor erwähnten Märkte maßgeblich.

Für die meisten großen Unternehmen ist es von Bedeutung, mindestens in ihrem Kerngeschäft flexibel auf Änderungsdrücke reagieren zu können, d. h., mindestens

- die Arbeitsweise dort innerhalb von nützlicher Frist ändern zu können, wo sie müssen,
- qualitativ nicht schlechter zu sein als die Konkurrenz und
- nicht teurer zu sein als die Konkurrenz.

---

53 Zum Beispiel können Versicherungen die Renditen auf das Eigenkapital (ROE) nicht mehr mit dem Kerngeschäft, der Versicherungstechnik, realisieren, sondern nur noch indem mit den Assets entsprechend gearbeitet wird.

Das ist die »Pflicht«, um als Unternehmen überleben zu können. Die »Kür« besteht darin, dass ein Unternehmen nicht nur *reagiert*, sondern durch Erarbeitung und Umsetzung der eigenen Strategie die mittel- bis langfristigen[54] Änderungsdrücke aus den Märkten *proaktiv* vorwegzunehmen versucht.

5.4 Änderungsdrücke auf die Informatikorganisation

In welcher Form gelangen die Änderungsdrücke, welche auf ein Unternehmen wirken, an die Informatikorganisation bzw. wie wird die IT-Unterstützung davon beeinflusst? Zur Vereinfachung versuchen wir diese Frage nur für die IT-Landschaft zu beantworten und ignorieren allfällige Auswirkungen auf die Informatikdienstleistungen.

Die Änderungsdrücke gelangen wie folgt an die IT-Landschaft:

- *Absatzmarkt*: Der Änderungsdruck des Absatzmarktes gelangt zuerst an die Businessorganisation und erst *indirekt* an die Informatikorganisation. Der Änderungsdruck aus dem Absatzmarkt führt z. B. dazu, dass Raucher und Nichtraucher in einem Versicherungsprodukt tariflich unterschieden werden müssen. Der Tarifrechner, einige Kundendokumente, evtl. das Partnersystem sowie weitere Systeme müssten angepasst werden.

- *Beschaffungsmarkt*: Der Änderungsdruck, welcher die IT-Landschaft betrifft, gelangt *direkt* zur Informatikorganisation. Ein Beispiel eines solchen Änderungsdrucks ist die Beendigung der Supportunterstützung für ein in der IT-Landschaft eingesetztes Betriebssystem.

- *Arbeitsmarkt*: Der Arbeitsmarkt übt insofern auf die IT-Landschaft Druck aus, als dass potenzielle IT-Arbeitnehmer in einem technologisch interessanten Umfeld arbeiten wollen und die aktuell eingesetzten Technologien unter Umständen zu wenig attraktiv sind. Dies kann im Extremfall dazu führen, dass Systeme unnötigerweise auf eine andere Technologie migriert werden oder für ihre Wartung ein Outtasking[55] gemacht wird.

---

54 Zwei bis fünf Jahre.
55 *Outtasking* oder *Selective Outsourcing* definiert sich als Auslagerung einzelner Aufgaben an externe Dienstleister. Anders als beim Outsourcing behält das auftraggebende Unternehmen die Prozesskontrolle und die Prozessergebnisse (Assets).

- *Kapitalmarkt*: Der Änderungsdruck des Kapitalmarktes gelangt zuerst an die Businessorganisation. Eine Weitergabe des Änderungsdrucks an die Informatikorganisation könnte in wirtschaftlich schwierigen Zeiten in der Form erfolgen, dass das Informatikbudget gekürzt würde. Der Kapitalmarkt übt in dem Sinne wenig Einfluss auf die IT-Landschaft aus.

- *Gesellschaft und Politik*: Gesellschaft und Politik können im Falle von gesetzlichen Vorschriften einen *direkten* Einfluss auf die IT-Landschaft ausüben. Ein Beispiel für das direkte Einwirken sind gesetzliche Vorschriften, welche es zwar erlauben, dass ein Zutrittskontrollsystem von einem Brandmeldesystem abhängt. Umgekehrt ist hingegen jede Abhängigkeit des Brandmeldesystems von anderen Systemen verboten. Das ist eine direkte Randbedingung für eine Gebäudetechnikarchitektur.

Die Abbildung 33 illustriert die direkt (rote Pfeile) und indirekt (gestrichelt roter Pfeil) einwirkenden Änderungsdrücke auf die IT-Landschaft.

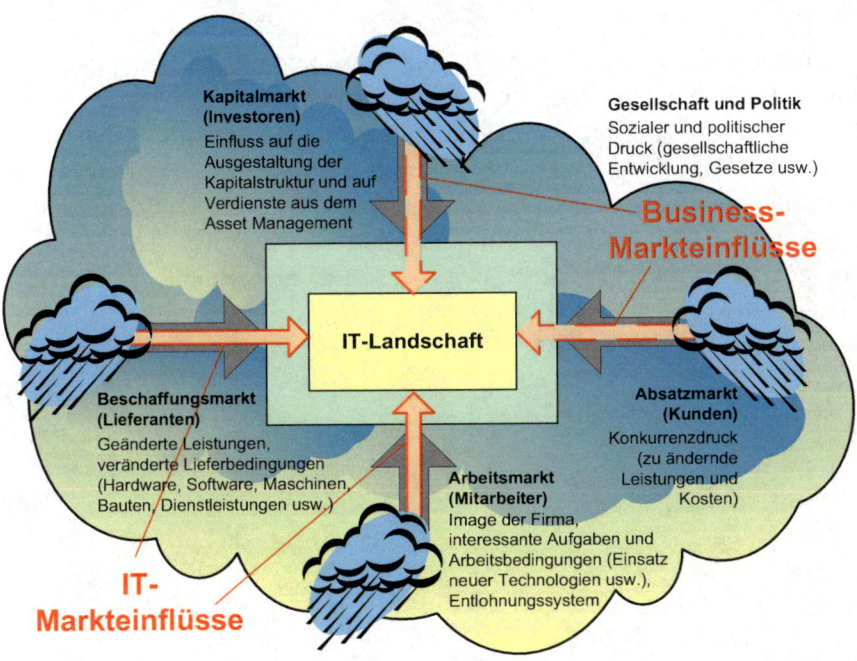

Abbildung 33 – Änderungsdrücke auf die Ressource IT-Landschaft

Zur Vereinfachung können die Änderungsdrücke auf die IT-Landschaft als mehrheitlich indirekt wirkende Business- und direkt wirkende IT-Markteinflüsse zusammengefasst werden (Abbildung 33).

> Die Geschäftsstrategie versucht die mittel- bis langfristigen Entwicklungen im Businessmarkt vorwegzunehmen, die Informatikstrategie diejenigen im IT-Markt. Diese Erkenntnisse fließen in die Strategie ein, welche die Gestaltungsziele für die IT-Unterstützung vorgibt.
>
> Die IT-Architektur erarbeitet Architekturvorgaben und Umsetzungsmaßnahmen für die Erfüllung dieser strategischen Gestaltungsziele. Die Architekturvorgaben und Umsetzungsmaßnahmen werden derart definiert, dass die Lösungsqualität der IT-Landschaft erhalten bleibt.
>
> Die operativen Änderungsdrücke sowohl aus dem Business- als auch aus dem IT-Markt versucht die IT-Architektur selbst, soweit möglich, zu antizipieren.

Abbildung 34 illustriert die Antizipation der operativen Änderungsdrücke durch die IT-Architektur. Die operativen Änderungsdrücke aus dem Businessmarkt werden primär durch die Anwendungsarchitektur antizipiert, diejenigen aus dem IT-Markt durch die Plattform- und Softwarearchitektur. Die Plattformarchitektur beobachtet den IT-Markt hinsichtlich neuer IT-Betriebsmittel (-versionen), die Softwarearchitektur fokussiert sich auf neue Technologien, insbesondere auf Entwicklungsmethoden und die damit verbundenen Entwicklungswerkzeuge.

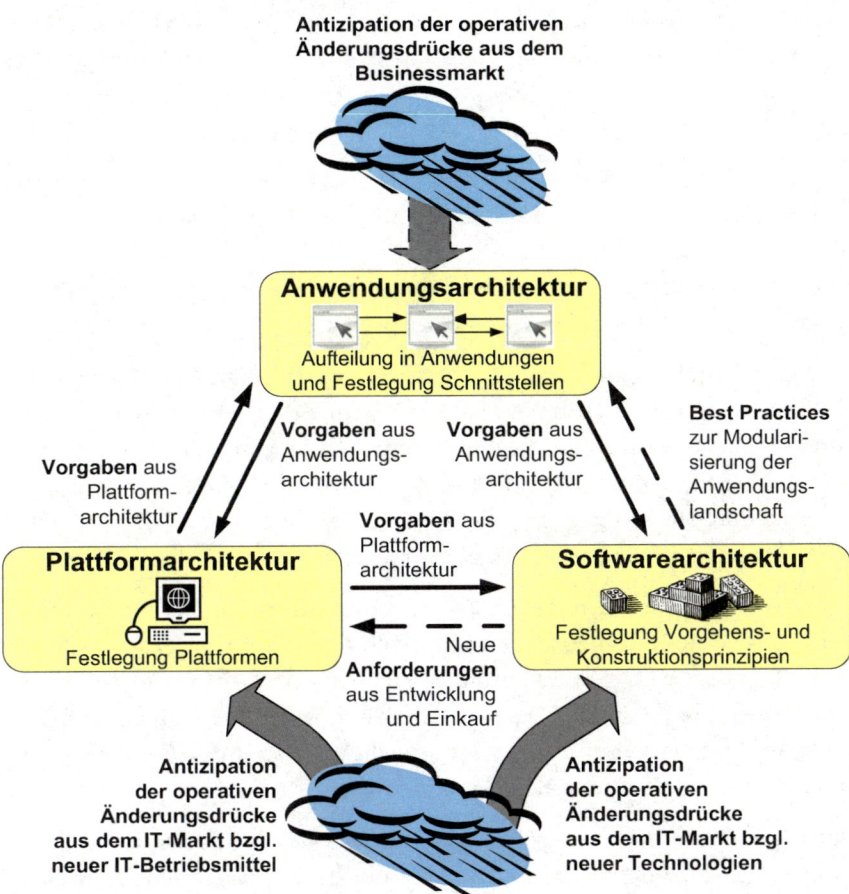

Abbildung 34 – Antizipation der operativen Änderungsdrücke aus den Märkten durch die IT-Architektur

Diejenigen Teile der Änderungsdrücke, welche nicht voraussagbar waren oder sich anders entwickelten, wirken nach wie vor auf die IT-Landschaft (dargestellt in Abbildung 33 durch die Pfeile, welche vom Business- und IT-Markt auf die IT-Landschaft zeigen).

> Die von der IT-Architektur antizipierten Änderungsdrücke aus dem Business- und IT-Markt werden durch *meist vorgängig getätigte* Architekturinvestitionen kostenmäßig gemindert oder es wird die Time-to-market-Fähigkeit bewahrt.

Bei diesen Architekturinvestitionen handelt es sich grundsätzlich um Risikoinvestitionen. Nur in sehr wenigen Fällen können die Änderungsdrücke exakt vorausbestimmt werden (z. B. wenn ein Softwarehersteller den Termin bekannt gibt, ab wann er für sein Produkt die Wartungsunterstützung einstellt).

In die Formulierung und die Detailausarbeitungen der Soll-Architektur[56] fließen solche antizipierten Änderungsdrücke ein. Die Umsetzung der Soll-Architekturvorgaben erfolgt im Rahmen der Vorhaben (Projekte, Wartungsaufträge usw.) sowie durch eigenständige Architekturprojekte.

Die aus den Änderungsdrücken resultierenden komplexen Veränderungsprozesse (Projekte, Wartungsaufträge usw.) in einem Unternehmen führen dazu, dass die IT-Landschaft sich ständig ändert. Wird die IT-Landschaft als physische Manifestation der Ist-Architektur betrachtet, so wird klar, dass sich sowohl die Ist- als auch die Soll-Architektur – welche die Veränderungen an der Ist-Architektur zu berücksichtigen hat – fortlaufend ändern.

Einerseits wirken die Änderungsdrücke aus dem Business- und IT-Markt direkt im Rahmen der einzelnen Vorhaben innerhalb des Unternehmens auf die IT-Landschaft, andererseits versuchen die Teilarchitekturen diese Änderungsdrücke, bezogen auf die gesamte IT-Landschaft, soweit wie möglich zu antizipieren. Beides verursacht Veränderungen in den jeweiligen Teilarchitekturen (Wechselwirkung zwischen der Ist- und Soll-Architektur).

Das Antizipieren von Änderungsdrücken eines Marktes durch eine Teilarchitektur ist nicht gleichbedeutend damit, dass nur bei dieser Teilarchitektur eine Veränderung eintritt. Die größte Schwierigkeit bei der Antizipation des IT-Marktes liegt darin, zu wissen, welche IT-Marktentwicklungen zukünftigen Anforderungen aus dem Businessmarkt von Nutzen sein könnten. Anforderungen werden häufig erst im konkreten Vorhaben transparent, was zu einem reaktiven Handeln führt und das Nutzenpotenzial des IT-Marktes nicht ausschöpft. Ein Beispiel solcher Nutzenpotenziale ist der Einsatz von Standardsoftware. Während der Anforderungserhebung bzw. Spezifikationsphase sind dem Business die technologischen Möglichkeiten aufzuzeigen, damit bessere Lösungen für seine Bedürfnisse gefunden werden können. Werden Supportprozesse modelliert, so stellt sich schnell die Frage, ob dies Sinn ergibt. In der Regel kann sich ein Unternehmen mit individuellen Supportprozessen (Rechnungswesen usw.) keine

---

56 Die Ausarbeitung einer Soll-Architektur stellt bereits eine Architekturinvestition dar.

Wettbewerbsvorteile erarbeiten. Hier drängt sich eine Standardsoftwarelösung auf. Eine Standardsoftwarelösung ist üblicherweise nur dann wirtschaftlich interessant, wenn die vom Produkt unterstützten Prozesse eins zu eins übernommen werden. Ansonsten hat man mit größeren Integrationskosten zu rechnen. Im worst case wird eine neue Plattform eingeführt, ohne die Vorteile dieser Plattform zu nutzen.

Es ist nur beschränkt möglich und eine Frage des Beurteilungskontextes und der Beurteilungsperiode (Kapitel 6.3.2 »Die Krux mit der Bewertung der IT-Unterstützung«), rückblickend bei eingetretenen und nicht vorhergesehenen Veränderungen die Ursachen herauszufinden. Der Nutzen dieser rückwärtsgewandten Analyse (Finden von Lessons Learned) ist ohnehin sehr beschränkt, da kaum die gleiche Marktkausalität und die gleichen Rahmenbedingungen nochmals auftreten werden. Der Erkenntnisgewinn liegt vorwiegend in der Analyse der gezeigten Auswirkungen und wie mit ihnen umgegangen worden ist.

> Die Bestimmung der architektonischen Veränderung kann meistens eindeutig erfolgen, die Festlegung der Marktkausalität gestaltet sich hingegen äußerst schwierig.

Das nachfolgende Beispiel illustriert diese Aussage:

> Eine neue Anforderung führt dazu, dass viel mehr Benutzer auf eine Applikation zugreifen. Das von dieser Applikation verwendete Datenbankprodukt hat ein Lizenzierungsmodell, welches für große Benutzerzahlen nicht skaliert bzw. sehr teuer wird. Die IT begibt sich »auf die Suche« nach einer günstigeren Alternative und wird in Form eines anderen Datenbankprodukts fündig, welches die gleiche Funktionalität und Betreibbarkeit bietet, dessen Migrationskosten (inkl. Softfacts wie Skills, Know-how usw.) vertretbar sind und dessen Risiken überschaubar sowie dessen zeitliche Bereitstellung gemäß den Businessvorstellungen erfolgen kann. Das Datenbankprodukt wird ausgetauscht. An der Plattformarchitektur wird somit eine Veränderung vorgenommen.
>
> Was ist nun aus architektonischer Sicht die Ursache bzw. der Treiber für diese Veränderung? Der Businessmarkt, welcher die Anforderung hervorgebracht hat, oder der IT-Markt, welcher ein Alternativprodukt bietet?
>
> Die Anforderung, dass mehr Benutzer auf diese Anwendung zugreifen werden, hätte zuvor von der Anwendungsarchitektur antizipiert

und den anderen Architekturen »mitgeteilt« werden müssen. D. h., die Anwendungsarchitektur hätte den Businessmarkt »richtig« antizipieren müssen. Die Anwendungsarchitektur hätte der Plattformarchitektur entsprechende Vorgaben gemacht. Aufgrund dieser Vorgaben hätte die Plattformarchitektur gezielter den IT-Markt untersuchen und die entsprechende Veränderung an der Plattformarchitektur einleiten können. Mit dieser Betrachtungsperspektive wäre der Businessmarkt der Treiber.

Falls das Alternativprodukt bereits bei den ursprünglichen Benutzerzahlen eine bessere Wirtschaftlichkeit geboten hätte, so hätte die Plattformarchitektur bereits selbst diese Veränderung an der Plattformarchitektur initiieren oder, falls das Alternativprodukt bereits vor der ersten Produktivsetzung der Anwendung auf dem IT-Markt verfügbar war, die »richtige« Architekturentscheidung fällen müssen. Aufgrund dieser Überlegungen könnte man argumentieren, dass der Treiber in diesem Fall der IT-Markt gewesen wäre, jedoch die Plattformarchitektur versagt hat.

Wie die einzelnen Teilarchitekturen die Änderungsdrücke aus den Märkten antizipieren (Formulierung der Soll-Architektur) bzw. mit der Konfrontation von Änderungsdrücken aus den einzelnen Vorhaben umgehen (Überprüfung der Soll-Architektur), *ist Teil der Aufgabe* eines *IT-Architekturmanagements* (Kapitel 14 »Organisation der IT-Architektur«).

5.5 Interpretation der Änderungsdrücke im Unternehmen

Die Änderungsdrücke der zuvor erörterten Märkte wirken auf das Management eines Unternehmens. Das Management beschließt aufgrund der Marktentwicklungen Änderungen an Produkten und Abläufen und nimmt eine strategische Gewichtung und Priorisierung vor. Diese Beschlüsse stellen dann die eigentlichen strategischen Vorgaben dar (Kapitel 3.2 »Von der Strategie zum Managementsystem«).

Soweit die Theorie. In jedem Unternehmen herrscht ein *firmeninterner Markt*. Dieser firmeninterne Markt trägt maßgeblich dazu bei, wie diese Änderungsdrücke aus den Märkten tatsächlich interpretiert und darauf basierend Entscheidungen getroffen werden (illustriert in Abbildung 35).

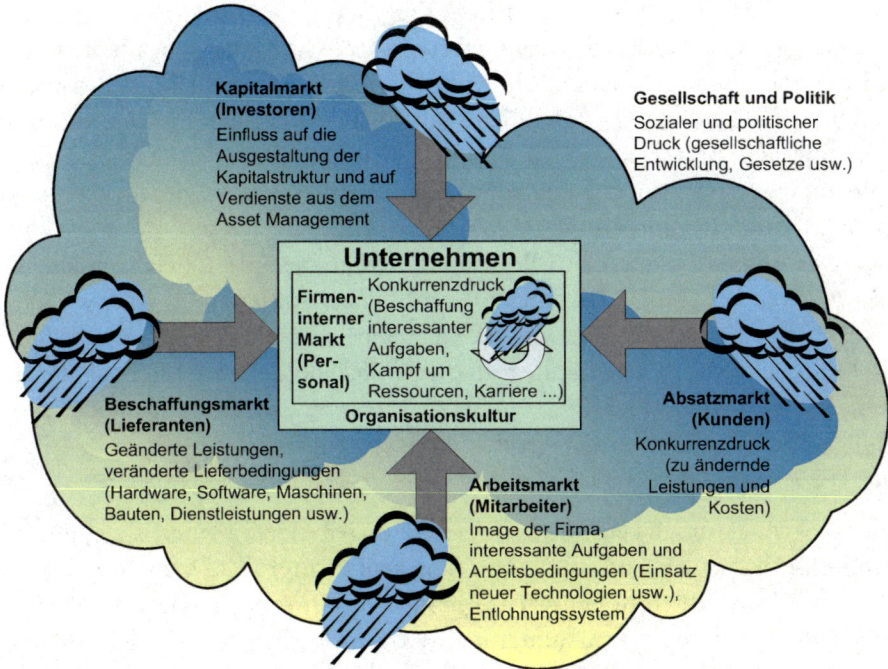

Abbildung 35 – Firmeninterner Markt interpretiert die Änderungsdrücke

Die IT-Architektur ist eine interdisziplinäre Aufgabe (Domänen-, Technik- und Methodenwissen). Sie ist eine schwierige Arbeit, tangiert viele Interessen[57] in einem Unternehmen und beansprucht komplexe Entscheidungsprozesse. Darum ist es für einen IT-Architekten essenziell zu verstehen, wie Entscheidungen zustande kommen und welche möglichen Interessen hinter Entscheidungen stehen. Dazu muss der IT-Architekt den firmeninternen Markt kennen. Er muss aber auch gute Menschenkenntnisse, politisches Geschick sowie Projekt- und Führungserfahrung aufweisen, damit er seine Architekturinteressen durchsetzen kann (Kapitel 12 »Vom Entwickler zum IT-Architekten«).

Hier könnte man einwenden, dass der oben geschilderte Sachverhalt für alle Führungsaufgaben, auch für Projektleitungsaufgaben, gilt. Wieso soll dieser Sachverhalt nun für IT-Architekten besonders hervorgehoben werden? Es gibt aus unserer Erfahrung wesentliche Unterschiede. Wir vergleichen hierzu die Situation eines Projektleiters mit derjenigen des IT-Architekten. Die Ziele, die inhaltliche Aufgabenstellung (Umfang, Scope) und das Budget eines Projekt-

---

57 Unter Interesse verstehen wir ein Ziel oder einen Vorteil, den eine Person anstrebt.

leiters sind klar *fremdbestimmt*. Er hat in der Regel einen *eindeutigen Sponsor* und weitere Stakeholder. Sein Umfeld ist relativ stabil wegen des befristeten Zeithorizonts seiner Arbeiten. Ein Linienmanager trifft eine ähnliche Situation an. Die Ziele und die inhaltliche Aufgabenstellung eines IT-Architekten sind hingegen *weitgehend selbstbestimmt*. Der IT-Architekt definiert sie, basierend auf den Gestaltungszielen der Strategie, mehr oder weniger selbstständig. Er muss seine *Sponsoren* und *Stakeholder suchen bzw. für seine Ideen gewinnen*. Das Budget ist wie beim Projektleiter fremdbestimmt. Sein Umfeld ist sehr *veränderlich* wegen des unbefristeten Zeithorizonts seiner Arbeiten. Der IT-Architekt ist *mit der gesamten Komplexität eines Unternehmens konfrontiert* und hat je nach Thematik wechselnde Stakeholder und Interessenlagen zu berücksichtigen, welche er mit den Architekturzielen in Einklang bringen muss. Die IT-Architektur bewegt sich im gesamten Raum des firmeninternen Marktes.

Die IT-Architektur setzt ein rationales und zeitlich mittel- bis langfristiges unternehmerisches Denken voraus, um Wirkung gemäß ihrer Zielsetzung erzielen zu können. Wir möchten in den nachfolgenden Ausführungen aufzeigen, dass je nach Interessenlage im firmeninternen Markt und abhängig von der Organisationskultur[58] die Rahmenbedingungen für diese Voraussetzung nur bedingt vorhanden sind und dass dadurch die Arbeit der IT-Architektur erschwert wird. Wir werden später erläutern, was wir unter dem firmeninternen Markt und der Organisationskultur genau verstehen.

Entscheidungen werden von Menschen getroffen. Ein wichtiger Gedanke dazu ist der, dass Entscheidungen, die eine Person selbst betreffen, häufig nicht rational gefällt werden: Je größer die persönliche Tragweite der Entscheidung ist, desto mehr ist sie eine »Bauchentscheidung«. Entscheidungen werden oft im Nachhinein rational erklärt. Entscheidungen, welche nicht die eigene Person betreffen, haben eine größere Wahrscheinlichkeit, dass sie rational gefällt werden.[59]

Um zu verstehen, wie Entscheidungen in einem Unternehmen getroffen werden, muss der IT-Architekt ein grobes Modell der an der Entscheidungsfindung maßgebend beteiligten Faktoren haben. Ein solches Modell muss auch die Motivation und das daraus resultierende Verhalten eines Menschen in einer Organisation berücksichtigen.

---

58 Auch als Unternehmenskultur bezeichnet.
59 Dies ist neurobiologisch erhärtet [Roth].

Hierzu entwickeln wir in zwei Schritten ein solches Modell, ohne dabei einen wissenschaftlichen Anspruch erheben zu wollen. Anhand dieses Modells erläutern wir unsere Erfahrungen, wie Entscheidungen in einem Unternehmen getroffen werden.

Das nachfolgende Modell (Abbildung 36) zeigt, wie Entscheidungen *formal* in einem Unternehmen getroffen werden.

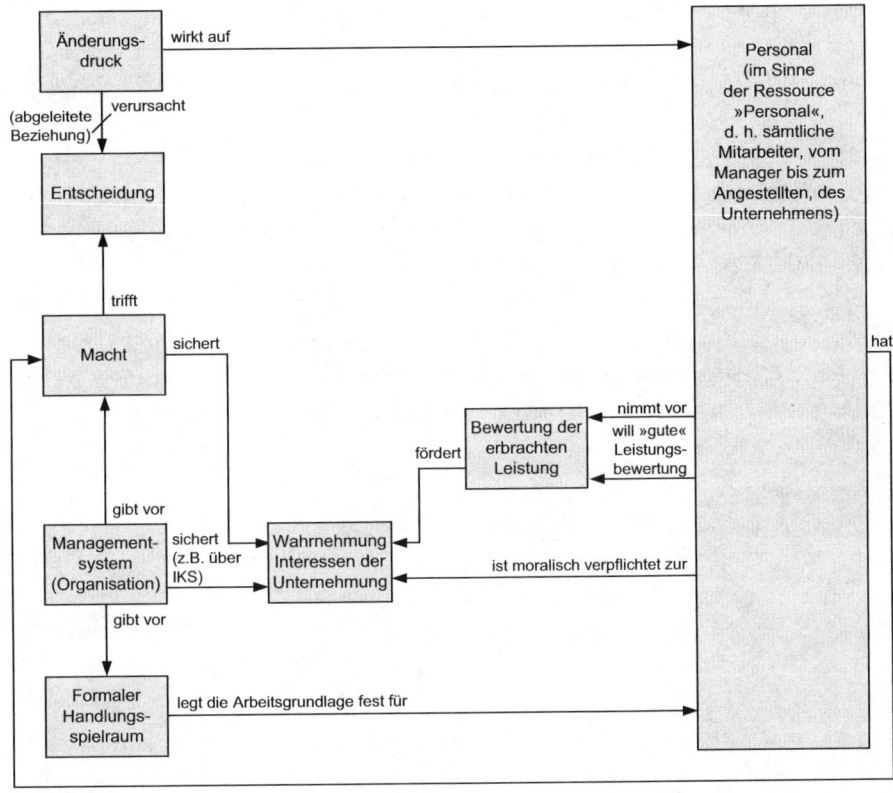

Legende:
Pfeilrichtung entspricht der Kontrollflussrichtung

Abbildung 36 – Modell, wie Entscheidungen in einem Unternehmen formal getroffen werden

Das Managementsystem gibt sowohl den formalen Handlungsspielraum als auch die formalen Machtverhältnisse vor. Zur Sicherung der Unternehmensinteressen werden Kontrollstrukturen im Managementsystem definiert (z. B. ein internes Kontrollsystem (IKS), siehe auch Kapitel 3.11.5 »Compliance, IT-Compliance«). Das Personal ist moralisch verpflichtet, seine Arbeitsleistung auf die Wahrung der Unternehmensinteressen auszurichten. Die vom Personal erarbeitete Leistung wird bewertet. Die Leistungsbewertung sollte im Einklang stehen mit den Unternehmensinteressen bzw. den sich dahinter verbergenden Unternehmenszielen. Die Änderungsdrücke wirken auf das Personal. Das Personal bzw. die Entscheidungsträger der Ressource Personal besitzen die Macht[60] und treffen infolge der Änderungsdrücke entsprechende Entscheidungen.

Dieses Modell ist noch nicht vollständig. Es trägt der Natur des Menschen, seine Eigeninteressen manchmal über diejenigen der Unternehmung zu stellen, noch keine Rechnung. Jedoch ist folgender Zusammenhang aus dem Modell ersichtlich:

> Änderungsdrücke führen nicht direkt Entscheidungen herbei, sondern Entscheidungen sind das Resultat einer Interpretation von Änderungsdrücken durch das Personal.

Ergänzen wir nun unser rudimentäres Modell aus Abbildung 36 mit den von uns gemachten Erfahrungen zur Motivation eines Menschen und zu seinem Verhalten in einer Organisation, erhalten wir folgendes Modell (Abbildung 37).

---

[60] Macht bezeichnet die Fähigkeit von Individuen und Gruppen, auf das Verhalten und Denken sozialer Gruppen oder Personen – in ihrem Sinn und Interesse – einzuwirken. Es handelt sich um einen grundlegenden sozialen Aspekt, welcher in praktisch allen Formen des menschlichen Zusammenlebens eine Rolle spielt. So führt das Sozialverhalten von Individuen in Gruppen und von Gruppen untereinander zum Entstehen von Sozialstrukturen, in denen sich unterschiedliche Machtpositionen herausbilden [Foucault].

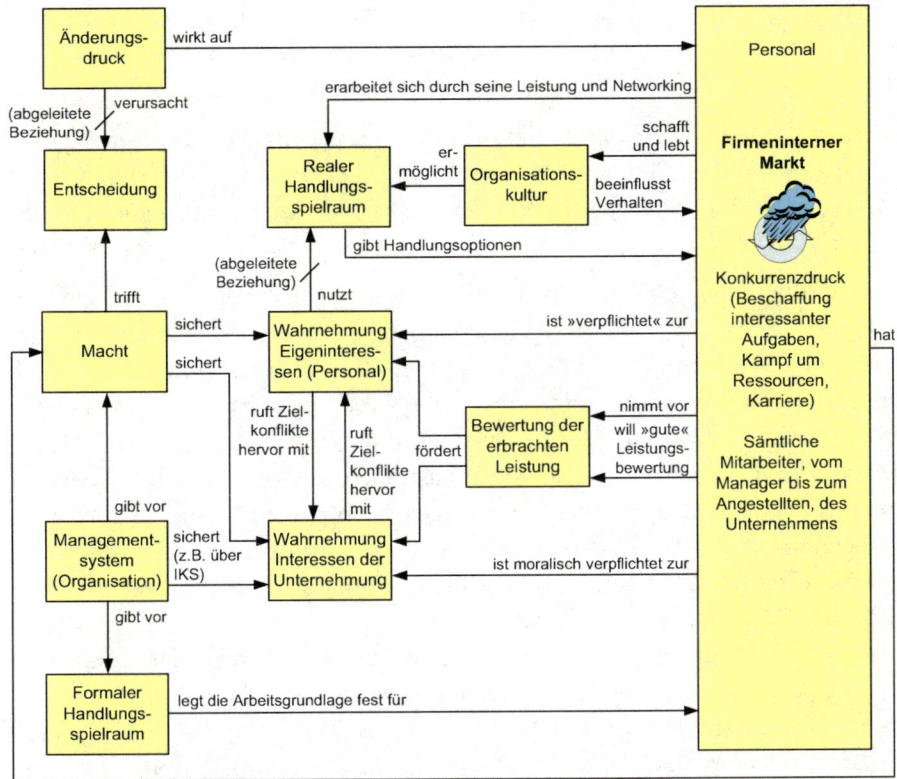

Abbildung 37 – Modell, wie Entscheidungen in einem Unternehmen real getroffen werden (4Views-Entscheidungsfindungsmodell)

In unserem Modell, wie Entscheidungen in einem Unternehmen *real* getroffen werden, führen wir folgende konzeptionelle Konstrukte neu ein: die Organisationskultur, den realen Handlungsspielraum und die Wahrnehmung der Eigeninteressen. Des Weiteren stellen wir im Kasten »Personal« den firmeninternen Markt dar.

Die Organisationskultur ist ein Begriff der Organisationstheorie und beschreibt die Entstehung, Entwicklung und den Einfluss kultureller Aspekte innerhalb von Organisationen. Die Organisationskultur wirkt auf alle Bereiche des Managements (Entscheidungsfindung, Beziehungen zu Kollegen, Kunden und Lieferanten, Kommunikation usw.). Jede Aktivität in einer Organisation ist durch ihre Kultur gefärbt und beeinflusst. Das Verständnis der Organisationskultur erlaubt es den Mitgliedern, ihre Ziele besser verwirklichen zu können, und den Außenstehenden, die Organisation besser zu verstehen [Schein]. Edgar H. Schein definiert Organisationskultur wie folgt (aus [Schein]):

»*A pattern of basic assumptions – invented, discovered, or developed by a given group as it learns to cope with its problems of external adaption and internal integration – that has worked well enough to be considered valid and, therefore, to be taught to new members as the correct way to perceive, think, and feel in relation to those problems.*«

Der reale Handlungsspielraum, den eine Person in einer Unternehmung hat, entspricht normalerweise nicht genau demjenigen, welcher sich aus den Festlegungen im Managementsystem ergibt. Der reale Handlungsspielraum ergibt sich daraus, wie ein Mitarbeiter seinen formalen Handlungsspielraum effektiv nutzt. Ein Mitarbeiter kann durch seine Leistung und sein Networking seinen Handlungsspielraum und somit seine Macht ausweiten (z. B. die Erreichung des Status eines Leistungsträgers oder einer sogenannten grauen Eminenz) oder auch zu einem bestimmten Grad verlieren. Die Organisationskultur schränkt ihn in der Nutzung seines Handlungsspielraums ein oder eröffnet ihm weitere Möglichkeiten. Die Organisationskultur bestimmt im Wesentlichen, wie das Managementsystem durch die Führungskräfte und Angestellten interpretiert, gelebt und durchgesetzt wird (Buzzwords wie Konsequenzenkultur, Fehlerkultur, Leistungskultur, Prozesskultur, usw.). D. h., die Organisationskultur ermöglicht einem Mitarbeiter zusammen mit seinem persönlichen Wirken, sprich seiner Leistung und seinem Networking, einen anderen – einen realen – Handlungsspielraum.

Es stellt sich nun die Frage, wie und für welche Interessenziele dieser reale Handlungsspielraum durch das Personal genutzt wird. Die Antwort ist einfach: Jeder Mensch verfolgt *seine eigenen* Interessen. Das Verfolgen von Eigeninteressen bedeutet aber nicht, dass dies zwangsläufig mit einer persönlichen Nutzenmaximierung einhergehen muss.[61] Was die Beweggründe für die Eigeninteressen sind, ist eine andere und höchst komplexe Frage. Dazu gibt es unzählige interessante Theorien und Modelle aus der Motivationstheorie bzw. Psychologie. Ein uns häufig begegneter und äußerlich spürbarer Beweggrund ist der, dass ein Mensch auf seine Art »wirken« will. Unser Menschenbild geht dahin, dass Anerkennung und Wertschätzung wesentliche Triebfedern eines Menschen sind.[62] Es gibt auch wirtschaftliche

---

61 Altruismus wird als Kosten verursachende Handlungen, die anderen Personen ökonomische Vorteile verschaffen, definiert [Fehr-Fischbacher].

62 Aus [Bauer]: »Kern aller menschlichen Motivation ist es, zwischenmenschliche Anerkennung, Wertschätzung, Zuwendung oder Zuneigung zu finden oder zu geben.«

Gründe zur Verfolgung von Eigeninteressen, wirtschaftlich bezogen auf Sicherung der Arbeitsstelle und Erhaltung der Marktfähigkeit. Eine auf Leistung bedachte Unternehmung fordert gar von ihren Mitarbeitern, dass sie ihre Marktfähigkeit bewahren.

> Ein Unternehmen selbst stellt einen Markt – wir bezeichnen ihn als *firmeninternen Markt* – für die Wahrnehmung von Eigeninteressen dar. Ein Unternehmen bietet interessante Aufgaben an, verbunden mit interessanter Entlohnung, Anerkennung und Status. Dieser firmeninterne Markt führt zu einem *Konkurrenzdruck* zwischen den Mitarbeitern einer Unternehmung.
>
> Für die Wahrnehmung von Eigeninteressen werden Ressourcen des Unternehmens benötigt. Die Ressourcen eines Unternehmens sind jedoch beschränkt. Dieser Konkurrenzdruck führt auch dazu, dass die Ressourcen meist hart umkämpft sind.

Es liegt in der Natur der Sache, dass es zwischen Eigen- und Unternehmensinteressen zu Zielkonflikten kommen kann.[63] Die Worklife Balance ist z. B. ein solcher Zielkonflikt sowohl innerhalb der Eigeninteressen als auch zwischen den Eigen- und Unternehmensinteressen.

Das Durchsetzen von Interessen und schlussendlich das Treffen von Entscheidungen, welche die entsprechende Interessenlage berücksichtigen, setzt Macht voraus. »Macht« ist als wertfrei zu betrachten. Die interessante Frage ist die, wofür »Macht« eingesetzt wird (für Eigennutz oder für die Stakeholder?).

> Das Unternehmen bzw. die Führungskräfte müssen sicherstellen, dass die Eigeninteressen, soweit möglich, mit den Unternehmensinteressen im Einklang stehen oder dass die Eigeninteressen nur über die Erfüllung der Unternehmensinteressen verfolgt werden können.

---

63 Als Vertiefung der Thematik ist die Prinzipal-Agent-Theorie (auch Agenturtheorie genannt) zu empfehlen [Jensen-Meckling]. Sie geht davon aus, dass die an einer Entscheidungsfindung beteiligten Menschen, Organisationen usw. in ihrer Entscheidungsfindung eingeschränkt sind, zum Beispiel durch asymmetrische Informationsverteilung. Den Beteiligten wird ferner Opportunismus unterstellt. Im Modell gibt es einen Auftraggeber (*Prinzipal*), der einen Auftragnehmer (*Agent*) mit einer Aufgabe betraut. Jeder Vertragspartner handelt annahmegemäß im eigenen Interesse. Da beide unterschiedliche Ziele verfolgen können, kann dies zu Konflikten führen.

Diese Führungsaufgabe der Interessenharmonisierung hat einen inhärenten Zielkonflikt. Die Führungskräfte besitzen selbst Eigeninteressen. Sie müssen im wahrsten Sinne des Wortes den »Advocatus Diaboli« spielen. Dieser inhärente Zielkonflikt verdeutlicht die Wichtigkeit des Vorhandenseins eines Managementsystems. Das Managementsystem muss die notwendigen Checks and Balances[64] vorsehen, damit die Eigeninteressen der Führungskräfte nicht den Interessen des Unternehmens zuwiderlaufen.

Ob eine Person die zur Durchsetzung ihrer Interessen notwendige Macht – im Sinne der offiziell zugeteilten Entscheidungsbefugnisse, welche durch ihre Position im Unternehmen gegeben sind – besitzt, ist eine ganz andere Frage. Macht äußert sich nicht nur in der hierarchischen Positionierung im Unternehmen. Es gibt viele Mitarbeiter im firmeninternen Markt, für die eine möglichst hohe hierarchische Positionierung im Unternehmen nicht erstrebenswert ist. So haben zum Beispiel die sogenannten »grauen Eminenzen« und Leistungsträger in einem Unternehmen indirekt Entscheidungsträgerstatus, unabhängig von ihrer hierarchischen Positionierung, aufgrund ihrer erworbenen Meriten oder ihres Expertenwissens. Wenn wir von Macht sprechen, meinen wir nicht nur die durch die Hierarchie formell gegebene Macht,[65] sondern die durch die Arbeit und das Wirken einer Person erworbene tatsächliche Macht.

> Aus diesen Überlegungen ergibt sich, dass das personifizierte Management, welches Entscheidungen trifft, in »reiner Form« nicht existiert. Entscheidungen sind das Resultat vieler impliziter und expliziter Entscheidungsfindungsprozesse mit sehr vielen Eigeninteressen, welche sich im firmeninternen Markt abspielen. Entscheidungen werden aufgrund von Machtkonstellationen getroffen.

Aus Sicht eines Unternehmens sollten sich Machtkonstellationen auf Basis von mit den Unternehmenszielen abgestimmten Eigeninteressen herausbilden, damit die »richtigen« Entscheidungen getroffen werden. Im aus Unternehmenssicht besten Fall hat sich im firmeninternen Markt eine Leistungskultur etabliert, welche gute Leistungen belohnt mittels Vergabe interessanter Aufgaben, guter Entlohnung und Übertragung von Verantwortung – einhergehend mit

---

64 Checks and Balances ist eine Bezeichnung für die gegenseitige Kontrolle (Checks) von Organisationseinheiten bzw. Führungsstufen zur Herstellung eines dem Erfolg des Ganzen förderlichen Systems partieller Gleichgewichte (Balances).
65 Diese Art von Macht ist jedoch am einfachsten zu nutzen.

der Position des Mitarbeiters in einem Unternehmen (Stichwort Karriere). Ein kybernetisches System also, welches sich selbst steuert und regelt sowie einen gewissen Konkurrenzdruck gewährleistet.

Dieser Konkurrenzdruck kann zu Reibungsverlusten führen (Profilierungs- und Positionskämpfe, Initiierung von Vorhaben, welche unternehmerisch nicht sinnvoll sind, usw.) – vor allem wenn die Werte in einem Unternehmen nicht stimmen. Dieser firmeninterne Markt wird unter anderem von der gesellschaftlichen Entwicklung (Wertewandel), der Organisationskultur und dem Managementsystem beeinflusst. Wie wir bereits erörtert haben, legt das Managementsystem fest, wie die Arbeitsleistung erbracht werden soll. Es stimuliert zugleich auch den Konkurrenzdruck, indem es entsprechende Anreizsysteme schafft (z. B. Einteilung in Lohn-/Funktionsklassen). Die Organisationskultur bestimmt, mit welchen Mitteln man diese Anreize – welche einen wesentlichen Bestandteil des firmeninternen Marktes darstellen – für sich nutzen kann. Ohne detaillierter auf die Organisationskultur und die damit verbundene Organisationstheorie einzugehen, ist aus unserer Erfahrung *Vertrauen*[66] ein wichtiges Schlüsselelement in einer Organisation – auch im Hinblick darauf, auf welchen Wegen Anreize in einem Unternehmen genutzt werden können. Wird in einem Unternehmen darauf vertraut, dass *professionell* gearbeitet wird? Vertraut die Führungskraft »dem System«, dass, wenn man Ergebnisse eines Schnittstellenpartners nutzt und diese fehlerhaft sind, der Schnittstellenpartner zur Rechenschaft gezogen wird und nicht er? Oder muss er umgekehrt sogenannte »Save your ass«-Strategien anwenden (z. B. extern vergebene Studien zur Rechtfertigung, detaillierte Protokollierung der Historie der Geschehnisse), damit Fehler anderer nicht ihm angelastet werden?

---

66 Unter Vertrauen wird die Annahme verstanden, dass Entwicklungen einen positiven oder erwarteten Verlauf nehmen. Ein wichtiges Merkmal ist dabei das Vorhandensein einer Handlungsalternative. Dies unterscheidet Vertrauen von Hoffnung. Vertrauen beschreibt auch die Erwartung an Bezugspersonen oder Organisationen, dass deren künftige Handlungen sich im Rahmen von gemeinsamen Werten, moralischen Vorstellungen und Interessen bewegen werden. Vertrauen wird durch Glaubwürdigkeit, Verlässlichkeit und Authentizität begründet, wirkt sich in der Gegenwart aus, ist aber auf künftige Ereignisse gerichtet. In der Soziologie wird häufig die Definition von Niklas Luhmann zitiert, wonach Vertrauen ein »Mechanismus zur Reduktion sozialer Komplexität« und zudem eine »riskante Vorleistung« sei. Dort, wo die rationale Abwägung von Informationen – aufgrund unüberschaubarer Komplexität, wegen Zeitmangels zur Auswertung oder des gänzlichen Fehlens von Informationen überhaupt – nicht möglich ist, befähige Vertrauen zu einer auf Intuition gestützten Entscheidung (Quelle: Wikipedia, März 2010).

> Ein gesundes Maß an Vertrauen ist die Voraussetzung, dass in einer Organisation wertschöpfend, sprich wirtschaftlich zielgerichtet, gearbeitet werden kann.[67]

Da in der heutigen komplexen und vernetzten Arbeitswelt jeder von jedem in irgendeiner Form abhängig ist, werden weiche Faktoren (Image, Beurteilung erfolgt durch »Hören und Sagen« bzw. durch das, was andere sagen) beim Fortkommen im firmeninternen Markt immer entscheidender. Zwar ist ein gutes Abschneiden in der regulären Leistungsbeurteilung[68] anhand der getroffenen Zielvereinbarungen Bedingung, jedoch können die weichen Faktoren für die wohlwollende Berücksichtigung bei der Besetzung von neuen Positionen oder bei der Entlohnung entscheidend sein.

Die Leistung von Führungskräften ist komplex und inhaltlich nicht immer eindeutig beurteilbar. Ihre Beurteilung ist oft von weichen Faktoren dominiert. Weiche Faktoren lassen sich aber auch leicht beeinflussen. Die Beeinflussung weicher Faktoren geschieht eher auf der persönlichen Ebene, weniger auf der Ergebnisebene. Die Investitionen auf Ergebnisseite, die erbracht werden müssen, um weiche Faktoren positiv zu beeinflussen, sind in der Regel sehr hoch. Eine gute Reputation über solide Arbeit zu erarbeiten benötigt zum Beispiel Zeit und viel Aufwand, den Ruf zu verlieren hingegen nicht. Es ist leichter und oft erfolgreicher (ohne moralische Wertung), den Menschen zu bekämpfen als die Sache. Führungskräfte sind somit stärker der Gefahr ausgesetzt, Opfer von Machtkämpfen zu werden. Diese Gefahr nimmt mit steigender Positionierung in der Führungshierarchie stetig zu. Somit spielt sich der Machtkampf unter Führungskräften und je nach Hierarchiestufe anders ab als z. B. der Machtkampf unter Angestellten.

Nicht alle Machtkämpfe sind aus unserer Sicht schlecht. Machtkämpfe sind Ausdruck eines Konkurrenzdrucks in einem Unternehmen, welcher für die Erhal-

---

67 Wir postulieren nicht »Kontrolle ist gut, Vertrauen ist besser«. Als erfahrene Führungskraft weiß man, dass es umgekehrt sein muss: »Vertrauen ist gut, Kontrolle ist besser.« Die Frage ist jedoch die, wie man die Kontrolle gestaltet und welche inhaltlichen Schwerpunkte man dabei setzt. Wenn jemand seine Architekturwahl einleuchtend erklären kann und sie plausibel erscheint sowie im Gespräch aufzeigt, dass Alternativen analysiert worden sind, dann soll man ihn in seiner Arbeit nicht weiter behindern – und ihm auch die Anerkennung zukommen lassen.

68 Eine Leistungsbeurteilung kann zwar objektiviert werden (Offenlegung der Ziele, Ergebnisse und Bewertungskriterien), schlussendlich bleibt sie im Kern subjektiv (Auslegung und Interpretation des Erreichten durch den Vorgesetzten, Auswahl der zu erreichenden Ziele).

tung der Wettbewerbsfähigkeit der Ressource Personal des Unternehmens wichtig ist. Der kritische Punkt ist der, wie und für welchen Zweck Machtkämpfe geführt werden. *Werden bei diesen Machtkämpfen Eigeninteressen vertreten, mit denen auch Unternehmensinteressen verbunden sind, oder sind es Eigeninteressen ohne jeglichen Bezug zum Unternehmen oder Nutzen für das Unternehmen (Machtspiele)?* Die Führungskraft vom Typ Unternehmer befasst sich intensiv mit unternehmerischen Zielsetzungen: Was will ich in meinem Markt erreichen, welche Produkte und welche (Prozess-)Verbesserungen will ich bis wann erreichen? Die Führungskraft vom Typ Politiker befasst sich intensiv mit folgenden Fragen: Was schadet mir, welche Stakeholder muss ich befriedigen, wer stützt mich in meiner Position, was muss ich tun, um noch besser dazustehen? Die politische Denkweise ist am Eigenwohl orientiert, somit kurzfristig agierend. Die unternehmerische ist auf Nachhaltigkeit sowie auf eine mittel- bis langfristige Weiterentwicklung bedacht. Die Führungskraft vom Typ Politiker nutzt genau den Umstand, dass ihre Leistung inhaltlich nicht kurzfristig beurteilt werden kann. Fehlentwicklungen oder gar keine Entwicklungen fallen somit meist nicht auf die betreffenden Akteure im firmeninternen Markt zurück. Dieser Typus von Führungskraft ist selten mehr als zwei Jahre an derselben Position. Erst nach zwei bis drei Jahren würden jedoch die Konsequenzen des kurzfristigen, opportunistischen Handelns ersichtlich. Des Weiteren kommen diesen Personen einerseits die Dynamik und Komplexität des Alltagsgeschäfts zugute (die Nachweiserbringung ist mit viel Aufwand und Unsicherheiten verbunden), andererseits das Netzwerk, welches sie aufgebaut haben. Mittels »Networking« besetzen sie oft Führungspositionen mit *ihren Vertrauensleuten*, die sie unterstützen.[69] Ein

---

69 Die Besetzung von Positionen mit Vertrauensleuten ist nichts Verwerfliches, sondern gar sinnvoll. Man weiß über die Stärken und Schwächen seiner Vertrauensleute genau Bescheid und weiß, wie sie Aufträge erledigen und in welcher Qualität. Es entsteht erst dann ein Problem aus Unternehmenssicht, wenn das »Vertrauen« wichtiger wird als die notwendige Qualifikation für eine Position, wenn z. B. Führungspositionen durch Vertrauensleute besetzt werden, die keinerlei Führungspotenzial und -erfahrung mitbringen, oder wenn besser geeignete Kandidaten übergangen werden. Stabsmitarbeiter, Konzern-, Geschäftsleitungsassistenten oder externe Berater pflegen enge Beziehungen und sind dadurch Kandidaten für die Besetzung von Führungspositionen, welche sie unter Umständen überfordern. Auf unterschiedlichen Führungsebenen hat man mit unterschiedlichen gruppendynamischen Prozessen, Mitarbeitern und Ansprüchen zu tun. Eine gute Führungskraft hat aus unserer Erfahrung alle Stufen durchlaufen. »Durchlaufen« heißt, dass man auf jeder Stufe mindestens zwei bis drei Jahre operativ tätig gewesen ist. Nur so kann sich ein Konzernmanager überhaupt vorstellen, welche seiner Entscheidungen welche Konsequenzen – vor allem Seiteneffekte – innerhalb »seiner« Unternehmung haben, welche operativen Prozesse er mit seinen Handlungen auf allen Hierarchiestufen in Gang setzt, welche Mitarbeiter er vor den Kopf stößt usw.

Vorgesetzter der für die Misere verantwortlichen Führungskraft weiß nicht mit Bestimmtheit, mit welchen »wichtigen« Personen im Unternehmen diese Führungskraft sehr gute Beziehungen pflegt, welche ihm selbst gefährlich werden könnten. Selten sind auf Führungsebene die Machtkonzentrationen so eindeutig, dass rasche personelle Entscheidungen gefällt werden können.

> Ein guter Nährboden für Machtspiele[70] sind unklare oder mehrfache Zuständigkeiten (wer hat was zu sagen?), intransparente Zuordnung der Verantwortlichkeiten (wer kann wofür zur Rechenschaft gezogen werden?) und kein transparentes und faires Auswahlprozedere für interessante Positionen innerhalb des Unternehmens. Dies sind Symptome eines schlechten oder nicht gelebten Managementsystems und damit einer schlechten Führung.

Die Matrixorganisationsform – eine Organisation mit einer organisatorischen und im besten Fall mit einer einzigen funktionalen Führungslinie – bietet bei schlechter Führung viel Raum für Machtspiele, denn eine ausreichende und doch für die Mitarbeiter verstehbare Definition von klaren Zuständigkeiten und Verantwortlichkeiten ist bei Matrixorganisationen sehr schwierig zu erstellen. Eine vollständige Klarheit der Zuständigkeiten und Verantwortlichkeiten ist manchmal auch nicht erwünscht. Die Machtspiele (»Einfluss- bzw. Territorialkämpfe«), welche dazu ausgetragen werden müssten, werden aus Sicht der für die jeweiligen Positionen ernannten Führungskräfte häufig als zu riskant eingestuft (Gesichts- bis hin zum Jobverlust). Diese Machtspiele werden lieber versteckt geführt – oft zulasten der Wertschöpfung des Unternehmens. In seltenen Fällen durften wir mehr Wettbewerb beobachten. Gerade als Architekt bewegt man sich aufgrund der interdisziplinären Aufgabenstellung und der oft unterschiedlichen Interessenlagen stets in einem matrixähnlichen Gebilde.

Hier schließt sich der Kreis unserer Ausführungen. Wir haben eingangs erwähnt, dass die IT-Architektur ein rationales und zeitlich mittel- bis langfristiges unternehmerisches Denken voraussetzt, um Wirkung gemäß ihrer Zielsetzung erzielen zu können. Entscheidungen werden hingegen oft nicht rational oder unternehmerisch gefällt. Sie hängen sehr stark von den Eigeninteressen der Entscheidungsträger im firmeninternen Markt ab. Die IT-Architektur mit ihrem rationalen und zeitlich mittel- bis langfristigen unternehmerischen Denken

---

70 Als erheiternde Lektüre zum Thema »Macht« ist das Buch »Der kleine Machiavelli« von den Autoren Peter Noll und Hans Rudolf Bachmann zu empfehlen [Noll-Bachmann].

ist deshalb oft ein Opfer des firmeninternen Marktes. Sie ist jedoch für einige Akteure dieses Marktes auch ein Mittel, um deren Eigeninteressen durchzusetzen.

Eine eindeutige Festlegung der Begriffe und die Sicherstellung eines gemeinsamen Begriffsverständnisses innerhalb einer Informatikorganisation sind für ein effizientes Arbeiten und eine kontinuierliche Professionalisierung äußerst wichtig. Die IT-Architektur hat diesbezüglich normierend zu wirken unter Abstützung auf die Begrifflichkeit, welche bereits durch die Businessarchitektur festgelegt wurde. Ein unklares Begriffsverständnis zur IT-Architektur selbst birgt weitere Gefahren. An sich spielt es keine Rolle, ob z. B. eine Architekturmaßnahme als Qualitätsmanagementmaßnahme bezeichnet wird. Bei größeren Unternehmungen existieren jedoch unterschiedliche Verantwortlichkeitsregelungen und Genehmigungswege, die festlegen, wie Maßnahmen verabschiedet oder Entscheidungen getroffen werden. Hier spielt es »plötzlich« eine Rolle, wie man die Maßnahme bezeichnet. Je nachdem fühlen sich unterschiedliche Stellen befugt, darüber zu befinden. Mit der Terminologiewahl kann somit Interessenpolitik (wer entscheidet auf mir genehme Art und Weise?) betrieben werden, falls die Bedeutung der Begriffe nicht definiert ist.

> IT-Architektur selbst ist eine reizvolle Arbeit, einerseits verbunden mit Macht, andererseits bewegt sie sich in diesen Machtzirkeln.
>
> Damit der IT-Architekt seine Architekturinteressen im firmeninternen Markt soweit wie möglich durchsetzen kann, muss er den firmeninternen Markt kennen. Der IT-Architekt muss sich *politisch* angemessen – im Sinne der ausgewogenen Interessenwahrung vieler Beteiligter – verhalten können, ohne die Nachhaltigkeit und den Nutzen seiner Arbeit zu mindern.

Die IT-Architektur mit ihrem komplexen, interdisziplinären und weitläufigen Charakter hat es sehr schwer, den Nachweis zu erbringen, dass die erarbeiteten Ergebnisse und Entscheidungen stets die richtigen sind. Kein IT-Architekt kann die Richtigkeit »seines« Konzepts beweisen, bevor das definitive Urteil nach einer Reihe von Vorhaben und Umstrukturierungen erfolgt ist. Wenn eine Entscheidung zur Vertrauensfrage wird, greift die Rückführung auf »objektive« Leistungen zu kurz. In der Bewertung von früheren Leistungen spielen die Interessen und die persönliche Überzeugung der Entscheidungsträger und das zu ihnen aufgebaute Networking die Hauptrolle. Die Entscheidungsträger tragen die Verantwortung, dass das Unternehmen erfolgreich ist und dass die IT-Architektur unter ihrer Führung einen Teil dazu beiträgt. Dabei haben sie nicht nur ein Interesse, das Ergebnis massiv zu verbessern, sondern insbesondere auch dessen Beurteilung.

> Ob eine IT-Architektur als gut befunden wird, hängt sehr stark davon ab, ob die betriebene IT-Architektur mit den Interessen der Entscheidungsträger in Einklang steht.

Je nach Macht dieser Entscheidungsträger haben sie verschiedene Mittel, ihre Ziele zu verfolgen. Welches dieser Mittel sie auswählen, hängt von früheren Erfahrungen, den erworbenen Fähigkeiten[71] und Überzeugungen dieser Personen selbst oder von Dritten ab, denen sie vertrauen. Je nach Lebenslauf werden verschiedene Personen deshalb zu ganz verschiedenen Einschätzungen, Schlussfolgerungen und Entscheidungen kommen, selbst wenn sie die gleichen Interessen verfolgen. Diese nicht genau analysierbaren Unterschiede werden auch gerne als individueller »Geschmack« bezeichnet.

Der IT-Architekt hat als Ziel, eine bestimmte Lösungsqualität herzustellen oder zu erhalten. Verschiedene IT-Architekten werden in Abhängigkeit von ihrem »Geschmack« und der ihnen zur Verfügung stehenden Macht also verschiedene Wege zu diesem Ziel einschlagen. Der eine Architekt mag sich stark am Vergleich mit anderen Unternehmen orientieren, an der bisherigen Tradition des eigenen Unternehmens, am Stand der Wissenschaft usw.

Ein Entscheidungsträger wird eine IT-Architektur analog dazu aufgrund *seines* ureigensten »Geschmacks« beurteilen. Dabei sind seine Interessenlage und sein Hintergrund meistens sehr verschieden von denjenigen eines IT-Architekten, z. B. mag er in seinem Netzwerk Berater haben, die sich an Modeströmungen des IT-Marktes orientieren, usw. Deshalb kann seine Beurteilung einer Architektur sehr verschieden von derjenigen eines IT-Architekten ausfallen.

Der IT-Architekt ist dem firmeninternen Markt nicht schutzlos ausgeliefert. Man kann sich auch im firmeninternen Markt gezielt bewegen, um sich die nötige Machtposition zu erarbeiten, indem man sich die notwendigen Mittel beschafft (z. B. das Gewinnen von Vertrauen eines Entscheidungsträgers). Welche strukturierten Ansätze und Möglichkeiten es dazu gibt, erläutern wir im Kapitel 8

---

71 Für jemanden, der nur einen Hammer besitzt, ist alles ein Nagel.

„Erfolg der IT-Architektur", insbesondere im Kapitel 8.1 »Positionierungsarbeit im firmeninternen Markt«.

Ein IT-Architekt muss im Herzen ein Idealist sein. Mit der Zeit wird er ein Zyniker – ohne die Bösartigkeit auszuleben. Dies gelingt ihm nur, weil er im Kern seinen Idealismus bewahren konnte, daran zu glauben, dass gewisse Vorarbeiten nicht umsonst sind (wie z. B. das Festhalten und der immerwährende Versuch des Einforderns von Konstruktionsprinzipien, obwohl er schon tausendmal Ausnahmen machen bzw. bewilligen musste oder einfach vor Fakten gestellt wurde). Ein echter Zyniker würde das Einfordern lassen und die Ausnahmeentscheidung leichten Herzens vornehmen, weil er sich sagt: »Bei 1000 Ausnahmen ... was soll's?« Ein gutartiger Zyniker fordert weiterhin ein und fällt den Ausnahmeentscheid nicht mit leichten Herzen, sondern dies stellt für ihn immer noch einen inneren Kampf dar, macht ihn danach jedoch nicht völlig fertig. Diejenigen, die sich fertigmachen lassen, werden nicht zu gutartigen Zynikern (Pragmatiker), sondern verbeißen sich, bis sie entfernt werden, flüchten in eine Scheinwelt und negieren die Wirklichkeit, wollen von IT-Architektur nichts mehr wissen oder werden krank (Burn-out).

Jeder IT-Architekt muss wissen, dass die Umgebung sich rasch ändern kann und so die zeitliche Entwicklung einer Architektur von außen unter Umständen als zu langsam betrachtet wird. Der Nachweis der geleisteten Arbeiten über die Zeit sollte Bestandteil einer guten IT-Architektur sein. Unter Umständen sind die Ansprüche des IT-Architekten und diejenigen der Entscheidungsträger nicht in Einklang zu bringen. Dann ist es Zeit zu sagen: »It's time to say goodbye.« Man geht oder man wird gegangen.

6 Spannungsfelder zwischen Business und IT

Zwischen den Entscheidungsträgern, insbesondere zwischen den Abnehmern der IT-Unterstützung und der Informatikorganisation, gibt es verschiedene Spannungsfelder, welche sich auch gegenseitig beeinflussen. Sie entstammen teilweise dem firmeninternen Markt (Kapitel 5.5 »Interpretation der Änderungsdrücke im Unternehmen«). Zum anderen Teil liegen sie in der Natur der Sache selbst, wie z. B. die Zielkonflikte (Kapitel 3.8.4 »Optimierungskonflikt zwischen Business- und Informatikorganisation«).

Diese Spannungsfelder beeinflussen einerseits die wirtschaftliche Bereitstellung der IT-Unterstützung, andererseits die Bewertung dieser IT-Unterstützung selbst und damit verbunden die Einschätzung der Leistungsfähigkeit der Informatikorganisation. Die Einschätzung der Leistungsfähigkeit zusammen mit dem Stellenwert der Informatikorganisation im Unternehmen präjudiziert unserer Erfahrung nach auch die Grundhaltung bei »Make or Buy«-Entscheidungen für die Beschaffung von Software. Dies hat einen Einfluss auf das Rollenverständnis einer Informatikorganisation. Selten wird das Rollenverständnis einer Informatikorganisation im Unternehmen explizit geregelt. Falls doch, so sind die Konsequenzen, welche mit der Wahl des Rollenverständnisses einhergehen, dem Unternehmen häufig nicht bewusst.

> Diese Spannungsfelder haben Auswirkungen auf die IT-Architektur. Einerseits beeinträchtigen sie die IT-Architektur bei der Erfüllung ihrer Zielsetzung, andererseits ist die IT-Architektur zugleich ein Mittel, um diesen Spannungsfeldern entgegenzuwirken.

Zur Erläuterung der Spannungsfelder untersuchen wir die Schnittstellen zwischen den Entscheidungsträgern (darin subsumiert die Abnehmer der IT-Unterstützung) und der Informatikorganisation. Wir überführen die relevanten Aspekte aus dem Kapitel 3 »Begriffsdefinition der IT-Architektur« in ein Zusammenarbeitsmodell zwischen den Entscheidungsträgern und der Informatikorganisation. Abbildung 38 illustriert dieses Modell.

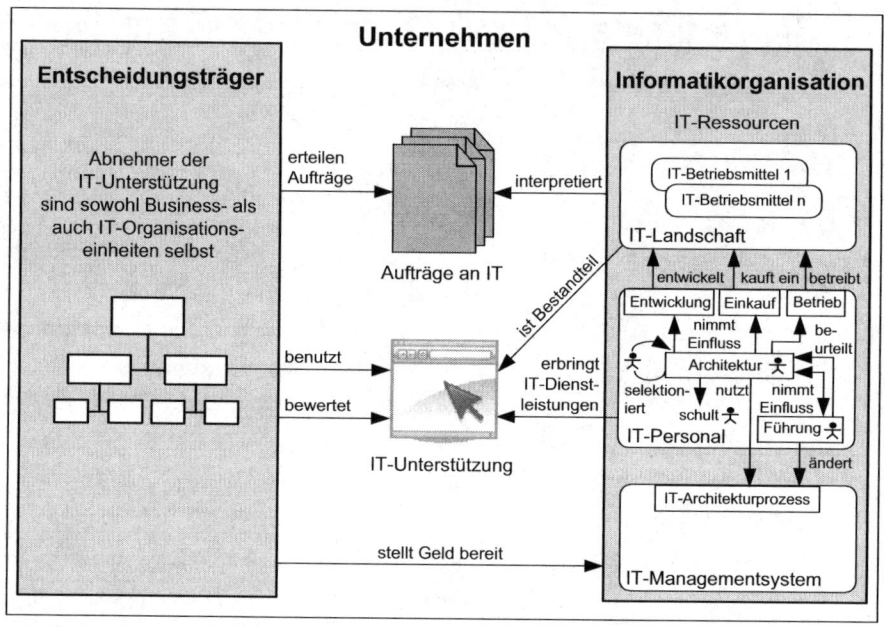

Abbildung 38 – Zusammenarbeitsmodell zwischen den Entscheidungsträgern und der Informatikorganisation (4Views-Zusammenarbeitsmodell)

Aus dem Zusammenarbeitsmodell ist ersichtlich, dass die Entscheidungsträger der Informatikorganisation Aufträge erteilen und dafür Geld bereitstellen. Die von der Informatikorganisation erbrachte IT-Unterstützung wird von ihnen bewertet.

Die Abnehmer der IT-Unterstützung sind nicht nur Businessorganisationseinheiten, sondern auch Informatikorganisationseinheiten. Auch für die wahrzunehmenden Tätigkeiten der Informatikorganisation selbst wird eine IT-Unterstützung benötigt. Eine Bewertung der IT-Unterstützung für die Informatikorganisationseinheiten findet in der Praxis ebenfalls statt. Sobald eine Kostenverrechnung zwischen den Organisationseinheiten erfolgt, fällt die Bewertung gleich rigide aus wie aus Sicht einer Businessorganisationseinheit. Aus Leistungserbringersicht sollte es egal sein, wo der Abnehmer einer Leistung organisatorisch angesiedelt ist. Zwecks Vereinfachung reduzieren wir in den nachfolgenden Kapiteln die Abnehmer der IT-Unterstützung und somit die Entscheidungsträger auf das Business. Die inhaltlichen Aussagen bleiben mit dieser Vereinfachung dieselben.

Im 4Views-Zusammenarbeitsmodell sind sechs Spannungsfelder ersichtlich (Abbildung 39).

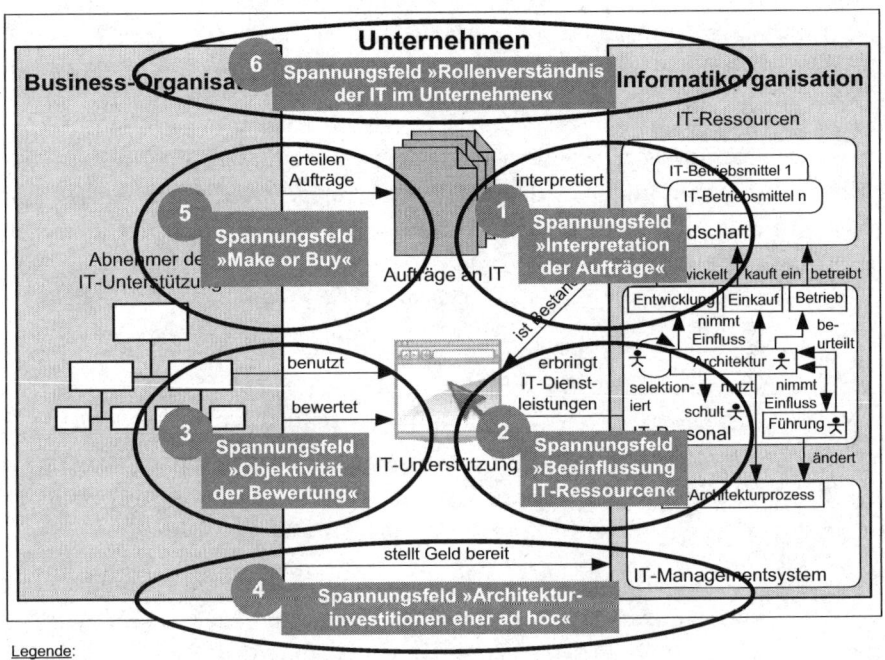

Abbildung 39 – Spannungsfelder zwischen Business und IT (eingekreist)

Das erste Spannungsfeld zwischen Business und IT ist das Auftragsverständnis der Informatikorganisation und ihr Versuch, den an sie gestellten Auftrag zu interpretieren. Zu Interpretationen kommt es, wenn die Informatikorganisation über zu wenig Domänenwissen verfügt, das Business selber nicht weiß, was es genau will, oder die zwischenmenschliche Kommunikation zwischen den beiden Parteien nicht gelingt. Im Kapitel 6.1 »Die Interpretation von Aufträgen« befassen wir uns mit diesem Spannungsfeld.

Das zweite Spannungsfeld zwischen Business und IT ergibt sich daraus, dass das Business mit seinen Aufträgen die IT-Ressourcen, insbesondere die IT-Landschaft, auf negative Art beeinflussen kann, ohne für alle dadurch verursachten Kosten aufzukommen. Das Kapitel 6.2 »Das Business beeinflusst die IT-Ressourcen« beschäftigt sich mit diesem Spannungsfeld.

Das dritte Spannungsfeld zwischen Business und IT ergibt sich aus der Bewertung der erbrachten IT-Unterstützung. Wir werden sehen, dass eine objektive Bewertung der IT-Unterstützung äußerst schwierig ist und eine Bewertung für eine Informatikorganisation weitreichende Konsequenzen haben kann. Das Kapitel 6.3 »Fehlende objektive Bewertung der IT-Unterstützung« befasst sich mit diesem Spannungsfeld.

Das vierte Spannungsfeld ergibt sich aus dem Umstand, dass die für Architekturinvestitionen benötigten Mittel (Geld) erst sehr spät freigegeben werden und dadurch Architekturinvestitionen eher ad hoc erfolgen. Welche Probleme sich damit für eine Informatikorganisation ergeben und wieso dies so ist, erfahren wir im Kapitel 6.4 »Architekturinvestitionen – eher ad hoc als geplant«.

Das fünfte Spannungsfeld befasst sich mit der Frage der externen Auftragsvergabe. Die Entscheidung, ob ein Softwareentwicklungsauftrag intern oder extern vergeben wird, wird sehr stark von der Einschätzung der Leistungsfähigkeit der eigenen Informatikorganisation und ihrem Stellenwert im Unternehmen beeinflusst. Das Kapitel 6.5 »Make or Buy« befasst sich mit diesem fünften Spannungsfeld.

Das sechste Spannungsfeld zwischen Business und IT ist das meist unklar definierte Rollenverständnis der Informatikorganisation im Unternehmen und das Nichtbewusstsein der mit dem Rollenverständnis einhergehenden Konsequenzen. Das Kapitel 6.6 »Rollenverständnis einer Informatikorganisation« thematisiert dieses Spannungsfeld.

6.1 Die Interpretation von Aufträgen

Anforderungen vom Business beeinflussen die IT-Architektur, indem ihre Umsetzung in der IT-Landschaft Fakten schafft. Daraus darf man jedoch nicht schließen, dass das Umsetzen der *richtigen* Anforderungen *die* Aufgabe der IT-Architektur ist, d. h., dass ein IT-Architekt die Anforderungen beeinflussen soll. Diese Auffassung haben manche Vertreter der Branche. Wir teilen diese Auffassung nur bedingt. Die IT-Architektur hat zwar ein essenzielles Interesse, dass die richtigen Anforderungen formuliert werden, weil ihr Erfolg *auch davon* abhängig ist (Kapitel 3.8.5 »IT-Architektur als Instrument für die Ressourcenoptimierung«, Abbildung 16). Der Grundgedanke ihrer Optimierungsarbeit liegt jedoch darin, bewusst zu reflektieren, wann eine Änderung an einem System – sei es an einer einzelnen Anwendung oder an der gesamten IT-Landschaft – als Verbesserung oder Verschlechterung betrachtet wird. Dies geschieht aufseiten der Entwurfsentscheidung, nicht auf Anforderungsseite (Abbildung 21 – Zusammenhang zwischen Anforderungen, Qualitätsattributen und Entwurfsentscheidungen)! D. h., die IT-Architektur muss darauf vertrauen können, dass die Businessorganisation professionell arbeitet.

> Für die Festlegung der richtigen Anforderungen bleibt nach wie vor das Business verantwortlich, die Informatikorganisation ist für deren korrekte Umsetzung verantwortlich.

Je nach Rollenverständnis (Kapitel 6.6 »Rollenverständnis einer Informatikorganisation«) muss eine Informatikorganisation die Anforderungen kritisch hinterfragen, auf unverhältnismäßige Aufwände hinweisen und eine gewisse Mitverantwortung tragen – wie wir nachfolgend noch sehen werden auch aus Eigeninteresse. »Kritisch« wird es für die IT, wenn Anforderungen an sie herangetragen werden, welche im Widerspruch zur Geschäftsstrategie stehen. Weist sie auf diese Tatsache hin, wird sie oft als zu wenig kundenorientiert wahrgenommen und das Ganze als Problem des Business/IT-Alignments aufgefasst statt als Führungsproblem aufseiten des Business. Um Aufträge kritisch hinterfragen bzw. in Bezug zur Geschäftstätigkeit setzen zu können, muss eine Businessarchitektur – mindestens in den Grundzügen – der Informatikorganisation zur Verfügung stehen. Das Fehlen einer Businessarchitektur wirkt sich auch auf die übrigen Spannungsfelder, insbesondere auf die Bewertung der IT-Unterstützung aus (Kapitel 6.3 »Fehlende objektive Bewertung der IT-Unterstützung«).

Das Business muss über genügend eigene Kompetenz verfügen, sodass es der Informatik seriös ausgearbeitete Anforderungen liefern und mit der Informatik in einen produktiven Dialog über die Anforderungen treten kann (Abbildung 40).

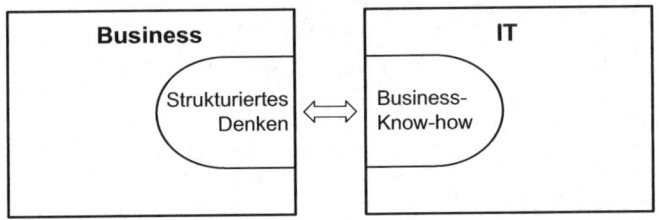

Abbildung 40 – Voraussetzungen für einen erfolgreichen Dialog zwischen Business und IT

Die IT muss Grundlagen vom Business kennen, das Business muss strukturiertes Denken beherrschen, nur dann gibt es einen produktiven Dialog. Auch wenn das Business sehr gut darin ist, Anforderungen zu formulieren, werden diese niemals bis ins letzten Detail ausgearbeitet sein, d. h., die IT muss genug eigenes Know-how besitzen, um die Lücken korrekt füllen zu können. Hier kommt zwangsläufig ein gewisses Maß an Interpretation ins Spiel.

Umgekehrt muss das Business Erfahrung darin besitzen, auf strukturierte Art einigermaßen korrekte und vollständige Anforderungen zu formulieren, ohne unnötigen Ballast, teure Verzierungen oder fatale Unklarheiten.

Ein kleines Beispiel dafür, was wir hier mit »strukturiertem Denken« meinen: Das Business sollte sich darüber im Klaren sein, dass »dieser Fall tritt nie auf« für die Informatik bedeutet, dass ein solcher Fall in der Software nicht unterstützt wird. Wenn eigentlich gemeint war »dieser Fall tritt selten auf«, kann das schockierend teure Überraschungen geben. »Nie« ist nicht dasselbe wie »selten«, »immer« ist nicht dasselbe wie »meistens«. Ein typischer Fall, wo scheinbar kleine Unterschiede in den Anforderungen massive Unterschiede bei den Entwicklungskosten verursachen können.

Besonders heikel sind Anforderungen, die nicht explizit aufgestellt werden, weil dies zu aufwendig erscheint und sie »ja klar sind«, d. h., bei denen man nur sagt, die Lösung müsse in dieser oder jener Hinsicht »State of the Art« sein. In der Informatik gibt es jedoch keinen über längere Zeit stabilen, allen gleichermaßen geläufigen und universell anwendbaren »Stand der Technik«. Wenn z. B. bei einer neuen Anwendung das Generieren von Reports eher einen unwichtigen Teil darstellt, sodass nur verlangt wird, dass die Reports Kopf- und Fußzeilen enthalten, wie flexibel müssen diese Kopf- und Fußzeilen dann durch das Business definierbar sein? Falls relativ wenig Flexibilität in die Lösung eingebaut wurde, darf sich das Business dann darauf berufen, dass Microsofts Excel einen viel flexibleren Mechanismus anbietet und dieses Produkt ja schließlich State of the Art sei?

> Um auf effiziente Art Missverständnisse zu minimieren und eine gewisse Verbindlichkeit der Abmachungen zwischen Business und IT zu erreichen, ist *Prototyping* ein unverzichtbares Werkzeug. Insbesondere ist ein lauffähiger Prototyp der Benutzeroberfläche unendlich viel intuitiver und handfester diskutierbar als abstrakte UML-Diagramme oder detaillierte Prozessmodelle – frei nach dem Motto »*I know what I want when I see it*«.

Ein Prototyp der Benutzeroberfläche hilft einerseits dabei, die von der IT zu liefernde Funktionalität einigermaßen präzise und korrekt festzulegen, andererseits auch das wichtige Qualitätsattribut »Benutzerfreundlichkeit« zu etablieren. In manchen Fällen wird man Prototypen auch zu anderen Zwecken erstellen, meistens um die technische Machbarkeit zu prüfen. Dabei geht es um die Sicherstellung diverser Qualitätsattribute wie Performance, Flexibilität usw. Ein Prototyp kann auch zu Lernerfahrung im Bereich der Modularisierung, d. h. der Komponentenbildung, verhelfen. Hier kann man im Rahmen von Architektur-Reviews mögliche Änderungsszenarien als Gedankenexperimente durchspielen und dabei im Interesse der besseren Kommunikation auch das Business miteinbeziehen (Kapitel 8.3 »Beeinflussung der Erfolgsbeurteilung«).

Im Zusammenhang mit Anwendungen, welche sich nicht leicht ändern lassen, hört man oft die Aussage – sowohl auf IT- als auch auf Businessseite – dass die gewählte Architektur unzureichend sei.

> Die IT-Architektur kann sinnvolle Annahmen treffen, welche Anforderungen zukünftig gestellt werden (Antizipation der Änderungsdrücke) und dementsprechend ihre IT-Landschaft (u. a. ihre Anwendungen) ausrichten. Aber die IT-Architektur kann keine heute noch komplett unbekannten Anforderungen erfüllen.

Software kann nicht beliebig flexibel sein, siehe das Kapitel 3.10.4 »Denkansätze zur Beherrschung von Komplexität«.

6.2 Das Business beeinflusst die IT-Ressourcen

Wie wir in Kapitel 3 »Begriffsdefinition der IT-Architektur« gesehen haben, erbringt eine Informatikorganisation ihre IT-Unterstützung mit den drei Ressourcen *IT-Personal*, *IT-Managementsystem* und *IT-Landschaft*.

Für den Aufbau und die Bereitstellung der Ressource *IT-Personal* liegt die unternehmerische Verantwortung und somit die Möglichkeiten für den wirtschaftlichen Einsatz meistens vollständig in den Händen der Informatikorganisation. Dies ist jedoch nicht immer der Fall: Ein extremes Beispiel einer Einflussnahme auf die Ressource *IT-Personal* ist das Aufzwingen von Führungskräften der Informatikorganisation durch die Businessorganisation.[72]

---

[72] Das Aufzwingen von Führungspersonal kann auch von der Informatikorganisation genutzt werden. Die Bewertung der IT-Unterstützung durch das Business dürfte in dem Bereich, welcher durch einen

Die Ressource *IT-Managementsystem* ist in der Regel weitgehend selbstbestimmt, sofern dieser Teil der Businessarchitektur durch die Informatikstrategie und nicht durch die Geschäftsstrategie bestimmt wird. Es ist anzumerken, dass je nach Unternehmensgröße und Führungsstruktur bestimmte Organisationsvorgaben und sonstige Rahmenbedingungen vorgegeben sind, die eine Informatikorganisation in der Ausgestaltung der Ressource *IT-Managementsystem* einschränken könnten. Beispiele von die Prozesseffizienz und -effektivität negativ beeinflussenden Vorgaben könnten die Anzahl der Releases der IT-Unterstützung sein, welche in einem Jahr durch die Informatikorganisation geliefert werden müssen, oder die Bevorzugung bestehender Kunden als Zulieferer (Stichwort Gegengeschäfte). Des Weiteren scheitert häufig eine effektive und effiziente Ausgestaltung des Informatikstrategieprozesses im IT-Managementsystem, weil dieser Prozess eng mit dem Prozess der Geschäftsstrategie abgestimmt und verzahnt sein muss. Dieser jedoch läuft in den uns bekannten Unternehmen selten formalisiert ab und liefert meistens nicht die aus Sicht der Informatikstrategie notwendigen Ergebnisse, wie z. B. eine Businessarchitektur. Die von uns in der Praxis beobachtete Form ist die, dass die Informatikorganisation aus zeitlicher Not eine Informatikstrategie eigenständig erarbeitet und die businessrelevanten Teile dem Business zur Abnahme vorlegt, was natürlich nicht die *gewünschte Verbindlichkeit* zu strategischen Vorhaben im Unternehmen schafft.

Der wirtschaftliche Einsatz der Ressource *IT-Landschaft* bzw. die Gestaltung dieser Ressource in der Art, dass sie in ihrem Anwendungsbereich wirtschaftlich verwendet werden kann, liegt nur zu einem bestimmten Grad in den Händen einer Informatikorganisation (Kapitel 3.8.4 »Optimierungskonflikt zwischen Business- und Informatikorganisation«). So wird z. B. eine Informatikorganisation durch das Business oft aus Time-to-market-Überlegungen heraus genötigt, eine Insellösung zur schnellen Erschließung eines neuen Marktes zu beschaffen oder viele Entwurfsentscheidungen »fest zu verdrahten«, was später hohe Korrekturkosten nach sich ziehen kann. Es wird also das Qualitätsattribut *Flexibilität* geopfert. Es ist eines der Qualitätsattribute, welche innerhalb eines Auftrags Kosten verursachen, deren Nutzen bei Abschluss des Auftrags jedoch noch *nicht* sichtbar wird.

Protegé des Business geführt wird, nicht schlechter ausfallen. Wenn wichtige Vorhaben in diesem Bereich scheitern, wird ein geschickter Chief Information Officer (CIO) den Ball dem Business wieder zurückspielen (siehe Machtspiele im Kapitel 5.5 »Interpretation der Änderungsdrücke im Unternehmen«).

> Diese Mehrkosten, meistens Opportunitätskosten, bedeuten nichts anderes als eine Verschlechterung der angestrebten Lösungsqualität. Die Informatikorganisation muss damit leben, dass die Lösungsqualität manchmal zugunsten eines größeren Unternehmenserfolges vermindert wird.

Aus IT-Architektursicht müsste das Ziel sein, dass die Lösungsqualität der IT-Landschaft mit jedem Vorhaben über die Zeit stetig steigt bzw. dass bewusst vorgenommene Einschränkungen im wirtschaftlichen Einsatz der Ressource IT-Landschaft mindestens wieder kompensiert werden.

Die Businessorganisation möchte hingegen die Vorteile[73] nutzen, welche die Informatikorganisation mithilfe der IT-Architektur aufgebaut hat. Die Informatikorganisation möchte die Nutzung dieser Vorteile jedoch nur in der Art zulassen, dass sie ihre IT-Unterstützung auch mittel- und langfristig wirtschaftlich erbringen kann, sprich, dass diese Vorteile nicht zerstört werden, indem die Lösungsqualität reduziert wird.

> In diesem Spannungsfeld können folgende Tendenzen ausgemacht werden: Eine Informatikorganisation *vergoldet* ihre IT-Landschaft, die Businessorganisationen versuchen, die durch die IT-Architektur ermöglichten Vorteile (Assets in der IT-Landschaft und deren Lösungsqualität) zu *plündern*.

Somit stellt sich die Frage, wem eigentlich die IT-Landschaft gehört und wie Zielkonflikte gelöst werden. Bei der Beantwortung dieser Frage spielen der firmeninterne Markt und die anderen Spannungsfelder zwischen Business und IT eine Rolle, z. B. die Einschätzung der Leistungsfähigkeit der Informatikorganisation (Kapitel 6.5 »Make or Buy«).

Eine weitere Frage ist, weshalb die durch das Business verursachten Kosten nicht einfach dem Business in Rechnung gestellt bzw. in den einzelnen Aufträgen mit einkalkuliert werden.

---

73 Beispiel: Die Informatikorganisation hat eine vollintegrierte, applikatorische Plattform für einen bestimmten Geschäftsbereich aufgebaut. Die Möglichkeit, diese Plattform weiterverwenden zu können, stellt einen Vorteil bzw. Asset dar. Wird nun entschieden, diese Plattform weiterzunutzen, jedoch zu anderem Zweck, so besteht die Gefahr, dass dieses Asset zerstört wird (konzeptionelle Integrität geht verloren, die Wartbarkeit reduziert sich und Abhängigkeiten erhöhen sich unter Umständen dramatisch).

Die eindeutige Zuordnung von Kosten, welche aufgrund von Businessentscheidungen entstanden sind oder sich noch ergeben, gestaltet sich jedoch äußerst schwierig.

Bei der Kostenzuordnung ist man mit folgenden Schwierigkeiten konfrontiert:

- Bereits das *Erkennen*, ob eine Businessentscheidung einen negativen Einfluss auf die IT-Ressourcen, insbesondere auf die IT-Landschaft ausüben wird – unmittelbar oder zukünftig bei anderen Vorhaben –, ist aufgrund der thematischen Komplexität und der gegebenen Unsicherheiten nicht immer möglich (Stichworte: Anforderungen durch die Marktentwicklung, strategische Ausrichtung usw.).

- Das Erkennen der Auswirkungen wird umso schwieriger, *je mehr Unternehmensentscheidungen* mit den daraus resultierenden Vorhaben getroffen werden, die alle inhaltliche Auswirkungen auf die IT-Landschaft haben und die IT-Landschaft als Ganzes positiv oder negativ beeinflussen. Unternehmensentscheidungen, Aufträge und *ihre Auswirkungen* auf Elemente der IT-Landschaft haben also *keine einfachen Eins-zu-eins-Beziehungen*, was die Zuordnung von Kosten erschwert.

- Des Weiteren wird die Quantifizierung der Kosten durch die oft *zeitlich verschobene Kostenwirksamkeit* bei Vorhaben erschwert.

- Klärung der *Verursacher*. Nicht alle Fehlentwicklungen der IT-Landschaft sind Folge von Businessentscheidungen, sondern können auch ein Produkt von fehlendem Domänenwissen der Informatikorganisation, von nicht antizipierten Marktveränderungen, von falschen oder unterlassenen Architekturinvestitionen usw. sein. Es ist nicht immer klar, wer überhaupt eine »verpasste« und in der Folge teure Marktentwicklung hätte antizipieren müssen: die Informatik- oder die Businessorganisation.

- Der zu betreibende *Abklärungsaufwand* kann enorm sein (in keinem Verhältnis zum Vorhaben stehen), und der Aufwand ist im Voraus nicht immer abschätzbar.

6.3 Fehlende objektive Bewertung der IT-Unterstützung

In der Praxis nehmen die Entscheidungsträger (in der Regel das Management der Businessorganisationseinheiten) häufig das Feedback der Abnehmer der

IT-Unterstützung als Nutzenäquivalent für die IT-Unterstützung und stellen diesem »Nutzen« die Kosten gegenüber. Sie bewerten aufgrund des Abnehmer-Feedbacks und der Kosten die Leistung der Informatikorganisation (Abbildung 41, Ausschnitt aus Abbildung 13).

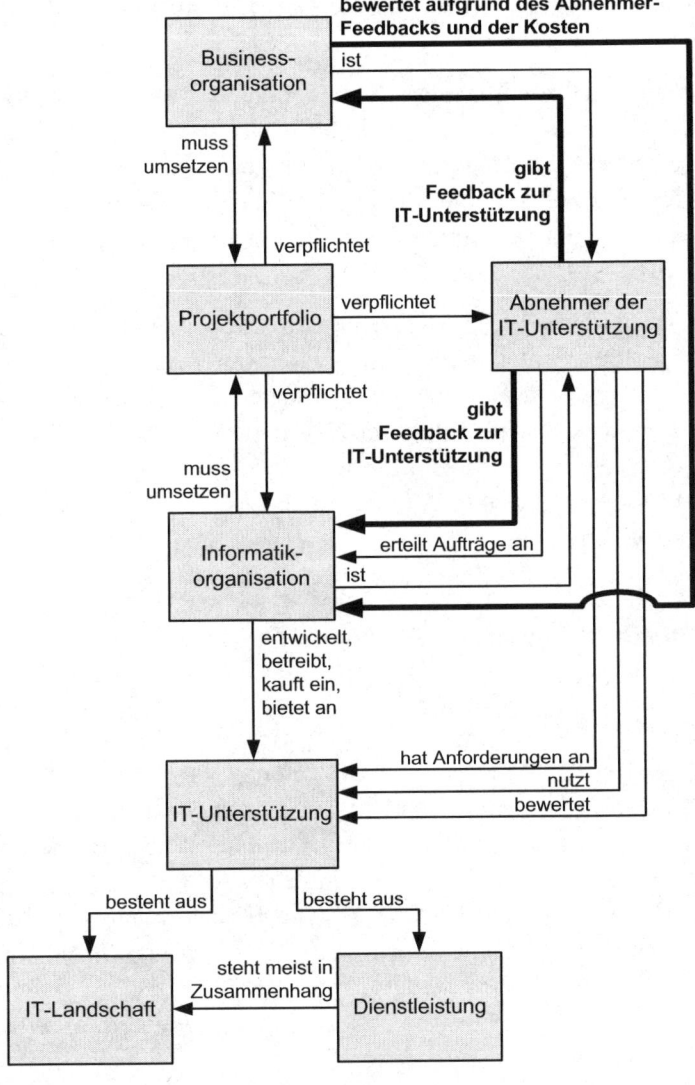

Abbildung 41 – Bewertung der Leistung der Informatikorganisation aufgrund des Abnehmer-Feedbacks und der Kosten

Bei den IT-Dienstleistungen kann man unter Umständen die aus dem Abnehmer-Feedback ermittelte Zufriedenheit als Nutzenäquivalent heranziehen, wobei hier anzumerken ist, dass die Dienstleistungen einer Informatikorganisation meist in Zusammenhang mit der vorhandenen IT-Landschaft erfolgen. Eine mangelhafte IT-Landschaft behindert eine Informatikorganisation in der effizienten Erbringung ihrer Dienstleistungen, beispielsweise ruft eine störungsanfälligere IT-Landschaft mehr Incidents[74] hervor.

Für die IT-Landschaft ist das Feedback der Abnehmer der IT-Unterstützung für die Nutzenermittlung *nicht* ausreichend, da die Informatikorganisation einen übergreifenden Optimierungsauftrag ihrer Ressourcen hat und dieser Auftrag unter Umständen die Zufriedenheit der Abnehmer der IT-Unterstützung einschränken kann (Kapitel 3.8.4 »Optimierungskonflikt zwischen Business- und Informatikorganisation«).

Die Schwierigkeit, die wirtschaftliche Bereitstellung der IT-Unterstützung und damit den Erfolg der IT-Architektur objektiv messen zu können, ergibt ein weiteres Spannungsfeld zwischen Business und Informatikorganisation. Dieses Kapitel wird zeigen, dass sich der Erfolg von IT-Architektur kaum je befriedigend objektiv einschätzen lässt. Jedoch schließen wir daraus weder, dass das Betreiben von IT-Architektur deshalb nutzlos sei, noch, dass man gleich auf jegliche Messungen verzichten sollte.

6.3.1 Von den konkreten Aufträgen losgelöste Bewertung der IT-Unterstützung

Zur Bewertung der IT-Unterstützung müssten korrekterweise die definierten Aufträge als Bezugsgröße zurate gezogen werden, da ein Auftrag den Konsens und einen »Vertrag« zwischen Business- und Informatikorganisation darstellen sollte. Ein gut gemachter Auftrag definiert das zu erreichende Ziel – und wie die Zielerreichung gemessen wird. Das Ziel wird im Laufe der Auftragsbearbeitung in Form von Anforderungen genauer definiert; später können noch präzisere und lösungsorientiertere Detailspezifikationen als Vorgaben hinzukommen. Am Ende haben wir eine Lösung, deren Lösungsqualität mit den Vorgaben verglichen werden kann. Im Qualitätsmanagement spricht man bei einem solchen Vergleich von *Verifikation*.

---

[74] Incidents und Problems entsprechen der ITIL-Terminologie (Kapitel 3.11.3 »ITIL«).

Aus Sicht der Informatikorganisation kann dabei Einiges schiefgehen. Die Tabelle 1 listet die Problemszenarien mit ihren möglichen Ursachen auf.

Problemszenario	Ursache
Die Businesseinheiten bestreiten grundsätzlich den Nutzen der IT-Unterstützung und werfen der Informatikorganisation eine verfehlte Investitionspolitik bzw. mangelhafte Arbeit vor.	Das Fehlen der Businessarchitektur in genügender Qualität ist oft die Ursache dafür. Durch das Fehlen der Businessarchitektur sind die strategischen Gestaltungsziele der IT-Unterstützung aus dem Businessmarkt nicht oder nur rudimentär bekannt. Die Informatikorganisation kann die Vorwürfe nur schwierig abwehren, da eine direkte Verifikation mit der Businessarchitektur nicht möglich ist.
Es gibt Fehlinterpretationen von Aufträgen aufgrund von Missverständnissen zwischen Business- und Informatikorganisation.	Dieses Problem haben wir im Kapitel 6.1 »Die Interpretation von Aufträgen« besprochen.
Die Informatikorganisation hat einen Auftrag angenommen, den sie mit ihren Ressourcen gar nicht bewältigen kann, oder sie hat während des Auftrags Änderungen der Auftragsziele oder -anforderungen zugelassen, die sie nicht bewältigen kann.	Dies ist klar ein Fehler der Informatikorganisation, falls sie nicht erkannt hat, dass sie den Auftrag bzw. Auftragsänderungen nicht bewältigen kann. Falls sie dies zwar erkannt hat, vom Business jedoch »overruled« wurde, ist dies entweder ein Fehler des Managementsystems des Unternehmens oder eine Führungsschwäche des IT-Managements.
Externe Faktoren behindern die Auftragsabwicklung.	Dieses Problem kann sich z. B. darin äußern, dass nötige Beiträge durch das Business nicht rechtzeitig oder nicht in hinreichender Qualität geliefert werden.
Die Informatikorganisation scheitert bei der Umsetzung der – an sich machbaren – Vorgaben.	Dies ist klar ein Fehler der Informatikorganisation, die zwar machbare Vorgaben sowie die nötigen Ressourcen hat, trotzdem die Vorgaben bzgl. Kosten, Zeit oder Qualität verfehlt. Dies sind Fehler, die durch eine Verifikation im Laufe der Abnahmetests aufgedeckt werden.

Problemszenario	Ursache
Die Vorgaben, obwohl definiert oder mindestens abgesegnet von den Abnehmern der IT-Unterstützung, entsprechen nicht den echten Bedürfnissen der Entscheidungsträger bzw. Stakeholder.	Dieses Problem entsteht durch unangemessene Ziele und Anforderungen. Diese Art Fehler wird durch eine *Validierung* aufgedeckt, d. h. dem Vergleich der Anwenderbedürfnisse mit der Lösung im vollen Normalbetrieb. Im Kapitel 6.1 »Die Interpretation von Aufträgen« haben wir bereits gesagt, dass die Korrektheit der Anforderungen primär Sache des Business sein sollte.
Es gibt keine zwingende und eindeutige Messung der Zielerreichung, z. B. über Kennzahlen zu Kosten und Nutzen einer Lösung.	Dieses Problem werden wir im folgenden Kapitel 6.3.2 »Die Krux mit der Bewertung der IT-Unterstützung« genauer betrachten.
Bei der Beurteilung eines Auftragsresultates fließen oft Meinungen von Personen in die Bewertung ein, welche den Auftrag gar nicht aus erster Hand kennen, die bei der Definition der Projektorganisation als Stakeholder ignoriert wurden oder denen die neue Lösung Nachteile gebracht hat (obwohl dies vom Auftraggeber bewusst in Kauf genommen wurde).	Dieser Punkt stellt ein besonders schwieriges Problem dar, das auf Mängel beim Projektmanagement hindeutet. Ein Stück weit ist es jedoch auch ein inhärentes Problem, weil ein Auftrag mehr Stakeholder betreffen kann, als in eine Projektorganisation eingebunden werden können. Es können z. B. nicht Hunderte von Anwendern an einem Auftrag mitarbeiten und mitreden, sondern es müssen wenige Anwendervertreter bestimmt werden. Je nachdem, wie gut diese ihre Arbeit machen und wie gut sie ihre Entscheidungen kommunizieren, können ganz verschiedene Bewertungen der Anwender entstehen. Diese Bewertungen können auf informellen Wegen jedoch ihren Weg zu denjenigen Personen finden, welche die Lösung schlussendlich beurteilen.

Tabelle 1 – Problemszenarien und ihre Ursachen

Wie wir anhand dieser Tabelle aufgezeigt haben, können im Rahmen eines Auftrags viele Dinge schiefgehen, die zu Unzufriedenheit mit dem Resultat des Auftrags führen. Diese Unzufriedenheit wird die Einschätzung der Leistung der Informatikorganisation beeinflussen, unabhängig davon, wie die Aufträge gelautet haben und wie viele der Probleme wirklich durch die Informatikorganisation verursacht wurden.

> IT-Systeme sind *soziotechnische Systeme*, d. h. Systeme, die letzten Endes aufgrund der *Zufriedenheit* von Mitarbeitern beurteilt werden, nicht in erster Linie aufgrund der überprüfbaren Einhaltung von Anforderungen. Deshalb können soziale Effekte bei der Beurteilung von Aufträgen nie ganz eliminiert werden, so sehr man sich auch mittels eines guten Qualitäts- und Projektmanagements dagegen abzusichern versucht.

All diese Probleme treten bereits bei einzelnen Aufträgen auf. Es wäre für eine Informatikorganisation bereits viel gewonnen, wenn zu ihrer Beurteilung in jeder Beurteilungsperiode alle abgeschlossenen Aufträge einzeln möglichst realistisch und fair bewertet würden von denjenigen Stakeholdern, welche dies am besten können, und mit möglichst klaren und objektiven Messverfahren. Stattdessen werden Beurteilungen eher ad hoc durchgeführt, u. U. von Personen, welche die meisten Aufträge gar nicht aus erster Hand kennen und sich auf das Hörensagen und willkürlich ausgewählte Quellen verlassen. Im Extremfall werden nur noch sehr globale Benchmark-Kennzahlen verwendet, um eine Informatikorganisation zu beurteilen (Kapitel 6.3.4 »Mangelnde Vergleichbarkeit bei Benchmarks«).

6.3.2 Die Krux mit der Bewertung der IT-Unterstützung

Wenn das Business bei der Informatikorganisation Folgekosten verursacht, dann dürfen diese nicht der Informatikorganisation angelastet werden. Ansonsten fällt die Beurteilung der Informatikorganisation umso schlechter aus, je weniger das Business die Auswirkungen seiner Entscheidungen auf die IT-Unterstützung bedenkt. Vergegenwärtigt man sich jedoch die im Kapitel 6.2 »Das Business beeinflusst die IT-Ressourcen« aufgeführten Schwierigkeiten, die Kostenfolgen von Businessentscheidungen auf die IT-Landschaft zu bestimmen, dann wird einem schnell klar, dass es nie ein eindeutiges Zuordnungssystem dafür geben kann. Wenn man durch das Business verursachte Mehrkosten jedoch nicht bestimmen kann, kann man auch nicht sinnvoll beurteilen, wie effizient eine Informatikorganisation arbeitet (Messung der Zielerreichung).

Trotz dieser fundamentalen Schwierigkeiten sind die wichtigsten Kosten, welche durch das Business verursacht werden, soweit wie möglich transparent zu halten und in der Beurteilung der Leistung einer Informatikorganisation zu berücksichtigen. Ein Ansatz zur Schaffung der Kostentransparenz ist die Bestimmung der durch Businessentscheidungen verursachten Kosten pro Vorhaben (Bestandteil der Wirtschaftlichkeitsrechnung, welche über das Vorhaben aktuell gehalten werden muss).

Die zuvor aufgeführten Schwierigkeiten bei der Kostenzuordnung und somit bei der Bewertung der IT-Unterstützung, insbesondere der IT-Landschaft, bleiben natürlich bestehen. Bereits die Festlegung, was der *Beurteilungskontext* (tangierte Teile der IT-Landschaft) und was die *Beurteilungsperiode* ist (definierter Zeitraum, innerhalb dessen die Konsequenzen des jeweiligen Vorhabens auf die IT-Landschaft bzw. auf den definierten Beurteilungskontext untersucht werden), ist von vielen Unsicherheiten begleitet. Diese Unsicherheiten ergeben sich automatisch aus dem Vorhandensein und Zusammenwirken der Schwierigkeiten bei der Kostenzuordnung. Zum Beispiel hat man für die Wirtschaftlichkeitsrechnung von durchgeführten Vorhaben einen bestimmten Beurteilungskontext sowie eine Beurteilungsperiode definiert. Zwischenzeitlich sind andere Vorhaben gestartet worden oder sind Marktveränderungen eingetreten, die Auswirkungen auf die ursprünglichen Wirtschaftlichkeitsrechnungen der bereits durchgeführten Vorhaben haben.

Möchte man über einen bestimmten Zeitraum die Gesamtleistung einer Informatikorganisation bewerten, so müssten alle Wirtschaftlichkeitsrechnungen der in diesem Zeitraum durchgeführten Vorhaben in die Bewertung miteinbezogen werden. Dabei müsste vorausgesetzt werden können, dass die Wirtschaftlichkeitsrechnung bei allen Vorhaben bzgl. der eingetretenen (Markt-)Veränderungen und Abhängigkeiten zwischen den Vorhaben überprüft und eventuell (rückwirkend) angepasst wird.

Dies ist jedoch nur die halbe Miete. Man bekäme zwar eine »realistischere« Aussage über die von der Informatikorganisation selbst verursachten Kosten (bereinigt um die Mehrkosten, welche durch Businessentscheidungen entstanden sind), jedoch fehlt nach wie vor eine *Vergleichsgröße*. Erst mit dieser Vergleichsgröße können wir die erbrachte IT-Unterstützung bewerten (hat die Informatikorganisation gut oder schlecht gearbeitet?).

Das Unternehmen bzw. das Business beurteilt die von einer Informatikorganisation erbrachte IT-Unterstützung auf »Marktkonformität«, d. h., inwieweit eine Informatikorganisation die Anforderungen des Unternehmens in geforderter Qualität, zu geforderter Zeit und zu angemessenen Kosten erfüllen kann.

Diese Vergleichsgröße findet man noch auf Ebene eines Vorhabens, indem man die Arbeiten von einem außenstehenden IT-Anbieter offerieren lässt. Welche Probleme damit verbunden sind, wird im Kapitel 6.5 »Make or Buy« erörtert.

Je größer das Vorhaben bzw. je mehr Vorhaben als Ganzes auf ihre wirtschaftliche Durchführung hin beurteilt werden müssen – bis hin zur Beurteilung der Leistung einer gesamten Informatikorganisation –, desto schwieriger wird es, handfeste Vergleichsgrößen zu finden.

6.3.3 Überlegungen zu Kennzahlen und Indikatoren

Gibt es aber nicht Messgrößen, die sich als Qualitätssiegel für eine Informatikorganisation, ihre IT-Landschaft oder zumindest einzelne Vorhaben eignen? Wird nicht zunehmend mit Kennzahlen, Indikatoren und Benchmarks gearbeitet, um eine objektive Beurteilung von Vorhaben oder ganzen Informatikorganisationen zu erhalten? Betrachten wir die Problematik im Lichte der gängigsten Kennzahlen nochmals genauer.

Die bekanntesten Kennzahlen der Informatik sind TCO (Total Cost of Ownership) und ROI[75] (Return on Investement, Kapitalrendite). Der TCO betrachtet die Gesamtheit aller Kosten eines IT-Systems. Dazu gehören neben dem Preis für den Kauf oder die Entwicklung des IT-Systems auch die Kosten für Schulung, Einführung, Betrieb und Wartung.

Wenn alle IT-Systeme getrennte Inseln wären, wären ihre TCOs eine halbwegs klare Sache. Wie wir im Kapitel 6.2 »Das Business beeinflusst die IT-Ressourcen« jedoch bereits gesehen haben, sind die Kosten für Vorhaben nicht wirklich modular: Die Kostenzuordnung für Vorhaben ist problematisch. Eine Investition in System A kann dazu führen, dass System B später viel einfacher und billiger realisiert werden kann, indem es Daten von A bezieht, die es sonst selbst verwalten müsste. Umgekehrt kann eine nicht getätigte Investition in System A dazu führen, dass überhaupt erst ein teures System B erstellt werden muss, welches viele Daten redundant zu A verwaltet. Derartige »transitorische

---

75 Diese in der Praxis eingebürgerte Begriffsverwendung ist genau genommen nicht korrekt. Wenn in der IT von einem ROI gesprochen wird, wird darunter meistens das Ergebnis einer Investitionsrechnung verstanden. Aus [IGC]: Der ROI bezeichnet das Produkt aus Umsatzrentabilität und Kapitalumschlag. Er drückt ein Gewinnziel aus. Der deutsche Begriff für ROI lautet Gesamtkapitalrentabilität. Der Diskontierungssatz, welcher in den Investitionsrechnungen von Vorhaben genommen werden müsste, müsste sinnvollerweise der strategisch festgelegte ROI sein.

Aktiva oder Passiva« werden bei TCO-Rechnungen üblicherweise ignoriert, was das Kostenbild erheblich verfälschen kann.

Selbst wenn wir die Kostenseite mit TCO adäquat in den Griff bekommen würden, so sagt diese Kenngröße nichts über den Nutzen einer Investition aus und ist somit als alleinige Kennzahl völlig nutzlos. Hier kommt der ROI ins Spiel. Der ROI sagt aus, um wie viel der Nutzen einer Investition innerhalb einer gegebenen Nutzungsdauer die Kosten übersteigt.

Bei Vorhaben wird als Nutzungsdauer normalerweise eine (fragwürdig?) niedrige Zahl angesetzt, meistens drei Jahre. Mit anderen Worten: Ein Vorhaben muss in spätestens drei Jahren amortisiert sein, d. h., mindestens so viel finanziellen Nutzen produziert haben, wie es gekostet hat.

In der Praxis wird für Softwarearchitektur innerhalb eines Projektes die »Nutzungsdauer« oft noch weiter reduziert, nämlich auf die Entwicklungszeit der Software: Wenn Projektleiter und Softwarearchitekt die Mehrkosten für Architektur innerhalb der Entwicklungszeit eines IT-Systems wieder hereinholen, dann müssen sie diesen Mehraufwand auch niemandem gegenüber rechtfertigen. Aber auch für eine derart überschaubare Situation ist es sehr schwierig, Kosten und Nutzen seriös auszuweisen, zu quantifizieren und überzeugend zu belegen.

Wie kann der Nutzen der Funktionalität eines neuen IT-Systems quantifiziert werden? Meistens wird der Nutzen in einer Kostenreduktion bei der Abwicklung eines Geschäftsprozesses gesehen. Wenn z. B. heute die Kosten für die manuelle Erstellung einer Lohnabrechnung pro Mitarbeiter und Monat 30 Franken betragen, mit dem neuen System jedoch nur noch 6 Franken, so beträgt der Nutzen in einem Unternehmen mit 5000 Mitarbeitern über drei Jahre gerechnet rund 4,3 Millionen Franken. Das ist die Kostenreduktion, welche durch die um 24 Franken verbilligte Lohnabrechnung innerhalb von 36 Monaten entsteht.

Sind die manuellen Kosten jedoch wirklich bekannt bzw. die Kosten eines alten Systems? Werden wirklich Äpfel mit Äpfeln verglichen? Werden die Einsparmöglichkeiten wirklich realisiert, im obigen Beispiel also rund 30 Mitarbeiter entlassen?

ROI-Rechnungen erscheinen oft als wenig überzeugend, gekünstelt oder sogar lächerlich. Manchmal kann man so viel und beeindruckend herumrechnen, wie man will, der Kaiser trägt trotzdem keine Kleider. So erscheint es naiv bis ärgerlich, wenn eine ROI-Rechnung aufzeigt, dass durch die Einführung eines neuen Knowledge-Managementsystems jeder Mitarbeiter pro Tag drei Minuten Zeit sparen würde, weil er nötige Informationen etwas schneller erhält, und daraus Lohneinsparungen von Hunderttausenden von Franken abgeleitet werden. Vielleicht ist das System ja so mühsam zu bedienen, dass es gar nicht benutzt wird? Oder es ist so super zu benutzen, dass die Mitarbeiter stundenlang damit in Informationen herumsurfen – und damit jegliche Produktivität gekillt wird? So simpel und planbar ist der Nutzen von komplexen IT-Systemen nie ...

ROI-Rechnungen sind meistens einfacher, wenn es um Nutzen in Form von reduzierten IT-Betriebskosten geht. Die Reduktion von Betriebskosten z. B. durch eine Serverkonsolidierung[76] ist leicht zu berechnen, selbst wenn wir nicht ignorieren, dass die Konsolidierung mehrerer Server auf einen Rechner den Absturz dieses Rechners viel gefährlicher macht und deshalb zusätzliche Investitionen für »business continuity« anfallen (und bei der ROI-Rechnung mitberücksichtigt werden) müssten.

Time-to-market-Überlegungen können sowohl die Kosten- als auch die Nutzenseite nochmals schwieriger gestalten. Was bedeutet es, wenn ein IT-System unter hohem Zeitdruck erstellt werden muss? Auf der Kostenseite bedeutet es eventuell eine Reduktion der Entwicklungskosten, wahrscheinlich jedoch in Zukunft massive und wiederholte Mehrkosten für die Wartung. Wie werden diese Mehrkosten – gewichtet durch ihre Eintretenswahrscheinlichkeit – berechnet? Auf der Nutzenseite ist es schwer, verbindlich vorherzusagen, was der Nutzen z. B. einer drei Monate früher erfolgten Markteinführung wirklich ist. Im einen Extremfall könnte es bedeuten, dass man den Markt für sich erobert, bevor die Konkurrenz so weit ist. Im anderen Extremfall kommt man zu früh auf den Markt, bevor dieser für das Produkt reif ist. Und was ist der Nutzen, wenn man zwar der Erste am Markt ist, sich jedoch den Ruf ruiniert, weil die Software nur unzuverlässig arbeitet? Hier kann man Zahlen im Grunde nur würfeln und dann mit vielen Tabellen und schönem Dokumentenlayout vorgaukeln, dass das alles völlig seriös sei.

---

76 Wegen der schlechten Isolation von Anwendungen (siehe Kapitel 10.1 »Anwendungen und Komponenten«) auf heutigen Betriebssystemen wird pro Applikation gerne ein eigener Server vorgesehen, der oft nur schlecht ausgelastet ist. Bei der »Serverkonsolidierung« werden Applikationen mitsamt ihrer Betriebssysteme von mehreren physischen Servern in »virtuelle Maschinen« verschoben, welche auf einem einzigen physischen Server laufen. Damit werden Hardwarekosten, Strom und Platz in Rechenzentren gespart.

Machen wir nun den Schritt von einzelnen Vorhaben zur gesamten Informatikorganisation. Die Kosten einer Informatikorganisation sind leicht zu bestimmen, sie hat ein eigenes Budget, die Lohnkosten, Lizenzkosten usw. sind bekannt. Der Nutzen der Informatikorganisation besteht in der Unterstützung der Geschäftsprozesse und spiegelt sich in der bereitgestellten IT-Unterstützung wider. Aus dem Kapitel 3.8 »Wirtschaftliche Bereitstellung der IT-Unterstützung« wissen wir, dass sich einerseits nur bei demjenigen Teil der IT-Unterstützung ein Nutzen quantifizieren lässt, wo direkte Kosteneinsparungen realisiert werden können, andererseits die Kosten teilweise fremdbestimmt sind. Es stellt sich damit die Frage, was diese Kosten überhaupt aussagen und welchem Nutzen sie gegenüberstehen. Gemäß neueren Buchhaltungsvorschriften gehört die IT zu den immateriellen Vermögenswerten eines Unternehmens und damit in die Bilanz (Standard IAS 38). Dazu werden Vorhaben in nicht aktivierbare Teile (Forschungs- und Konzeptphasen) sowie in zu aktivierende Teile (ab Designphase) eingeteilt. Das ist dann zwar buchhalterisch korrekt, gibt jedoch keinerlei realen Einblick in den Nutzen der IT-Landschaft. Dass man Zeit und Geld in die Entwicklung und Einführung eines IT-Systems gesteckt hat, heißt noch lange nicht, dass damit auch tatsächlich mehr Umsatz oder Kosteneinsparungen bewirkt werden.

In einer Hinsicht würden wir uns hingegen wünschen, dass die buchhalterische Sicht ernster genommen würde. Nämlich dann, wenn Legacy-Systeme, die an allen Ecken und Enden Probleme verursachen, »auf Teufel komm raus« an neue Bedürfnisse angepasst werden.

> Wenn ein IT-System, das Probleme verursacht, vor Jahren längst abgeschrieben worden ist, darf man es nicht krampfhaft am Leben erhalten. Das würde man mit einer asbestverseuchten und halb zerfallenen Fabrik auch nicht tun.

Allzu oft wird die Natur von Software als »flexibel wie Wasser« missverstanden (Kapitel 3.10.4 »Denkansätze zur Beherrschung von Komplexität«).

Letztlich zeigen all diese Ansätze, dass krampfhaft versucht wird, die IT mittels Kennzahlenakrobatik in den Griff zu bekommen und auf – bevorzugt finanzielle – Kennzahlen zu reduzieren. Manche Beobachter und Marktforschungsfirmen versteigen sich sogar zu der Behauptung, dass das Management von IT-Assets in Zukunft die Domäne des CFOs wird ...

Aufgrund unserer Beobachtungen sind wir hingegen davon überzeugt, dass TCO, ROI und Konsorten nur dann halbwegs realistisch und robust sind, wenn es um sehr »einfache« Situationen geht, also ohne zeitliche Abgrenzungsprobleme und mit ganz direkt ersichtlichen Einsparungen oder Mehreinnahmen. In der Mehrzahl der Fälle sind jedoch indirekte Kosten und Nutzen wichtig genug, dass sie einerseits nicht ignoriert werden können, andererseits jedoch auch kaum plausibel quantifizierbar sind.[77]

Sind wir deshalb gegen jegliche Kennzahlen, insbesondere Finanzkennzahlen? Nein, aber sie dürfen nicht überbewertet werden. Kennzahlen können als Plausibilitätschecks, Frühwarnsignale und als Indikatoren dienen, worauf ein Vorhaben empfindlich reagiert. Wenn z. B. berechnet wird, dass sich ein neues IT-System lohnt, falls damit pro Jahr 50.000 Verträge abgewickelt werden, dann sollte man genau hinschauen, wie plausibel diese Zahl ist. Wir haben kürzlich ein solches System gesehen, bei dem am Ende nur 500 Verträge pro Jahr abgewickelt wurden – ein komplettes Fiasko. Statt sich hinter scheinseriösen Zahlenmauern zu verschanzen, sollte man eingestehen, dass man einen »halben Blindflug« fliegt – und damit leben lernen, dass jede Entscheidung grundsätzlich angreifbar bleibt.

Eine Informatikorganisation hat *eigene maßgeschneiderte* Kennzahlen zu definieren, welche zu ihren Prozessen Aussagen machen, aber auch zu den Schnittstellenprozessen zwischen ihr und den Businessorganisationseinheiten. Diese Kennzahlen dienen sowohl der Führung sowie der Orientierung der Businessorganisationen über die geleisteten Arbeiten als auch dem Aufzeigen der durch das Business verursachten Mehrkosten.[78]

---

77 Man kann zwei Arten von Reaktionen auf diese Problematik beobachten: Einerseits die Leute, welche Finanzakrobatik für bare Münze nehmen. Wenn man sie auf Ungereimtheiten aufmerksam macht, versuchen sie mit noch ausgefeilteren Modellen noch bessere Zahlen zu produzieren – ohne dabei die Kluft zwischen Finanzmodell und Realität wesentlich zu verkleinern. Das sind frustrierend-liebenswerte Modellierungsfreaks oder fantasielose Erbsenzähler. Andererseits gibt es die »Politiker«. Sie sind sich sehr wohl bewusst, welch große Unschärfen in den Zahlen verborgen sind, und sie nutzen diesen Manipulationsspielraum, um ihre Ziele durchzusetzen.

78 Wenn z. B. in einem Release-Zyklus einer Anwendungslandschaft bis zu deren Produktivstellung die Hälfte aller zu Beginn eingereichten Change Requests (Änderungsanträge) durch die Businessorganisation auf andere Releases verschoben werden, deutet dies auf Probleme aufseiten der Businessorganisation hin. Diese Probleme können der Informatikorganisation nicht egal sein. Unabhängig von der Problemursache verzeichnet die Informatikorganisation Kosten ohne Nutzengenerierung. Denn in den meisten Fällen hat die Informatikorganisation bereits Aufwand in die Ausarbeitung ihrer Spezifikationen investiert. Die Praxis zeigt, dass diese geleisteten Spezifikationsaufwände zum

> Für das eigene Unternehmen maßgeschneiderte Kennzahlen können so als Plausibilitätschecks und Frühwarnsignale dienen, d. h. als Hinweise, wo man genauer hinschauen sollte und eventuell Verbesserungsbedarf hat. Damit können sie hilfreich für eine Kultur der kontinuierlichen Verbesserungen sein. Unserer Erfahrung nach bewirkt das systematische Messen und Auswerten von Kennzahlen – ohne Vergleich mit anderen Organisationen – eine inhaltliche Sensibilisierung und Qualitätssteigerung. Der größte Lerneffekt entsteht bei der Überlegung, welche Messungen für die eigene Organisation sinnvoll sind und wie man sie durchführen könnte.

Wenn Kennzahlen zu Benchmarking-Zwecken auf verschiedene Firmen angewendet werden, halten wir dies hingegen für heikel, denn allzu schnell werden Äpfel mit Birnen verglichen, fremde Interessen mit eigenen verwechselt und der Fokus auf die Manipulation von Zahlen statt auf das Erreichen von Resultaten gelegt.

6.3.4 Mangelnde Vergleichbarkeit bei Benchmarks

Böse Zungen behaupten, dass es sich beim Benchmarking um einen Vergleich von Preisschildern handelt, ohne zu wissen, was in der Verpackung drin ist. – Aber egal, wie man zum Benchmarking steht, man wird es kaum umgehen können. Deshalb möchten wir dieses Thema noch etwas genauer betrachten.

Eine Beurteilung wird immer, wie die englische Bezeichnung besagt, anhand eines Richtwerts vorgenommen. Die Wahl des Richtwerts und die Bewertungskriterien sind dabei oft der Knackpunkt. Der Richtwert sollte immer der Markt bzw. eine marktrelevante Größe sein. Wenn ich immer in das gleiche Restaurant essen gehe, jedes Mal dasselbe Menü bestelle und nie dieses Menü in einem anderen Restaurant gekostet habe, so weiß ich auch nicht, ob der mir berechnete Preis, bezogen auf die Portion, Qualität, Wartezeit und Bedienung, angemessen ist.

Benchmarks stellen die vermeintlichen Kosten einer (meist künstlich) geschaffenen Nutzengröße gegenüber. Zum Beispiel sind in der Assekuranz die IT-Kosten pro Vertrag eine beliebte Benchmark-Größe.

---

größten Teil obsolet werden, da die Anforderungen der gleichen auf später verschobenen Change Requests sich verändern werden. Eine entsprechende Kennzahl ist meistens Voraussetzung, um mit der Businessorganisation in einen produktiven Dialog treten zu können.

Jede Unternehmung hat ihren eigenen Qualitätsanspruch an die IT-Landschaft bzw. IT-Unterstützung, somit werden unterschiedliche Lösungsqualitäten angestrebt. Je nach Qualitätsanspruch ist es unterschiedlich *teuer*, diesen zu erreichen. Falls die im Vergleich stehenden Unternehmen *denselben Qualitätsanspruch* hätten, so wäre immer noch nicht klar, unter welchen *Optimierungskonflikten* die Lösungsqualität jeweils entstanden ist. Wie oft wurden z. B. der jeweiligen Informatikorganisation Mehrkosten auferlegt und die Lösungsqualität dadurch verringert (Kapitel 3.8 »Wirtschaftliche Bereitstellung der IT-Unterstützung«)?

Folglich sagt eine solche Größe nichts darüber aus, ob die im Vergleich stehenden IT-Unterstützungen überhaupt *vergleichbar* sind. Sie sagt auch nicht aus, *wie gut* die IT-Unterstützung bzw. die Lösungsqualität in Tat und Wahrheit ist, beispielsweise wie einfach bzw. automatisiert ein Vertrag verwaltet werden kann, wie robust und benutzerfreundlich sich die IT-Unterstützung dem Anwender präsentiert, wie änderungsfreundlich die IT-Unterstützung konzipiert ist, welche technologischen Lock-ins vorhanden sind usw.

Die Abbildung 42 illustriert die Benchmark-Problematik in unserem Zusammenarbeitsmodell zwischen der Business- und Informatikorganisation in einem Unternehmen.

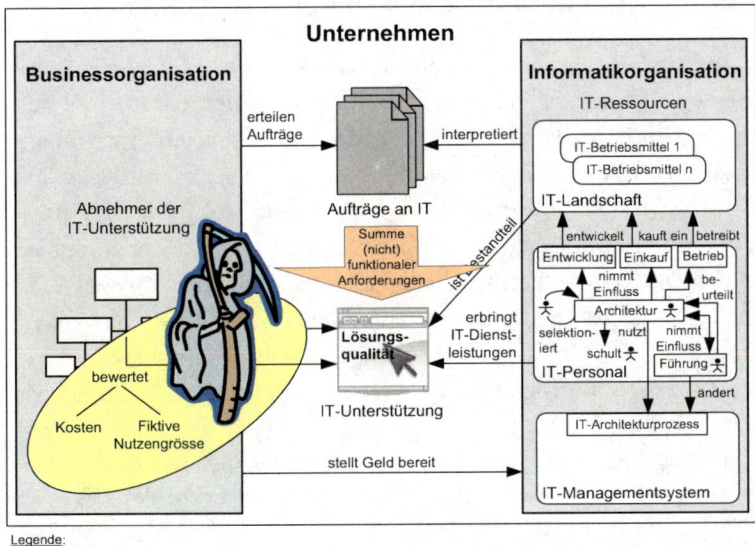

Abbildung 42 – Visualisierung der Benchmark-Problematik im 4Views-Zusammenarbeitsmodell

Bei Benchmark-Vergleichen werden oft die Kosten der Informatikorganisation einer *meist künstlich* geschaffenen Nutzengröße gegenübergestellt und ein Richtwert (Benchmark) als anzustrebende Zielgröße formuliert.

Dabei wird – meist implizit – vorausgesetzt, dass die am Benchmark teilnehmenden Unternehmungen den *gleichen Qualitätsanspruch* an die IT-Unterstützung haben und *keine Mehrkosten aus Optimierungskonflikten* der Informatikorganisation auferlegt haben.

Ergeben solche Benchmark-Vergleiche, dass die Leistung einer Informatikorganisation »nominell« unbefriedigend ausfällt, so ist dieser Schlussfolgerung mit Vorsicht und mit einer großen Portion gesundem Menschenverstand zu begegnen. Der Ruf nach einem Managementwechsel (der Sensemann in Abbildung 42 als die bildlich dargestellte existenzielle Bedrohung des verantwortlichen IT-Managers) oder nach Outsourcing[79] kann hierbei sehr verlockend sein. Bevor eine Entscheidung gefällt werden kann, muss analysiert werden, welche Unterschiede im Qualitätsanspruch bestehen und welche Optimierungskonflikte zu Mehrkosten aufseiten der Informatikorganisation geführt haben.

6.4 Architekturinvestitionen – eher ad hoc als geplant

In eine Informatikstrategie aufgenommene Architekturprojekte sind eher die Ausnahme. Solche geplanten Architekturinvestitionen deuten darauf hin, dass man die Lösungsqualität der Ressource IT-Landschaft zugunsten einer Steigerung des Businessnutzens über längere Zeit drastisch reduziert hat und jetzt korrigieren muss. Natürlich kann eine Informatikorganisation, welche ihr Handwerk nicht versteht und als Folge die geforderte IT-Unterstützung schlecht konzipiert und bereitstellt, selbst zu einem beträchtlichen Komplexitäts- und Kostentreiber werden, sprich, dass sie selbst die Lösungsqualität der IT-Landschaft maßgeblich reduziert. Dies kann z. B. durch den Einsatz ungeeigneter Technologien, durch zu viele verschiedene Technologien, durch falsch verstandene Technologien,

---

79   Zum Thema Outsourcing ist Folgendes anzumerken: Wenn ein Unternehmen ein Outsourcing vornimmt, nur weil das Unternehmen aus Managementsicht der Dinge nicht Herr wird (z. B. bei der Etablierung einer Performance-Kultur), so ist aus unserer Sicht garantiert, dass dieses Outsourcing das Unternehmen teurer zu stehen kommt als die bisherige Inhouse-Lösung. Nur was ich führungstechnisch selbst beherrsche (Organisation der Aufgaben, deren Risikobeurteilung, Treffen entsprechender Mitigationsmaßnahmen usw.) und somit mindestens in der Wirkungsweise verstehe, kann ich »outsourcen«.

durch unbegründbare Allgemeinheit von Anwendungen (»Eier legende Wollmilchsäue«), durch falsch verstandene Anforderungen, durch fehlenden Mut, erkannte Fehlentwicklungen zu korrigieren (»if it works, don't fix it«), durch fehlende Prozesse zur Abstimmung von Schnittstellenänderungen, durch den Einsatz von zu wenig qualifizierten Mitarbeitern o. Ä. verursacht werden.

Die Symptome einer mangelhaften Lösungsqualität sind sehr hohe Wartungskosten und strategische Sackgassen. Diese geplanten Architekturprojekte sind meist anstehende Großprojekte zur Migration strategischer Anwendungen von veralteten auf neue Plattformen.

Wieso erfolgen größere Architekturinvestitionen aus wirtschaftlicher Sicht so spät? Unsere These ist die, dass in fetten Jahren, in denen genügend Geld vorhanden ist, Architekturprojekte zwar gestartet werden könnten, jedoch der *Leidensdruck in der Organisation* für deren Umsetzung *fehlt*. Das kann z. B. zu »Papiertigern« führen, also Projekten, die in schönen Konzeptpapieren und Powerpoint-Präsentationen münden, jedoch nie umgesetzt werden. In wirtschaftlich harten Zeiten hingegen sind die Kosten für ein IT-Architekturprojekt schlussendlich nur über einzusparende Headcounts oder über die Kürzung eines gesprochenen Budgetpostens (z. B. für Wartung oder Entwicklung) zu kompensieren. D. h., in harten Zeiten sind IT-Architekturprojekte, welche primär die Flexibilität der IT-Landschaft für die wirtschaftliche und time-to-market-gerechte Umsetzung zukünftiger Anforderungen erhöhen, praktisch chancenlos, da sie Risikoinvestitionen darstellen und ihre konstruierten Wirtschaftlichkeitsrechnungen einer kritischen Untersuchung nicht Stand halten.

Ein weiterer Grund, dass Architekturinvestitionen eher ad hoc als geplant getätigt werden, liegt in der *tieferen Priorisierung der Architekturprojekte* gegenüber anderen Vorhaben. Die Priorisierung von Vorhaben wird aus Unternehmenssicht aufgrund des strategischen Handlungsbedarfs und einer investitionstechnischen Bewertung vorgenommen (in der Portfoliodarstellung aus Abbildung 43 sind diejenigen Vorhaben die Gewinner, welche im Feld »Hohe Priorität« eingeordnet werden). Geplante, sprich frühzeitig dem erwarteten Änderungsdruck begegnende, Architekturprojekte könnten wirtschaftlich mithalten (sofern mit Zahlen belegbar), jedoch sind sie zu diesem Zeitpunkt aus Unternehmenssicht nicht zwingend strategisch bedeutend (in der Portfoliodarstellung aus Abbildung 43 landen frühzeitig initiierte Architekturprojekte im besten Fall im Feld »Wirtschaftlich lohnend ohne hohe strategische Bedeutung«).

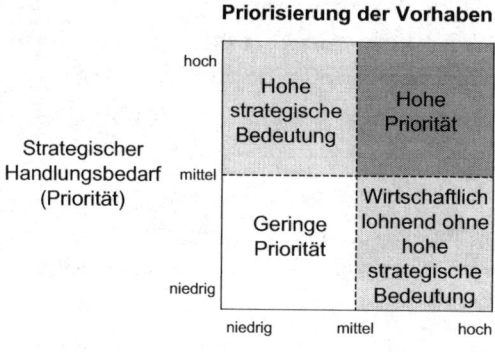

Abbildung 43 – Priorisierungsschema von Vorhaben

Dies erklärt auch, warum Architekturprojekte sehr spät gestartet werden, sowohl aus Sicht ihrer wirtschaftlichen Umsetzung als auch bezüglich ihrer zeitlichen Fertigstellungswunschtermine (sie müssten bereits umgesetzt sein). Sie werden erst gestartet, wenn strategische Lock-ins offenkundig sind und diese sich derart bemerkbar machen, dass andere Vorhaben blockiert werden (Stichwort Migration strategischer Anwendungen von veralteten auf neuere Plattformen).

6.5 Make or Buy

Bei der Entscheidungsfindung von »Buy« anstelle von »Make« wird häufig pauschal argumentiert, dass man mit dem »Buy«-Ansatz die notwendige IT-Unterstützung wesentlicher günstiger und weniger risikobehaftet erbringen kann.

Falls ein Unternehmen eine eigene Informatikorganisation mit Software-Entwicklungsabteilungen besitzt, so stellt die oben erwähnte Argumentation für sie eine harte Aussage dar. Aus IT-Sicht ist es wichtig zu verstehen, was mögliche Gründe für eine solche Argumentation sein könnten.

Einerseits bewertet das Business explizit oder meist implizit die angebotene IT-Unterstützung. Über die Jahre entsteht ein mehr oder weniger zementiertes Bild, wozu die eigene Informatikorganisation fähig ist (Stereotypenbildung). Andererseits tragen die Entscheidungsträger des jeweiligen Unternehmens eine Vorgeschichte im Umgang mit IT-Themen mit sich herum. Sie haben auch eine persönliche Überzeugung zum Stellenwert der IT als Funktion für das Unternehmen. Manager, welche bisher eher negative Erfahrungen mit der IT gesammelt haben und selbst auch keine Affinität zu Informatikthemen besitzen, erachten die IT meistens als Kostenfaktor und nicht als Erfolgsfaktor. Die persönlichen Überzeugungen zum Stellenwert und die Einschätzung der Leistungsfähigkeit (*Professionalität*) der eigenen Informatikorganisation präjudizieren bereits eine Grundhaltung bei »Make or Buy«-Entscheidungen für die Beschaffung von Software. Aus diesem Grund ist es für eine Informatikorganisation äußerst wichtig, dafür zu sorgen, dass eine objektive Bewertung der von ihr angebotenen IT-Unterstützung vorgenommen wird (Kapitel 6.3 »Fehlende objektive Bewertung der IT-Unterstützung«).

Auch das Rollenverständnis der Informatikorganisation (Kapitel 6.6 »Rollenverständnis einer Informatikorganisation«) trägt unter Umständen dazu bei, dass das Business die eigene Informatikorganisation umgehen möchte, indem sie eine »Buy«- oder »Make«-Entscheidung zugunsten eines externen IT-Partners bevorzugt. Je nach Rollenverständnis macht eine Informatikorganisation dem Business Auflagen, was die Ausgestaltung der IT-Unterstützung angeht, wie z. B. die Einhaltung von IT-Architekturvorgaben. Das Business geht davon aus, dass dadurch für sie die Transaktionskosten[80] für die Beschaffung der gewünschten IT-Unterstützung bei einem externen IT-Partner tiefer liegen als bei der eigenen Informatikorganisation. Wie die Informatikorganisation möchte auch das Business seine Kosten minimieren, was zwangsläufig zu einem Zielkonflikt zwischen Unternehmensinteressen verschiedener Organisationseinheiten führt. Das eigentliche Problem entsteht aus betriebswirtschaftlicher Sicht, wenn später die eigene Informatikorganisation die Wartung dieser meist ohne Architekturauflagen entwickelten Fremdsoftware übernehmen soll. Die aus Businesssicht vermeintlich *gesparten* Transaktionskosten belasten in der Regel *mehrfach* das Wartungsbudget der betroffenen Informatikeinheit und verschlechtern folglich auch die Bewertung ihrer IT-Unterstützung.

Heutzutage gibt es kaum einen reinen »Make or Buy«-Ansatz mehr. Auch wenn eine »Buy«-Entscheidung getroffen wird, muss meistens Integrationsarbeit von der eigenen Informatikorganisation geleistet werden. Integrationsar-

---

80 Die Transaktionskostentheorie besagt, dass bei jeder Transaktion im Markt auch Transaktionskosten (market transaction costs) entstehen. ... Die Höhe von Transaktionskosten kann das Zustandekommen von Transaktionen *verhindern*, wenn etwa die anfänglichen Informationskosten für einen potenziellen Käufer so hoch geraten, dass die Transaktion prohibitiv verteuert wird. ... Die Transaktionskostentheorie unterstellt unter anderem den Vertragspartnern begrenzte Rationalität und Opportunismus [Coase].

beiten erfordern vergleichbare Kompetenzen und sind ähnlich anspruchsvoll wie eine Eigenentwicklung.

Wie kann nun eine »Make or Buy«-Entscheidung fundiert getroffen werden? Als Erstes muss geklärt werden, ob mit der gewünschten IT-Lösung Wettbewerbsvorteile erzielt werden können oder nicht. Kann sich das Unternehmen über diese IT-Lösung am Markt gegenüber seinen Konkurrenten differenzieren?

Falls keine Differenzierung am Markt über diese IT-Lösung möglich ist, dann sollte die Lösung eingekauft werden, sofern eine existiert und sich der Einkauf betriebswirtschaftlich wirklich lohnt. Ein Einkauf kann teurer werden als eine Eigenentwicklung: Wir haben aus eigener Erfahrung mehrfach erlebt, dass bereits der betriebene Evaluationsaufwand eine Dimension erreicht hat, mit der man praktisch eine solide Eigenentwicklung hätte finanzieren können. Es ist deshalb in jedem Fall eine Vollkostenrechnung (Kalkulation des Evaluations- und Integrationsaufwandes sowie der Betriebskosten über die Verwendungsdauer) vorzunehmen. Eine Schwierigkeit liegt unter anderem bei der Definition der Verwendungsdauer (siehe auch im Kapitel 6.3.2 »Die Krux mit der Bewertung der IT-Unterstützung« die Diskussion um Beurteilungsperiode und -kontext). Die Verwendungsdauer ist i. d. R. nicht konform mit der Abschreibungsdauer. Buchhalterisch betrachtet müsste man die Abschreibungsdauer nehmen. Falls bereits im Verlaufe der Abschreibungsdauer Anforderungen gestellt werden, die mit dem eingekauften Softwareprodukt nicht mehr abgedeckt werden können, so ist die initial vorgenommene Kostenbetrachtung ungültig, und es stellt sich die Frage, ob es nicht kostengünstiger gewesen wäre, die geforderte IT-Lösung entwickeln zu lassen. Den umgekehrten Fall, dass man den Entwicklungsaufwand kostenmäßig »verharmlost« und über die »Salamitaktik« finanziert, durften wir allerdings auch miterleben.

Falls eine Differenzierung am Markt über diese IT-Lösung möglich ist, dann ist eine Entwicklung der IT-Lösung voraussichtlich unabdingbar. Es gibt weitere Gründe für eine Neuentwicklung, wie z. B. eine vollkommene Kontrolle über die künftige Entwicklung der Software und den Besitz des Source-Codes.

Bei einer getroffenen »Make«-Entscheidung stellt sich die Folgefrage: »Entwickle ich diese unternehmensspezifische IT-Lösung selbst (Eigenentwicklung) oder lasse ich sie von einem externen IT-Partner entwickeln (Fremdentwicklung)?«

Die Beantwortung dieser Folgefrage hängt davon ab, wie die Ressourcen einer Informatikorganisation aktuell ausgestaltet sind und wie diese zukünftig aussehen sollen. D. h., für einen solchen Entscheid sind vorgängig folgende Überlegungen anzustellen: Besitzt die eigene Informatikorganisation genügend geschultes und erfahrenes IT-Personal, weisen die Organisationsstrukturen und Prozesse einen genügenden Reifegrad auf, werden in der IT-Landschaft die benötigten Technologien bereits eingesetzt, um diese Eigenentwicklung erfolgreich durchführen zu können? Welche kurz- bis langfristigen Auswirkungen und Erfordernisse hat diese Eigenentwicklung auf die IT-Ressourcen selbst und sind sie so gewünscht?

Ergeben diese Überlegungen ein positives Ergebnis – d. h., mit den verfügbaren IT-Ressourcen ist die eigene Informatikorganisation in der Lage, diese Eigenentwicklung durchzuführen, und die Auswirkungen und Erfordernisse an die IT-Ressourcen selbst sind vertretbar –, so wird die eigene Informatikorganisation diese Eigenentwicklung mit Bestimmtheit kostengünstiger und mit höchstens gleichen Risiken wie ein externer IT-Partner erbringen können. Die eigene Informatikorganisation muss nicht wie der externe IT-Partner Akquisitions-, Marketingaufwände, Gewinnmarge usw. in den Preis einkalkulieren.

> Sind die IT-Ressourcen vorhanden, führt die eigene Informatikorganisation eine Eigenentwicklung kostengünstiger und mit höchstens gleichen Risiken durch wie die Fremdentwicklung durch einen externen IT-Partner. Die eigene Informatikorganisation kann professionell arbeiten, falls sie *professionell geführt* wird …

6.6 Rollenverständnis einer Informatikorganisation

Die Informatikorganisation kann im Wesentlichen zwei Arten von Rollen übernehmen: die Rolle des *gleichberechtigten Partners* oder diejenige des *Service-Providers*. Diese Rollenwahl hat erhebliche Konsequenzen, inwieweit eine Informatikorganisation ihren Ressourceneinsatz optimieren kann, um die IT-Unterstützung wirtschaftlich zu erbringen. Diese Rollenwahl beeinflusst demnach auch den Handlungsspielraum und die Einflussmöglichkeiten der IT-Architektur.

Die Entscheidung, welche Rolle der Informatikorganisation in einem Unternehmen zugestanden wird, ist nicht nur eine sachlogische Entscheidung. Vielmehr geht es dabei um Macht und um die Durchsetzung von Interessen (Kapitel 5.5

»Interpretation der Änderungsdrücke im Unternehmen«). Die Rolle des gleichberechtigten Partners muss sich zwingend auch organisatorisch äußern – z. B. durch den Einsitz des Informatikleiters in der Geschäftsleitung bzw. Konzernleitung.

Mit der Rolle des gleichberechtigten Partners hat die Informatikorganisation die Pflicht, an sie gestellte Anforderungen kritisch hinsichtlich deren Businessnutzen zu hinterfragen und die Umsetzung nötigenfalls zu verweigern, falls die Lösungsqualität der IT-Landschaft nachhaltig reduziert wird, ohne dass dabei ein Gesamtnutzen für das Unternehmen entsteht. Hierzu muss eine Informatikorganisation fähig sein, die Kostenfolgen von Anforderungen transparent zu machen. Wir wissen aber, dass diese Aufgabe nicht nur kompliziert, sondern komplex und somit nicht eindeutig lösbar ist (wie quantifiziere ich die Reduktion von Time-to-market, wie messe ich überhaupt die Time-to-market-Fähigkeit usw.?). Diese Aufgabe stellt ein eigenständiges Spannungsfeld dar (Kapitel 6.3 »Fehlende objektive Bewertung der IT-Unterstützung«). Die IT-Architektur ist für eine Informatikorganisation das Mittel, um diese Transparenz weitestgehend schaffen zu können. Die Rolle des gleichberechtigten Partners schränkt die IT-Architektur in ihrer Arbeit nicht ein, im Gegenteil, sie wird zum Führungsinstrument einer Informatikorganisation (Kapitel 7 »Die Funktion der IT-Architektur in einem Unternehmen«).

Nimmt die Informatikorganisation die Rolle des Service-Providers ein, so verliert sie mehr oder weniger das Vetorecht bei Vorhaben, welche die Lösungsqualität der IT-Landschaft verschlechtern. Die Informatikorganisation als Service-Provider setzt die an sie gestellten Anforderungen eins zu eins um und hinterfragt kaum, ob die richtigen Anforderungen umgesetzt werden.[81] Es wäre jedoch ein trügerischer Schluss, dass es der Informatikorganisation in der Rolle des Service-Providers völlig egal sein könnte, wenn die IT-Kosten explodieren. Vor allem wenn die Informatikorganisation inhouse ist, ist es eine Frage der Zeit, bis sie ebenfalls mit Kostenvergleichen konfrontiert wird. Sie bezahlt in diesem Fall die Zeche für die Businesseinheiten, welche die Assets der IT-Landschaft über die

---

81 Ein besonderes Erlebnis war ein Change Request, für den aufseiten der Informatik ca. 78 Personentage veranschlagt wurden (ohne Berücksichtigung des Komplexitätszuwachses in der IT-Landschaft). Mit dem Change Request hätte man einen Spezialfall aus den allgemeinen Versicherungsbedingungen (AVB) automatisieren sollen. Nach eingehender Überprüfung wurde festgestellt, dass dieser Spezialfall im Vertragsbestand von einer halben Million Verträgen »potenziell« insgesamt zwanzigmal zutreffen könnte, und zwar jeweils einmal nach Vertragsablauf. Die manuelle Behandlung eines solchen Spezialfalls hätte ca. einen Personentag beansprucht.

Jahre geplündert haben (Kapitel 6.2 »Das Business beeinflusst die IT-Ressourcen«). Ihr Argumentarium wird höchstwahrscheinlich nicht gleich fundiert und wehrhaft sein wie dasjenige einer gleichberechtigten Informatikorganisation, da sie nicht denselben IT-architektonischen Aufwand betrieben hat (wieso sollte man, wenn man sowieso nichts zu melden hat?). Externe Service-Provider werden von diesen Kostenvergleichen ebenfalls nicht verschont, deren Schonfrist ist höchstens ein bisschen länger. Die Rolle des Service-Providers schränkt die IT-Architektur in ihrer Arbeit stark ein. Die IT-Architektur wird primär aus operationeller Notwendigkeit und zwecks Schaffung der für das Überleben der Informatikorganisation benötigten Transparenz betrieben (Kapitel 7 »Die Funktion der IT-Architektur in einem Unternehmen«).

Wir haben gesehen, dass diverse Spannungsfelder zwischen Business und IT existieren. Es liegt auf der Hand, dass sich diese Spannungsfelder verschärfen, wenn das Rollenverständnis der eigenen Informatikorganisation und die damit verbundenen Aufgaben im Unternehmen nicht *bekannt, verstanden und akzeptiert* sind. Als mögliches Beispiel eines unklaren Rollenverständnisses dient die im Kapitel 6.5 »Make or Buy« erwähnte Problematik, dass das Business unter Umständen die Transaktionskosten im Umgang mit der eigenen Informatikorganisation als zu hoch empfindet und deswegen externe IT-Partner bevorzugt. Eine Verschärfung der Spannungsfelder wird auch dadurch verursacht, dass die Informatikorganisation ihre Rolle nicht gut genug wahrnimmt. Mit der Rolle des gleichberechtigten Partners muss die Informatikorganisation wesentlich mehr Domänenverantwortung übernehmen. Die Informatikorganisation muss ein tieferes Domänenwissen aufbauen, um die an sie gestellten Anforderungen kritisch bzgl. deren Businessnutzen hinterfragen zu können – und um als *adäquater Ansprechpartner* vom Business wahrgenommen zu werden. Umgekehrt kann es der Informatikorganisation nicht mehr egal sein, dass Fachspezifikationen von »Hobbyspezifikateuren« geschrieben werden. Häufig werden aus der Linie Sachbearbeiter abgezogen und zum Schreiben einer Fachspezifikation »verdonnert«. Das gleiche Verfahren wird oft für das »Business-Staffing« von Projekten angewandt. Ausgebildete Businessanalysten, die fundiertes Domänenwissen inkl. der minimal notwendigen IT-Grundkenntnisse mitbringen und das Spezifikationshandwerk verstehen, werden benötigt (siehe auch Kapitel 6.1 »Die Interpretation von Aufträgen«). Die Erarbeitung von Aussagen zur Businessarchitektur nimmt markant an Bedeutung zu.

> Aus betriebswirtschaftlicher Sicht müsste der Informatikorganisation die Rolle »gleichberechtigter Partner« im Unternehmen zugestanden werden. Unabhängig vom Rollenverständnis der Informatikorganisation ist es für jede IT wichtig, ihre Kosten(-entwicklung) begründen zu können. Eine ordentlich betriebene IT-Architektur optimiert nicht nur den IT-Ressourceneinsatz, sondern liefert nebenbei die notwendigen Übersichten und Informationszusammenhänge für die für Benchmarks notwendigen Argumentarien – u. a. die Nachweismöglichkeit, wo auf Kosten der Lösungsqualität der IT-Landschaft gesamthaft der Unternehmenserfolg erhöht werden konnte.

7 Die Funktion der IT-Architektur in einem Unternehmen

Einzelfirmen, kleinere oder gar mittlere Firmen – insbesondere Firmen, welche materielle Güter herstellen (z. B. eine Kerzenfabrik) – haben in der Regel keine eigene Informatikorganisation, geschweige denn eine IT-Architektur. Ihre IT-Unterstützung beziehen sie meistens vollständig von einem oder mehreren externen IT-Partnern. Teilweise ist die IT-Unterstützung Chefsache oder wird von IT-interessierten Mitarbeitern geleistet (vor allem betriebliche[82] Aufgaben).

Bei Unternehmen, welche eine eigene Informatikorganisation besitzen, durften wir zwei funktionale Ausprägungen der IT-Architektur beobachten. In der ersten Ausprägung wurde IT-Architektur primär aus existenziellen Gründen betrieben, d. h., die *IT-Architektur als operationelle Notwendigkeit*. Bei der zweiten Ausprägung nutzte die Informatikorganisation die Ergebnisse der *IT-Architektur als Führungsinstrument*.

Bei den Unternehmen, welche aus operationeller Notwendigkeit begannen, eine IT-Architektur zu betreiben, herrschten zuvor extreme Kopfmonopole, eine asymmetrische Verteilung der Arbeitslast auf einzelne Mitarbeiter, keine untereinander abgestimmten Informationslisten oder Übersichten zu den eingesetzten IT-Betriebsmitteln, keine Dokumentation, Ad-hoc-Auswertungen usw. Bei der IT-Architektur als operationelle Notwendigkeit geht es primär darum, das Alltagsgeschäft aufrechterhalten zu können und das Beschaffungschaos sowie den Administrationsaufwand zu minimieren. Ein weiteres Merkmal, wenn eine IT-Architektur aus operationeller Notwendigkeit betrieben wird, liegt in dem Umstand, dass Architekturergebnisse meist ad hoc entstehen. Die Art der Architekturtätigkeit ist meist *deskriptiv* (Fokus auf die Beschreibung der Ist-Architektur).

---

82 Was betriebliche Aufgaben sind, kann unter dem De-facto-Standard [ITIL] (IT Infrastructure Library) nachgelesen werden. Siehe Kapitel 3.11.3 »ITIL«.

In Unternehmen, welche die IT-Architektur als Führungsinstrument benutzen, spürt man einen Ordnungs-, Gestaltungs- und Aufräumwillen. Hier geht es darum, den Einsatz der IT-Ressourcen zu optimieren, um die IT-Unterstützung wirtschaftlich erbringen zu können. Die Art der Architekturtätigkeit ist sowohl deskriptiv als auch *präskriptiv, normierend*. Der Arbeitsschwerpunkt liegt hier eindeutig in der Beschreibung der Soll-Architektur.

Ob die IT-Architektur sowohl als operationelle Notwendigkeit als auch als Führungsinstrument betrieben wird, ist von verschiedenen Faktoren abhängig, welche schlussendlich in ihrer Kombination und Stärke die funktionale Ausprägung bestimmen.

Die funktionale Ausprägung der IT-Architektur hängt sicherlich davon ab, welche Rolle der Informatikorganisation in einem Unternehmen zugestanden wird (Kapitel 6.6 »Rollenverständnis einer Informatikorganisation«). Die Informatikorganisation als gleichberechtigter Partner wird, wenn sie Erfolg haben will, die IT-Architektur als Führungsinstrument betreiben müssen. Ist sie in der Rolle des Service-Providers, betreibt sie die IT-Architektur oft nur als operationelle Notwendigkeit. Weitere Faktoren beeinflussen die funktionale Ausprägung der IT-Architektur wesentlich mit, wobei diese wiederum auch das Rollenverständnis der Informatikorganisation im Unternehmen beeinflussen:

- die Komplexität der Geschäftsdomäne und die dafür benötigte IT-Unterstützung,
- die Größe der Unternehmung,
- das Ausmaß der Markteinflüsse (Änderungdrücke),
- der Kostendruck (Größe IT-Budget),
- die Zufriedenheit mit der gebotenen IT-Unterstützung.

Sind die Markteinflüsse auf das Unternehmen gering (wenige Änderungdrücke), sind die Komplexität der Geschäftsdomäne und die dafür benötigte IT-Unterstützung überschaubar (Größe der Unternehmung), fühlt sich die Informatikorganisation mit ihrem Budget nicht exponiert bzw. unter Druck, stößt die gebotene IT-Unterstützung auf Akzeptanz beim Business, so wird die IT-Architektur – wenn keine IT-Manager mit »Architekturflair« am Werk sind – mehrheitlich aus operationeller Notwendigkeit betrieben. Lastet auf einer Informatikorganisation ein hoher Änderungsdruck, so wird die IT-Architektur als Führungsinstrument relativ rasch zum Thema bzw. dringt das Thema zum *überraschten*

IT-Management vor. Dann ist es in der Regel zu spät. Die IT-Architektur kann nicht kurzfristige Wunder bewirken, sondern größere Architekturveränderungen in der IT-Landschaft müssen mittel- bis langfristig (drei bis fünf Jahre) eingeplant und vorgenommen werden. Die IT-Architektur wird spätestens nach dieser Katharsis in der Informatikorganisation als Führungsinstrument verstanden. Die Abbildung 44 zeigt die funktionale Ausprägung der IT-Architektur in Abhängigkeit von den verschiedenen Einflussfaktoren.

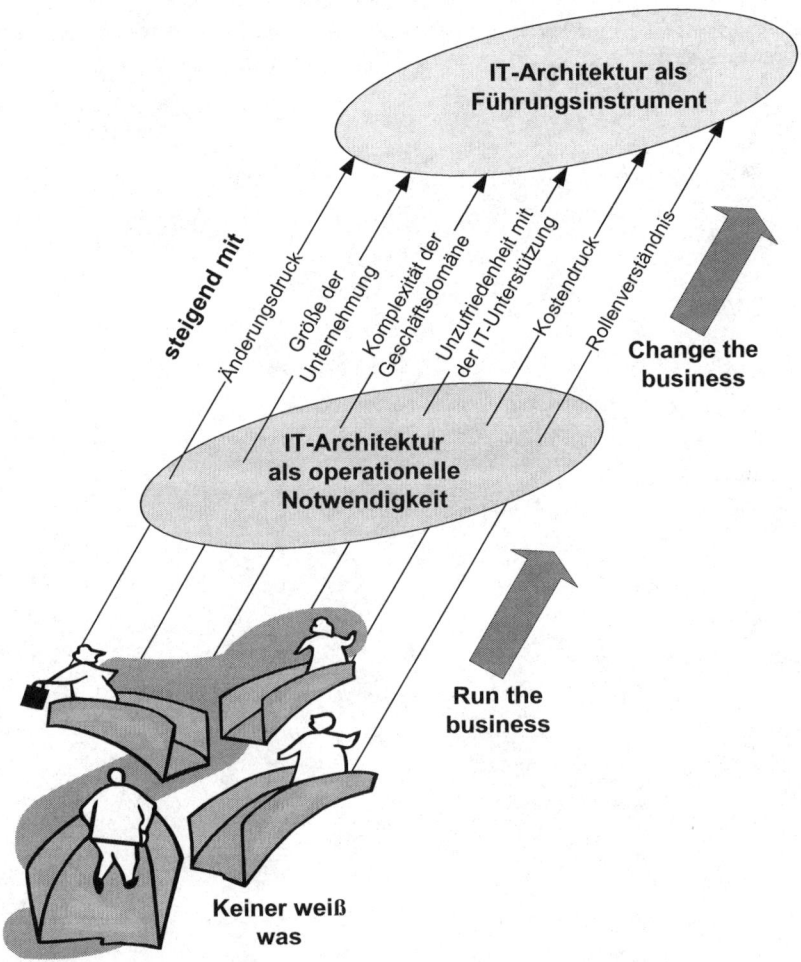

Abbildung 44 – Funktionale Ausprägung der IT-Architektur in Abhängigkeit von den verschiedenen Einflussfaktoren

Die Kombination und Stärke der verschiedenen Faktoren, welche die funktionale Ausprägung der IT-Architektur (operationelle Notwendigkeit, Führungsinstrument) maßgeblich bestimmen, lassen sich auf zwei Treiber, *run the business* und *change the business*, zusammenfassen (ebenfalls dargestellt in Abbildung 44).

> Unternehmen, bei denen »run the business« im Vordergrund steht, erachten die Funktion der IT-Architektur als operationelle Notwendigkeit. Unternehmen, bei denen »change the business« im Vordergrund steht, erachten die Funktion der IT-Architektur als Führungsinstrument.

8 Erfolg der IT-Architektur

Es gibt verschiedene Formen, wie IT-Architektur betrieben werden kann (Kapitel 13 »Beispiele gängiger IT-Architekturkulturen«). Ob die gewählte Architekturphilosophie der Problemstellung und dem firmeninternen Markt genügen, ist eine ganz andere Frage. Wie wir ausgeführt haben, macht *Macht* oft den Unterschied.

Auch die IT-Architektur kann in verschiedenen Formen Perfektion erreichen, mehrere Formen mögen sich für eine Organisation eignen. Jedoch bestimmt der Geldbeutel meistens mit, welche IT-Architektur das Beste bietet, was man sich momentan leisten kann. Die Entscheidungsträger und ihre Eigeninteressen bestimmen, wie viel Geld im Geldbeutel vorhanden ist und wofür dieses Geld ausgegeben wird.

Oft ist es wesentlich einfacher, schlechte Erscheinungsformen bloßzulegen, als selbst erfolgreich tätig zu sein. Diese Fähigkeit ist nützlich zur Qualitätssicherung. Dort ist es ganz entscheidend, die guten Dinge von den mittelmäßigen zu trennen, das qualitativ Bewährte gezielt zu fördern, das Unzulängliche zu verbannen und das Mittelmaß zu verbessern.

Damit die IT-Architektur erfolgreich wirken kann, muss sie in der Lage sein, ihren Erfolg bzw. Nutzen nachweisen zu können. Wir wissen zwar, dass die IT-Architektur im firmeninternen Markt (Kapitel 5.5 »Interpretation der Änderungsdrücke im Unternehmen«) einen schweren Stand hat und die *zum Teil* daraus resultierenden Spannungsfelder (Kapitel 6 »Spannungsfelder zwischen Business und IT«) die Arbeit der IT-Architektur beeinträchtigen. Wie wir im Kapitel 5.5 »Interpretation der Änderungsdrücke im Unternehmen« erläutert haben, hat der Erfolg der IT-Architektur sehr viel mit Geschmack zu tun.

Was den inhaltlichen Erfolg einer IT-Architektur ausmacht, ist im Kapitel 4 »Das IT-Architekturmodell« ausführlich erörtert. Ist man als IT-Architekt in der Lage, die dort beschriebenen Ziele und Ergebnisse zu verwirklichen, hat man aus einer sachlogischen Perspektive viel erreicht.

Jedoch bereits bei einem Projekt, das sehr konkrete und messbare Ziele und Ergebnisse liefert, erfolgt die Erfolgsbeurteilung in der Regel nicht nur rational. Auch inhaltlich gescheiterte Projekte werden oft im Unternehmen als großer Erfolg und Meilenstein für das Unternehmen gefeiert. Dagegen werden inhaltlich sehr anspruchsvolle und erfolgreiche Projekte oft »nur« zur Kenntnis genommen. Die Entscheidungsträger entscheiden, was und wie groß der Erfolg ist. Unsere Aussage lässt jedoch nicht den Umkehrschluss zu, dass die Arbeitsergebnisse nichts zählen und irrelevant sind. Unter Umständen müssen die Arbeitsergebnisse von höchster Qualität sein! Wir vergleichen die Arbeitsergebnisse mit einem Hygienefaktor nach Herzberg[83]. Sie müssen vorhanden sein, sie sind aber keine Garantie für den Erfolg.

Es gibt aus unserer Sicht drei Ansätze, die zusammen der IT-Architektur helfen, ihre Arbeit sowohl inhaltlich (ergebnisbezogen) als auch in ihrer Wahrnehmung erfolgreich zu gestalten. In den nachfolgenden Kapiteln besprechen wir diese drei Ansätze.

8.1 Positionierungsarbeit im firmeninternen Markt

Im Kapitel 5.5 »Interpretation der Änderungsdrücke im Unternehmen« haben wir aufgezeigt, dass es einen firmeninternen Markt gibt, welcher maßgeblich die Entscheidungsfindung über einen Sachverhalt und die damit verbundene Beurteilung beeinflusst. Damit ein IT-Architekt sich erfolgreich im firmeninternen Markt behaupten kann, muss er ihn verstehen oder zumindest einschätzen können. Es geht also um eine Markteinschätzung und um die Festlegung einer Strategie, um in diesem Markt erfolgreich zu sein.

Hierzu drängt sich der Wissens- und Konzeptfundus des Strategischen Managements (Kapitel 3.2 »Von der Strategie zum Managementsystem«) geradezu auf. Auch beim Strategischen Management geht es um Positionierungsarbeit, nämlich die Positionierung der Unternehmung in ihren Märkten.

---

83 Frederick Herzberg hat die sogenannte Zwei-Faktoren-Theorie (auch Motivator-Hygiene-Theorie) zur Arbeitszufriedenheit und Arbeitsmotivation begründet. Zufriedenheit und Unzufriedenheit stellen in dieser Theorie nicht die beiden äußersten Ausprägungen einer Eigenschaft dar, sondern sie werden als zwei unabhängige Eigenschaften betrachtet. Die »Hygienefaktoren« beeinflussen die Eigenschaft »Unzufriedenheit« mit den Ausprägungen »unzufrieden« und »nicht unzufrieden«, die »Motivatoren« die Eigenschaft »Zufriedenheit« mit den Ausprägungen »zufrieden« und »nicht zufrieden«. Zufriedenheit entsteht also nicht zwangsläufig, wenn keine Gründe für Unzufriedenheit vorliegen.

Somit können einige strukturierte Ansätze aus dieser betriebswissenschaftlichen Disziplin sinngemäß für die Positionierungsarbeit der IT-Architektur im Unternehmen genutzt werden, wie z. B. das Stakeholder-Konzept, die Relevanzmatrix der Stakeholder (Analyse Beeinflussbarkeit und Einfluss der Stakeholders), »sinnvolle« Adaption und Anwendung des 5-Kräfte-Modells von Porter zwecks Analyse der Machtkonstellationen, die Bildung von strategischen Gruppen usw.

Die Arbeitsschritte einer Positionierungsarbeit sind immer dieselben: Vornahme einer Analyse, Erarbeitung von Optionen, Treffen einer Auswahl.

Bei der Analyse befasst man sich unter anderem mit folgenden Fragestellungen:

- Wer sind die Stakeholder bzw. Anspruchsgruppen?
- Welche Interessen verfolgen sie?
- Welche Interessenkonflikte existieren?
- Welche Motive, Haltungen und Verhaltensmuster von Entscheidungsträgern sind bekannt (ist z. B. der Entscheider risikoavers, dann kann dieses Wissen genutzt werden, indem man sein eigenes Anliegen als risikomindernd positioniert)?
- Wie sehen die Machtkonstellationen aus?
- Was *will* ich erreichen? Welche Interessenkonflikte erzeuge ich dadurch?

Bei der Erarbeitung von Optionen stehen primär folgende Fragen im Raum:

- Was *kann* ich erreichen? Welche Anreize muss ich schaffen, um mehr zu erreichen?
- Wie kann ich meine Ziele erreichen? Welche Machtkonstellationen sind mir dabei nützlich und können – z. B. über »Türöffner« – auch genutzt werden? Welche Beziehungen muss ich aufbauen und pflegen?
- Welche organisatorischen Änderungsdrücke können entstehen und welche Auswirkungen hätten sie auf meine in Betracht gezogenen Optionen?

Bei der Auswahl wird die erfolgversprechendste Vorgehensvariante (möglichst mit »Plan B«) ausgewählt.

Dass Positionierungsarbeit betrieben werden muss, sollte keine neue Thematik sein. Auch in anderen Bereichen wie im Projektmanagement – vor allem bei größeren und komplexen Projekten – muss eine Art Positionierungsarbeit geleistet werden. Dort spricht man nicht von Positionierungsarbeit, sondern von einer Projektumfeldanalyse. Es werden die Promotoren (Sponsor, Stakeholder) und Gegner des Projekts identifiziert, welche die »Außenbeziehungen« des Projekts beeinflussen. Konkret stellt sich das Projekt folgende Fragen:

- Wer will meine Projektergebnisse?
- Wer sind meine Stakeholder und Sponsoren?
- Wer will meine Projektergebnisse nicht?
- Wem nehme ich mit meinen Projektergebnissen etwas weg?
- Zu wem stehe ich in Konkurrenz?
- Wer sind meine Gegner?
- Von wem brauche ich Unterstützung (Ressourcen usw.)?

Anhand der oben aufgeführten Fragen ist erkennbar, dass es auch bei der Projektumfeldanalyse darum geht, auf Interessenkonflikte proaktiv reagieren zu können (z. B. Betroffene zu Beteiligten machen) und dafür gewappnet zu sein.

8.2 Erhaltung der Marktfähigkeit der IT

Um einen größeren Unternehmenserfolg zu gewährleisten, muss, wie bereits erwähnt, eine Informatikorganisation manchmal eine – hoffentlich bewusst eingeleitete – »negative« Entwicklung der Lösungsqualität der IT-Landschaft in Kauf nehmen.

Vorhaben können sowohl unter einem Business- als auch unter einem Architekturfokus vorangetrieben werden. Beide Fokussierungsansätze in Reinkultur sind zu vermeiden. Beim ersten Fokussierungsansatz entstehen unnötige Kosten aufseiten der IT durch Verminderung der Lösungsqualität der IT-Landschaft (z. B. höhere Unterhaltskosten). Beim zweiten kann das mögliche Nutzenpotenzial der Vorhaben nur marginal ausgeschöpft werden (z. B. Produkt kommt zu spät auf den Markt), oder es werden Vorinvestitionen in die IT-Architektur getätigt, ohne den angedachten Nutzen jemals realisieren zu können. Das Ziel aus IT-Architektursicht ist es, dass die Lösungsqualität der IT-Landschaft mit jedem Vorhaben zwecks Erreichung der angestrebten Lösungsqualität steigt oder zumindest erhalten bleibt, indem bewusst vorgenommene Einschränkungen in der Lösungsqualität kompensiert werden.

Die IT-Architektur gibt die Leitplanken in Form von Architekturvorgaben für Vorhaben vor, damit die Lösungsqualität der IT-Landschaft intakt bleibt. Dabei ist zu beachten, dass einerseits die Soll-Abweichung nicht zu groß wird (anstelle einer bevorzugten Architektur tritt eine akzeptable Architektur) und andererseits die IT-Architektur einen Weg aufzeigt und vorsieht, der mittelfristig auf das Soll zurückführt (z. B. in Form eines Vorhabens zur Architekturbereinigung oder einer Migrationsinitiative).

Wo akzeptable Architekturausnahmen gemacht werden dürfen, ist eine Gratwanderung zwischen der Zielsetzung der IT-Architektur bzgl. der wirtschaftlichen Bereitstellung der IT-Landschaft und einem den kurzfristigen Fachansprüchen gerecht werdenden »Pragmatismus«. Dieser »Pragmatismus« kostet in der Regel etwas (Einbuße in der Lösungsqualität der IT-Landschaft) und soll *bewusst* gewählt und transparent gemacht werden (auch gegenüber dem Business) in der Wirtschaftlichkeitsrechnung. Man kann diese Kosten quasi als *Kredit* betrachten, der irgendwann zurückbezahlt werden muss – mit Zins und Zinseszins. Falls dies wegen Zeitdruck oder mangelnder Voraussicht nicht geschieht, geht die Software mit der Zeit in »Konkurs«, d. h., sie kann nicht mehr gewartet und muss deshalb gesamthaft ersetzt werden. – Anders formuliert: Aus betriebswirtschaftlicher Gesamtsicht muss sich dieser »Pragmatismus« rechnen.

> Eine schlechte Lösungsqualität der IT-Landschaft darf und kann einer Informatikorganisation – auch wenn sie gut arbeitet und dieser Missstand *nicht direkt* durch sie entstanden ist – nicht egal sein. Es reicht nicht, dass dieser Missstand nicht direkt durch die Informatikorganisation entstanden ist, sie hat ihn auch nicht *verhindert*!

Zwei Extrembeispiele:

- Eine starke Businessorganisation hat die letzten zwei Jahre die Assets der IT-Landschaft geplündert. Die Informatikkosten sind in Relation zum Wartungsaufwand und zu den umgesetzten Anforderungen sehr hoch. Der Benchmark-Vergleich der IT ist äußerst schlecht, dafür zeigt die Firma eine hohe Produktfähigkeit.
- Eine starke Informatikorganisation hat die meisten Anforderungen abgeblockt. Diejenigen Anforderungen, welche durch diesen Filter hineingekommen sind, wurden äußerst effizient umgesetzt. Die Informatikkosten

sind in Relation zum Wartungsaufwand und zu den umgesetzten Anforderungen sehr tief. Der Benchmark-Vergleich der IT ist äußerst gut, dafür zeigt die Firma eine schlechte Produktfähigkeit.

> Jede Informatikorganisation wird sich immer mittel- bis langfristig dem Wettbewerb stellen müssen. Ob dies nun auf Druck des Business in Form von durchgeführten Benchmarks, aus eigenem Antrieb (Performance-Kultur) oder beidseitigem Interesse erfolgt, ist einerlei.
>
> Die Konsequenz jedoch ist die, dass *auch eine Informatikorganisation investieren* muss, wenn sie marktfähig – sprich konkurrenzfähig – bleiben will. Ein wesentlicher Teil der Investitionen einer Informatikorganisation sind ihre Architekturprojekte und -tätigkeiten.

Die Erhaltung der Marktfähigkeit der eigenen Informatikorganisation im Unternehmen ist ein starker Indikator, dass IT-Architektur im Unternehmen erfolgreich betrieben wird. Wie sich die Marktfähigkeit einer Informatikorganisation messen lässt, ist eine schwierige Frage. Was sind z. B. die Bewertungskriterien und der Richtwert (Benchmark) bei einem Benchmark-Verfahren? Oder zählt die vom Business wahrgenommene Marktfähigkeit der Informatikorganisation (z. B. über die Ermittlung der Zufriedenheit des Business) mehr? Wer ist für den aktuellen Zustand der Informatikorganisation verantwortlich? Wir haben uns mit diesem komplexen Spannungsfeld im Kapitel 6.3 »Fehlende objektive Bewertung der IT-Unterstützung« befasst.

Die Architekturinvestitionen müssen dem *substanziellen und kognitiven Reifegrad* des Unternehmens angepasst werden. Der substanzielle Reifegrad entspricht dem inhaltlichen Zustand der IT-Landschaft und ihren Möglichkeiten und Restriktionen. Der kognitive Reifegrad bezieht sich auf die Entscheidungsträger bzw. Stakeholder in ihrem Problembewusstsein, ihrer Vertrautheit mit der Materie, ihrer prioritären Vorstellungen dazu sowie in ihrer Fachkompetenz und Auffassungsgabe. Einerseits können falsche Architekturinvestitionen vorgeschlagen werden, die nicht mit den substanziellen Grundvoraussetzungen und Dringlichkeiten korrespondieren. Andererseits darf man die Lern- und Verdauungskurve einer Unternehmung nicht überschätzen. Der IT-Architekt muss den Entscheidungsträgern im Unternehmen genügend Zeit für den kognitiven Lernprozess lassen. Sonst droht ihm nicht nur das Elfenbeinturmschicksal, sondern das Exil.

Wie ein Prozess zur Verbesserung der Lösungsqualität der IT-Landschaft aussehen kann, zeigen wir uns im Kapitel 14 »Organisation der IT-Architektur«.

8.3 Beeinflussung der Erfolgsbeurteilung

Selten überlässt man die Bewertung der IT-Architektur im Unternehmen den beteiligten Fachleuten. Sie sind zwar wesentlich qualifizierter als externe Experten in der Würdigung des Resultats hinsichtlich der inneren Qualitäten, der Schwierigkeiten bei der Umsetzung und der Hindernisse, das Ganze neu und besser machen zu können. Ihnen traut man aber viel weniger zu, das Ergebnis mit den Standards in anderen Unternehmen zu vergleichen. Dies beherrschen Berater besser, die in viele Unternehmen Einblick haben. Berater können den »unverstellten Blick von außen« beisteuern.

Eine Standortbestimmung zeigt in der Praxis erfahrungsgemäß immer einen Handlungsbedarf auf. Die Tabelle 2 stellt die typischen Beurteilungskriterien den sich bei einer negativen Beurteilung bietenden Handlungsoptionen gegenüber.

Beurteilungskriterium	Handlungsoptionen, die sich aufgrund einer negativen Beurteilung anbieten
IT-Personal- oder Kostenbenchmarks (z. B. gegenüber Mitbewerbern)	Bei höherem IT-Personal- oder Sachkostenaufwand als bei Mitbewerbern ist die primäre Schlussfolgerung die Notwendigkeit, Kosten und/oder IT-Personal zu reduzieren. Dazu gibt es den direkten Weg, Kosten bei Zulieferern zu drücken (Neuverhandlung der Konditionen) und IT-Personalabbau zu verordnen. Eine zweite, indirekte Alternative besteht darin, Maßnahmen von Mitbewerbern zu kopieren mit dem Ziel, eine ähnliche Kostenstruktur zu bekommen (Insourcing, Outsourcing, Einführung eines Standardprodukts, Neuentwicklung einer strategischen Plattform, Reorganisation der Informatikorganisation). Die detaillierte inhaltliche Analyse der eigenen Architektur unterbleibt oft, weil gerade in den eigenen Besonderheiten, d. h. den Unterschieden zu den Mitbewerbern, vor allem das Problem bzw. der Grund für die höheren Aufwände gesehen wird, die es vor allem zu reduzieren gilt. Ob die höheren Kosten allenfalls auch eine höhere Konkurrenzfähigkeit erlauben, wird gar nicht erst gefragt.

Beurteilungskriterium	Handlungsoptionen, die sich aufgrund einer negativen Beurteilung anbieten
Technische Metriken wie Größe, Komplexität und Abhängigkeiten von Anwendungen und Systemen	Wenn aus technischen Metriken eine negative Beurteilung der IT-Architektur resultiert, finden wir in der Regel administrativ gesteuerte Aufräum- und Umbauvorhaben in der Liste der vorgeschlagenen Maßnahmen. Typisch sind Personalaufbau in der IT, Stärkung der zentralen Architekturgremien, Ausbaustopp für neue Anforderungen und Einführung von Werkzeugen und Verpflichtung von Beratern zur laufenden Beurteilung der Umbauergebnisse.
Umsetzungseffizienz von Änderungen (z. B. Time-to-market, Umsetzungskosten von neuen gesetzlichen Anforderungen)	Bei einer negativen Beurteilung der Umsetzungseffizienz von Änderungen erfolgt oft eine Fokussierung der Umsetzungsaktivitäten auf den Abschluss der Änderungsaufträge. Die Umsetzungskräfte erfahren, dass der Druck auf schnelle Einführung zunimmt und Aspekte wie saubere Analyse von Nebeneffekten, Änderungen am Systemdesign, Vorabklärungen usw. in den Hintergrund geraten. Schnellschüsse sind gefragt. Die IT-Architektur leidet meist unter längeren derartigen Perioden, bei denen zu Beginn eine Verbesserung der Umsetzungseffizienz feststellbar ist, die dann zunehmend begleitet wird von Systemfehlern und Abhängigkeit von einzelnen Personen, welche die meisten Änderungen vorgenommen haben.
Güte der IT-Unterstützung für die Sponsoren, Benutzer usw.	Bei Unzufriedenheit der Sponsoren und Benutzer eines Systems bieten sich folgende Handlungsoptionen an: Maßnahmen zur Performanzverbesserung, Imageverbesserungs- und Schulungsmaßnahmen, Ergonomie-Assesments durch interne oder externe Gremien, Investitionen in Testverfahren und in schwerwiegenden Fällen auch Aufteilung der Systeme nach Benutzergruppen (»gebt jedem *sein* System«) oder die Reorganisation der Informatikorganisation in Richtung Business-IT (d. h., jede Businesseinheit erhält ihre eigene IT).
Vergleich der verwendeten Ansätze, Systeme, Topologien usw. mit gängigen Modetrends, Mitbewerbern usw.	Diese Kriterien beinhalten direkt die resultierenden Handlungsoptionen: Man vergleicht, inwiefern man mit dem allgemeinen Trend übereinstimmt, nach dem Grundprinzip, dass die Mehrheit der Mitbewerber schon richtig liegen werde bzw. die Gefahr eines Nachteils durch einen Alleingang schwerwiegender sei als die Chance des möglichen Wettbewerbvorteils.

Beurteilungskriterium	Handlungsoptionen, die sich aufgrund einer negativen Beurteilung anbieten
Proklamierte Musskriterien vor der Beurteilung	Wenn es gelingt zu zeigen, dass eine gesetzliche Anforderung (z. B. juristische Trennung, Risikonachweise, Revisionssicherheit ...) nicht erfüllt ist oder dass eine Anforderung zwingend erforderlich ist, um am Markt erfolgreich agieren zu können (z. B. internetfähige Vertriebssysteme), sind damit verbundene Architekturmaßnahmen (wie auch andere IT-Maßnahmen) sicheres Ergebnis jeder Lagebeurteilung. Diese Variante dreht die Verkettung von Analyse und Handlungsoptionen in interessanter Weise um, indem die »Musskriterien« die zu priorisierenden Maßnahmen vorwegnehmen.
Gegenüberstellung von Anforderungen und deren Umsetzung in der Architektur	Diese Gegenüberstellung geschieht anhand eines Review-Prozesses mit den Business-Stakeholdern. Mit der Einbindung der Business-Stakeholder in den Review-Prozess zwecks Gegenüberstellung von Anforderungen und Umsetzung in der Architektur nimmt man sie einerseits in die Pflicht, sodass sie sich von den von ihnen mitverursachten Architekturergebnissen nicht einfach distanzieren können, andererseits bietet dieser Review-Prozess die Möglichkeit, neue Architekturanpassungen zu verkaufen. Ganz nach der Beobachtung: »Die Beurteilung eines Essens sieht oft anders aus, wenn der Koch zuhört, mit am Tisch sitzt oder wenn die meisten Gäste gar bei der Zubereitung mitgewirkt haben.«

Tabelle 2 – Bewertungskriterien und abgeleitete Handlungsoptionen

Aus Tabelle 2 ist das Folgende erkennbar:

> Handlungsoptionen, die sich den Entscheidungsträgern nach einer Standortbestimmung anbieten, unterscheiden sich maßgeblich aufgrund der Wahl der Beurteilungskriterien und weniger aufgrund der betrachteten, konkreten IT-Architektur.
>
> Die zentrale Frage des wirtschaftlichen Einsatzes von IT-Ressourcen wird praktisch nur kostenseitig und kurz- bis mittelfristig adressiert. Die Güte bzw. der Nutzen der IT-Unterstützung sowie die längerfristigen Kostenfolgen von qualitativ schlecht durchgeführten Änderungen sind höchstens indirekt über »Symptome« wie Systemperformanz und Vernetzung von Abhängigkeiten zugänglich.

Suchen wir hingegen zusätzlich nach *konkreten* Handlungsoptionen mit dem Ziel der eigenen Verbesserung der vorhandenen IT-Architektur, so können Berater meistens nur wenig beitragen. Denn dazu ist eine vertiefte Kenntnis des Unternehmens und seiner IT-Architektur erforderlich, wenn man nicht in Erwägung zieht, alles Bisherige neu aufzubauen.

> Als Konsequenz präsentieren sich dem IT-Architekten folgende Einflussmöglichkeiten auf den Beurteilungsprozess (in priorisierter Reihenfolge):
>
> - Auswahl der Beurteilungskriterien. Wer den Maßstab festlegen kann, hat schon fast gewonnen.
>
> - Definition des Beurteilungskontextes und der Beurteilungsperiode (z. B. Definition von »Musskriterien«, Wahl des Zeitraums zur Kostenauswertung oder Rentabilitätsrechnung).
>
> - Pflegen des Netzwerks von Personen, die bei der Bewertung der Ergebnisse direkt oder indirekt eine Rolle spielen.
>
> - Buy-in der Stakeholder für eine Architektur erhöhen (die Bewertung wird sich ändern, sobald sie im Qualitätssicherungsprozess dabei sind).

Gegenüber solchen Standortbestimmungen, bei denen es sich meist um externe Reviews handelt, bevorzugen wir proaktive IT-Architektur-Reviews der laufenden Vorhaben (Kapitel 4.1.3 »Aufgaben der Softwarearchitektur«). Sie

- fördern die Kommunikation zwischen den Stakeholdern,

- fördern die Identifikation der Stakeholder mit der Architektur,

- geben Einsichten in die Lösungsqualität einer existierenden oder geplanten Anwendung,

- beinhalten ein Hinterfragen der Anforderungen, mit denen die Architekturentscheidungen ja begründet werden, und

- haben durch die Fokussierung auf die Zusammenhänge zwischen Anforderungen, Qualitätsattributen und Entwurfsentscheidungen (Kapitel 3.9 »Entstehung und Festlegung der Lösungsqualität«) einen Trainingseffekt für alle Beteiligten (»Architekturtraining«).

Durch die regelmäßige Durchführung und breite Abstützung von IT-Architektur-Reviews entsteht ein gewisser Schutz gegen allzu oberflächliche externe

Reviews. Man steht bei einem externen Review nicht von Anfang an unter einem Rechtfertigungsdruck, sondern es stehen zuerst die externen Reviewer unter dem Druck, fundierte Aussagen zu machen und sich nicht hinter Allgemeinplätzen zu verstecken.

Man sollte sich auch überlegen, nicht nur Architektur-Reviews der einzelnen Vorhaben durchzuführen, sondern auch die gesamte IT-Organisation anhand ihres Architekturprozesses (Kapitel 14 »Organisation der IT-Architektur«) regelmäßig selbst zu beurteilen. Letztlich handelt es sich dabei aus Sicht des Qualitätsmanagements um ein internes Audit der architekturrelevanten Prozesse des Managementsystems. Anregungen für die zu prüfenden Prozesselemente kann man sich dazu z. B. beim US DoC IT Architecture Capability Maturity Model [ADMM] holen.

Mit derartigen Prüfungen kann man sich bis zu einem gewissen Grad gegen negative Erfolgsbeurteilungen schützen. Es hängt von der Organisationskultur und der persönlichen Integrität der Führungspersonen ab, ob es nur darum geht. Idealerweise sollte es viel mehr darum gehen, Feedback zu erhalten, welches einem bei der stetigen Verbesserung des Architekturprozesses hilft[84].

---

84 Man kann die diesbezügliche Organisationskultur daran erkennen, wie Messziele definiert werden. Wenn es nur um die Erfolgsbeurteilung geht, wird man versuchen, möglichst tiefe Messlatten anzusetzen, damit man sie leicht erfüllt und deshalb gut dasteht. Wenn es hingegen primär um die stetige Verbesserung geht, wird man Messlatten anheben, sobald sie regelmäßig erreicht werden. D. h., man setzt sich höhere Ziele – oder man wird die Messung streichen, da sie einem nichts mehr nützt, weil höhere Ziele betriebswirtschaftlich keinen Sinn ergeben würden.

9 Komplexität der IT-Unterstützung

Durch die IT-Unterstützung werden Aspekte von Geschäftsprozessen in Software repräsentiert bzw. durch Software automatisiert. Auch wenn viele Geschäftsprozesse parallel ablaufen und dabei gemeinsame Daten benutzen, dürfen keine inkonsistenten Daten entstehen. Herauszufinden, was Konsistenz für den jeweiligen Geschäftsprozess bedeutet, ist eine anspruchsvolle Fragestellung. Danach ist auch die Sicherstellung der Konsistenz anspruchsvoll, obwohl es dazu Hilfsmittel, sogenannte Transaktionen, gibt.

Wir möchten in diesem Kapitel aufzeigen, dass die Wahrung der Konsistenz in den Informationssystemen einen wesentlichen Teil der Komplexität der IT-Landschaft verursacht.

9.1 Datenkonsistenz und Datenbearbeitungskonflikte

IT-unterstützte Geschäftsprozesse in einem Unternehmen bearbeiten Geschäftsdaten. Geschäftsdaten werden erzeugt, gelesen, verändert oder gelöscht.

IT-unterstützte Geschäftsprozesse werden gestartet und müssen manchmal vor ihrem Abschluss unterbrochen werden, weil es z. B. momentan nichts weiter zu tun gibt bzw. auf eine Benutzereingabe gewartet werden muss. Sie werden wieder aufgenommen, um z. B. weitere Benutzereingaben zu verarbeiten. Sie müssen meist so flexibel sein, dass Teile davon wiederholt werden können, um z. B. fehlerhafte Benutzereingaben zu korrigieren, usw. Ob man diese Flexibilität wirklich benötigt und ob sie sich rechnen lässt, ist eine wirtschaftliche Frage (Kapitel 3.7.1 »Zweck der IT-Unterstützung«).

Die meisten Geschäftsdaten sowie auch ihre Veränderungen müssen aus operationeller Notwendigkeit oder aus rechtlichen Gründen dauerhaft verfügbar sein. Sie müssen persistent, d. h. in Datenbanken gespeichert vorhanden sein. Einige der Geschäftsdaten müssen hingegen nicht dauerhaft verfügbar sein. Dabei handelt es sich vorwiegend um Geschäftsdaten, welche sich aus anderen Geschäftsdaten nach Bedarf herstellen lassen, oder um Bestandteile von Geschäftsdaten, welche nur solange von Interesse sind, bis die eigentlichen Geschäftsdaten konstruiert worden sind. Solche dynamischen Daten sind das Ergebnis von Datentransformationen von meist persistenten Daten, aber auch von eingegebenen Daten für Auswertungs- und Darstellungszwecke, für Berechnungen usw. Sie werden von der jeweiligen Anwendung gehalten oder gehen verloren, sobald die Anwendung beendet wird.

Der Zustand der Geschäftsdaten der einzelnen Anwendungen repräsentiert den Ergebniszwischenstand der Prozessbearbeitungen, welche auf diesen gerade stattfinden. Zurzeit nicht aktiv bearbeitete Daten müssen in einem Zustand sein, der es erlaubt, jederzeit einen dafür vorgesehenen Geschäftsprozess zu starten. Wenn z.B. vor einem Jahr ein Versicherungsvertrag abgeschlossen wurde, jetzt ein Schadensfall eintritt, darf sich nicht plötzlich herausstellen, dass Name und Adresse des Versicherten fehlen.

> Geschäftsdaten sind in einem *konsistenten Zustand*, wenn sie die *dafür bestimmten Geschäftsregeln* erfüllen.

Geschäftsregeln beschreiben, wie ein Prozess und mit welcher Flexibilität (z. B. Unterbrechbarkeit) er durch die IT unterstützt werden muss. Geschäftsregeln beschreiben auch, welche Werte und Bedingungen Daten haben dürfen bzw. erfüllen müssen, damit sie als korrekt und vollständig betrachtet werden können. Die zugrunde liegenden fachlichen Datenmodelle geben diese Geschäftsregeln vor. Sie legen fest, welche Geschäftsdaten bzw. Teile davon unter welchen Bedingungen geändert werden dürfen und wann dies zeitgleich durch mehrere Benutzer zulässig ist. Abhängigkeitsbedingungen auf Datenebene, z.B. »bevor eine Adresse angelegt werden kann, muss zuvor ein Partner erfasst worden sein«, stellen bereits prozessuale Vorgaben dar, die mit den prozessualen Geschäftsregeln im Einklang stehen müssen. Die Regeln für die prozessuale Abwicklung, für die Daten selbst sowie das Zusammenspiel in Form von Datenbearbeitungen müssen aufeinander abgestimmt sein. Die Geschäftsregeln beschreiben die Funktionalität der benötigten IT-Unterstützung.

> Geschäftsdaten dürfen nicht beliebig geändert werden, sondern nur so, dass ihre Konsistenz gewahrt bleibt.

Die Sicherstellung der Datenkonsistenz ist jedoch nicht einfach. Da Geschäftsprozesse parallel ablaufen, können sie sich in die Quere kommen. Dabei entstehen bei den Geschäftsdaten komplizierte *Datenbearbeitungskonflikte*.

> Datenbearbeitungskonflikte sind Konflikte, bei denen die Datenkonsistenz je nach zeitlicher Abfolge von Datenbearbeitungsschritten verletzt wird, aufgrund sogenannter »race conditions«.

Hier zwei Beispiele solcher Datenbearbeitungskonflikte:

- Man weiß, dass es vorkommen kann, dass zwei Instanzen desselben Prozesses ein und dieselben Geschäftsdaten gleichzeitig mutieren. Muss die parallele Ausführung dieses Prozesses deshalb eingeschränkt werden? Nein, als Geschäftsregel könnte man für eine automatisierte Behandlung dieser »race condition« nun festlegen, falls trotz dieser geringen Wahrscheinlichkeit dieser Fall auftreten sollte, die IT-Unterstützung die Änderungen von derjenigen Prozessinstanz bzw. vom demjenigen Benutzer akzeptiert, welcher als Erster schreibt. Versucht der zweite Benutzer seine Änderungen zu schreiben, hat ihm dies die IT-Unterstützung zu verweigern und seine Änderungen zu verwerfen.[85] Diese Reaktion der IT-Unterstützung ist nicht Ausdruck eines Fehlverhaltens der involvierten Anwendung, sondern ein *fachlich geplanter Fehlerfall*, welcher dem Benutzer in der Praxis als sogenannter *Geschäftsfehler* angezeigt wird.

- Ein bestehender Kunde möchte eine zweite Lebensversicherung abschliessen (Geschäftsprozess »Vertrag anlegen«). Dieser Geschäftsprozess wurde bereits im IT-System eröffnet, kann aber nicht abgeschlossen werden, da das Attest vom Arzt noch nicht eingetroffen ist. Nur kurze Zeit später meldet derselbe Kunde eine Adressänderung (Geschäftsprozess »Adressmutation«), dieser Geschäftsprozess wird unter Umständen von einer anderen Anwendung unterstützt und von einer anderen Organisationseinheit bearbeitet. Darf nun die Adresse geändert werden? Welche Auswirkung darf eine solche Änderung auf den pendenten Geschäftsprozess »Vertrag anlegen« haben? Dürfen abgegebene Unterlagen zum pendenten Geschäftsfall die alte Adresse aufweisen oder müssen sie aus rechtlichen Gründen neu erstellt werden? Und so weiter.

---

85 Diese Geschäftsregel wird oft als »optimistic locking« bezeichnet.

> Die Parallelität von Prozessen kann Datenbearbeitungskonflikte verursachen. Das Ziel muss einerseits sein, solche Datenbearbeitungskonflikte zu minimieren, andererseits die verbleibenden zu erkennen und kontrolliert zu behandeln.

Falls Datenbearbeitungskonflikte nicht erkannt oder nicht korrekt behandelt werden, kann dies zu Dateninkonsistenzen in den jeweiligen Anwendungen führen, welche u. U. sehr spät bemerkt werden und teuer zu beheben sind. Wenn z. B. zwei Benutzer bzw. zwei Clients eines Mehrbenutzersystems dieselbe Rechnung vom Server holen, sie unabhängig voneinander ändern und dann wieder zurückschreiben, kann es geschehen, dass am Ende die Änderungen eines der beiden Clients verloren gehen oder sogar eine unsinnige Mischung von Änderungen abgespeichert bleibt, z. B. eine neue Rechnungsposition eingefügt, aber die alte Gesamtrechnungssumme beibehalten wurde. Die Rechnung ist dadurch inkonsistent geworden.

Bei dynamischen Daten werden begrenzte Dateninkonsistenzen manchmal akzeptiert, um die Komplexität der IT-Lösung zu reduzieren.

9.2 Analyse von Datenbearbeitungskonflikten und Lösungsansätze

Um Maßnahmen gegen allfällige Datenbearbeitungskonflikte ergreifen zu können, muss man analysieren, wann Datenbearbeitungskonflikte in welcher Konstellation von Datenbearbeitungsschritten überhaupt auftreten können. Hierzu ist zu untersuchen, was Datenkonsistenz im konkreten Fall bedeutet, sprich welche Daten nur zusammen erzeugt bzw. geändert werden dürfen und welche Geschäftsregeln dabei einzuhalten sind. Die Abbildung der Datenbearbeitungsschritte der Prozesse auf die Entitäten[86] des fachlichen Datenmodells mit ihren Abhängigkeiten untereinander (referentielle Integrität) bietet einen systematischen Ansatz, um die Datenkonsistenzbereiche bestimmen sowie die potenziellen Datenbearbeitungskonflikte identifizieren zu können (Abbildung 45). Je geringer die Datenfülle, welche einer Konsistenzbedingung untersteht, desto kleiner ist die Wahrscheinlichkeit, dass Datenbearbeitungskonflikte durch die parallelen Datenbearbeitungen der verschiedenen Geschäftsprozesse entstehen können.

---

[86] Eine Entität gruppiert Daten nach bestimmten Eigenschaften, z. B. einer Entität Adresse werden die Datenbestandteile (Attribute) wie Straßenbezeichnung, Straßennummer usw. zugeordnet.

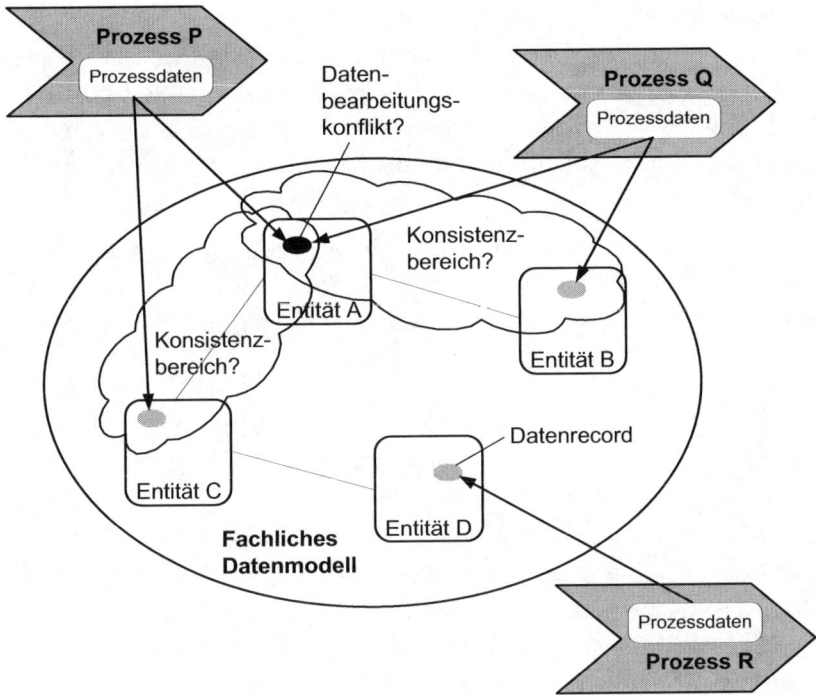

Abbildung 45 – Analyse der Datenbearbeitungskonflikte

Ein Prozess besteht aus ein oder mehreren Prozessschritten. Jeder Prozessschritt geht davon aus, dass sich die von ihm benutzten Daten anfangs in einem konsistenten Zustand befinden. Er muss sie am Ende in einem konsistenten Zustand hinterlassen. Wenn z. B. ein Prozessschritt von Prozess Q die Entität B benutzt, muss er davon ausgehen, dass er mit einem Prozessschritt von Prozess P in einen Konflikt treten könnte, da beide Konsistenzbedingungen mit Entität A haben. Ein Prozessschritt, welcher Datenkonsistenz voraussetzt und selber hinterlässt, wird oft als *fachliche Transaktion* bezeichnet.

Eine Möglichkeit für die Wahrung der Datenkonsistenz besteht darin, dass der erste Prozessschritt sämtliche involvierten Entitäten für sich reserviert, d. h. für andere Prozessschritte sperrt. Die anderen Prozessschritte, welche auf die gleichen Entitäten zugreifen, müssen warten. *Die Prozessschritte werden dadurch serialisiert.*

Eine Sperre auf Entitäten ist kaum praxistauglich. Die meisten Geschäftsprozesse benötigen z. B. die Partnerdaten. Eine Sperrung der Partnerentität hätte zur Folge, dass viele Mitarbeiter in ihrer Arbeit blockiert wären, da immer nur ein Sachbearbeiter einen solchen Prozessschritt durchführen und bearbeiten könnte.[87] Wir müssen uns deshalb bereits innerhalb eines Prozesses bzw. Prozessschrittes detaillierte Gedanken machen, welche Datenrecords zu sperren sind, damit die parallele Ausführung von Prozessen nur minimal eingeschränkt wird.

Ein feingranulareres Sperren von Daten innerhalb eines Prozesses darf nicht dazu führen, dass Teile der Datenänderungen eines Prozesses als vermeintlich konsistent bezeichnet und für andere Prozesse zugänglich gemacht werden.

> Das Konzept der Serialisierung geht davon aus, dass keine nachgelagerten Geschäftsregeln angewandt werden müssen, um Datenkonsistenz wieder herzustellen. Serialisierung *verhindert* Datenbearbeitungskonflikte zum Preis einer reduzierten Parallelität.

Für einige Prozesse, wie z. B. für lang andauernde Prozesse, ist eine Serialisierung der Prozessschritte bzw. deren Datenbearbeitungsschritte aus Prozesseffizienzgründen nicht sinnvoll, da ausser dem gerade aktiven Prozess alle anderen Prozesse zu lange warten müssten, bis sie an die Reihe kämen.

Hier bietet sich ein anderer Ansatz an, nämlich die *temporäre Aufhebung der gemeinsamen Daten* (»shared data«). Eine temporäre Aufhebung geschieht dadurch, dass Datenbearbeitungen eines Prozesses *auf einer lokalen Kopie der Originaldaten* durchgeführt werden. Man muss zwei Arten von konsistenten Daten unterscheiden: einerseits die normalen und für alle Prozesse sichtbaren Daten, welche als konsistent betrachtet werden dürfen, andererseits die *provisorischen Daten*, welche nur vom aktuell bearbeitenden Prozess verwendet werden. Andere Prozesse dürfen provisorische Daten nicht verwenden.[88] Provisorische Daten dürfen auch nicht historisiert werden.

---

87 Dies kann durch eine *organisatorische Regelung* entschärft werden, indem z. B. festgelegt wird, dass der Sachbearbeiter X nur für die Kunden von A bis G zuständig ist. Diese organisatorische Regelung ist nichts anderes als eine Geschäftsregel.
88 Es wird oft in diesem Zusammenhang von »Schwebedaten« gesprochen.

Folgende exemplarische Problemstellungen in der Prozessabwicklung benötigen provisorische Daten:

- Provisorisches Ändern von Geschäftsdaten, ohne das Original zu verändern und solange noch offen ist, ob diese Änderung je in einer neue Version des Originals resultiert (deshalb »provisorisch«), z. B. die Vertragsdatenänderungen für einen Vertrag, der noch nicht rechtskräftig abgeschlossen ist; möglicher Abbruch einer Änderung mit dem Verwerfen der bereits erfassten (gespeicherten) Daten

- Arbeitsteilung gemäss Vier-Augen-Prinzip und Rollenkonzept (datenabhängige Berechtigung – Beispiel: nach einer Berechnung ist das Risiko zu hoch für den aktuellen Sachbearbeiter und jemand mit mehr Rechten muss den Prozess weiterverarbeiten)

- Zeitlich versetzte Datenerfassung (Geschäftsprozesse können über mehrere Stunden, Tage oder gar Monate andauern)

- Umfangreiche Datenerfassung (Zwischenspeicherung); Iteratives Erfassen; möglicher Abbruch einer Erfassung mit dem Verwerfen der erfassten (gespeicherten) Daten

Dass mit provisorischen Daten gearbeitet werden muss, ist in den meisten Fällen keine technische, sondern eine fachliche Entscheidung.[89] In diesen Fällen sollte man im fachlichen Datenmodell die entsprechenden Anpassungen dokumentieren und nicht nur im logischen Datenmodell.

> Provisorische Daten ermöglichen eine höhere Parallelität der Prozessabwicklung. Allfällige dabei entstehende Datenbearbeitungskonflikte werden nicht reduziert. Sie werden nur bis zum Ende des jeweiligen Prozesses bzw. der fachlichen Transaktion aufgeschoben und müssen dann gesamthaft aufgelöst werden.

Das im vorherigen Kapitel in einem Beispiel erwähnte »optimistic locking« stellt einen dritten Ansatz dar, um mit Datenbearbeitungskonflikte umzugehen. Dabei wird der *Verlust von eingegebenen Daten* als akzeptabel hingenommen und stellt zugleich die Geschäftsregel dar, wie mit einem Datenbearbeitungskonflikt umzugehen ist. Die Umsetzung des »optimistic lockings« bedingt Anpassungen am Datenmo-

---

[89] *Technische* Einschränkungen bei der Verwendung von Transaktionen können auch dazu führen, dass provisorische Daten eingeführt werden müssen (Kapitel 9.5 »Jenseits der Transaktionen«).

dell. Auch hier handelt es sich um keine technische, sondern um eine fachliche Entscheidung. Deshalb sollte man auch hier im fachlichen Datenmodell die entsprechenden Ergänzungen dokumentieren und nicht nur im logischen Datenmodell.

> Das »optimistic locking« ermöglicht eine höhere Parallelität und eine sehr einfache und standardisierte Behandlung von Datenbearbeitungskonflikten, dies jedoch zum Preis des Verlustes von eingegebenen Daten.

Für die Analyse von Datenbearbeitungskonflikten sollten die Geschäftsprozesse so feingranular wie möglich modelliert werden (Abbildung 45). Geschäftsprozesse werden in der Praxis jedoch nicht derart modelliert. Sie werden umfangreichere Abläufe beinhalten und nicht diese Detaillierung der Ablaufebene aufweisen. Es wäre auch fraglich, ob dieser Ansatz einer Kosten-Nutzen-Betrachtung standhalten würde (siehe auch die Ausführungen im Kapitel 3.3.1 »Prozessmodellierung – die Prozessarchitektur«). Das bedeutet aber, dass die Klärung der Fragen, was für Datenbearbeitungskonflikte auftreten können und wie sie zu lösen sind, auch Gegenstand der Ausarbeitung der jeweiligen IT-Anforderungsspezifikation ist. Darin besteht eine der Herausforderungen bei der Erarbeitung einer guten IT-Anforderungsspezifikation.

Da Prozesse u. U. durch mehrere Anwendungen unterstützt werden, muss die Interaktion der dabei involvierten Anwendungen mittels *einer übergreifenden IT-Anforderungsspezifikation* dokumentiert werden.

> Es genügt nicht nur eine anwendungsorientierte Sichtweise zu haben. Man muss eine *prozessorientierte Sichtweise einnehmen* können, um die relevanten Geschäftsregeln zu finden und um zu spezifizieren, wie mit Datenbearbeitungskonflikten IT-technisch umzugehen ist.
>
> Die Festlegung der Geschäftsregeln, wie man mit Datenbearbeitungskonflikten umzugehen hat, ist eine fachliche und keine technische Frage.

9.3 Konsistenz innerhalb einer Prozessinstanz

Wir haben im vorherigen Kapitel darüber gesprochen, mit welchen Mitteln die Datenkonsistenz nach einer fachlichen Transaktion unter verschiedenen prozessualen Anforderungen sichergestellt werden kann. Wie sieht es nun mit der Erhaltung der Datenkonsistenz innerhalb einer Prozessinstanz aus, möglicherweise über mehrere fachliche Transaktionen hinweg?

Voll- und teilautomatisierte Prozesse, d. h. IT-unterstützte Prozesse mit Benutzerinteraktion, werden grundsätzlich in fachliche Transaktionen zerlegt. Dabei geht man davon aus, dass eine fachliche Transaktion »IT-technisch garantiert« abgewickelt werden kann. Dabei werden fachliche Transaktionen möglichst durch (technische) Transaktionen umgesetzt (siehe Kapitel 9.4 »Technische Unterstützung durch Transaktionen«).

Im ersten Teil eines *teil*automatisierten Prozesses werden üblicherweise in vorbereitenden Schritten alle Geschäftsdaten ausgewählt oder – falls nicht vorhanden – erfasst. Dies geschieht über eine Sequenz von Serviceaufrufen, wovon jeder für sich einen konsistenten Zustand hinterlässt (eigene fachliche Transaktion). Wird der Prozess an einer Stelle abgebrochen, so müssen die bereits erfassten Daten nicht wieder gelöscht werden. Auf diesen Daten aufbauend können weitere fachliche Transaktionen des gleichen Prozesses durchgeführt werden, wovon wiederum jede einen konsistenten Zustand hinterlässt. Die Schritte sind dahingehend voneinander abhängig, dass sie als Vorbedingung das Vorhandensein gewisser Geschäftsdaten erwarten. Sie müssen deshalb in einer bestimmten Sequenz abgearbeitet werden, welche durch den Prozess garantiert werden muss.

Es gibt verschiedene Ansätze, wie diese Sequenz von fachlichen Transaktionen, d. h. der eigentliche Prozessablauf, implementiert werden kann (z. B. Workflow-Management-Systeme mit »Rule Engines«). Eine komplette Zentralisierung der Prozesslogik in einem größeren Unternehmen, z. B. in einer einzigen Rule Engine, ist unwirtschaftlich. Man benötigt z. B. für die Entwicklung der notwendigen Benutzeroberfläche eines teilautomatisierten Prozesses das Wissen über die Prozesslogik. Im Rahmen des Prototypings der Benutzeroberfläche wird gerade diese Prozesslogik ausgearbeitet und verfeinert. Das ähnliche oder gleiche Wissen muss folglich redundant in der Organisation gehalten werden, was äußerst teuer ist. Auch eine unabhängige und somit verteilbare Auftragsabwicklung zur Bereitstellung der IT-Unterstützung wird dadurch eingeschränkt.

Aus eigener Erfahrung bei der Konzeption der IT-technischen Prozessführung einer Lebensversicherungsgesellschaft hat sich ein »objektorientierter« Workflow-Ansatz bewährt. Dabei werden nur die Metadaten der IT-unterstützten Prozesse (welche Geschäftsfälle gibt es und welche Zustände können sie einnehmen) sowie die damit verbundenen operativen Daten (z. B. der konkrete Zustand eines Geschäftsfalls, das Team bzw. die Anwendung, welche ihn gerade betreut) in einem zentralen *Geschäftsfallmanagementsystem* verwaltet. Die eigentliche Prozesslogik zur Abwicklung der Geschäftsfälle verbleibt in den Anwendungen. Über tausend Personen arbeiteten täglich mit einer derart prozessorientierten und trotzdem dezentral weiterentwickelbaren Anwendungslandschaft.

Auch hier müssen die Geschäftsregeln analysiert und festgelegt werden, wie mit Fehlerszenarien, z. B. mit dem Abbruch einzelner fachlicher Transaktionen, umgegangen werden soll.

9.4 Technische Unterstützung durch Transaktionen

Idealerweise würde man die Operationen und ihre Kompositionen, welche eine fachliche Transaktion implementieren, so programmieren, als ob keine parallelen Abläufe vorkommen könnten, diese Operationen dann mit etwas »magischem Staub« besprühen, und – voilà! – können sie auch problemlos parallel zu anderen Operationen benutzt werden. Dieser magische Staub existiert tatsächlich und wird *Transaktion* genannt.

Datenbanken bzw. ihre Transaktionsmonitore bieten das Konzept der Transaktion an. Eine Transaktion ist eine Folge von Datenbearbeitungsschritten, welche als logische Einheit betrachtet wird, und für die der Transaktionsmonitor die ACID-Eigenschaften sicherstellt (»atomicity« – die Datenänderungen werden nur in ihrer Gesamtheit durchgeführt, »consistency« – die Datenänderungen sind konsistent zu den definierten Regeln des logischen Datenmodells[90], »isolation« – die Datenänderungen sind unabhängig von anderen Datenänderungen, »durability« – die Datenänderungen sind dauerhaft). Transaktionen werden entweder komplett und korrekt ausgeführt oder gar nicht.

---

90 Das Datenmodell kann z. B. Referenzen auf X enthalten sowie die Regel, dass X vorhanden sein muss, solange es noch von irgendwoher referenziert wird.

> Transaktionen sind demnach ein technisches Hilfsmittel zur Wahrung der Datenkonsistenz von fachlichen Transaktionen.

Dabei ist zu beachten, dass eine Datenbank bzw. ihr Transaktionsmonitor unterschiedliche Isolationsebenen (»isolation levels«) anbietet. Je nach gewählter Isolationsebene ist es z. B möglich, dass inkonsistente Daten gelesen werden (»dirty read«, »non-repeatable read«, »phantom read«) oder gar Dateninkonsistenzen zustande kommen können (»lost updates«). Die sicherste Isolationsebene ist nach ANSI/ISO SQL-Standard (SQL92) »Serializable«. Bei Isolation durch Serialisierung erfolgt eine strikte Trennung von Transaktionen und deren Ausführung (vollständige Serialisierung der Transaktionen, soweit sie auf gemeinsame Daten zugreifen).

Bei dynamischen Daten wird in manchen Fällen eine weniger restriktive Isolationsebene zugunsten einer höheren Performanz der Transaktionsausführungen gewählt. Die dabei potenziell auftretenden Fehler bzw. Datenbearbeitungskonflikte werden ignoriert bzw. als akzeptabel hingenommen. Dabei werden in der Regel keine weiteren Geschäftsregeln zu deren Auflösung angewandt.

9.5 Jenseits der Transaktionen

In der Praxis gibt es sowohl fachliche als auch technische Einschränkungen beim Einsatz von Transaktionen.

Fachliche Einschränkungen treten vor allem bei den Prozessabwicklungen auf, welche provisorische Daten benötigen. Zwar sind auch hier Transaktionen für die Mutation von provisorischen Daten nützlich. Aber sobald eine fachliche Transaktion *zeitlich unterbrochen* werden muss, muss die mit den Transaktionen einhergehende Sperrung der Geschäftsdaten zugunsten der Prozesseffizienz aufgehoben werden.[91] Auch das Wissen, was ein (fachlich) konsistenter Zustand ist, hat ein Transaktionsmonitor nicht. Bei einfachen fachlichen Transaktionen, welche durch ihre Serialisierung bereits einen konsistenten Zustand erreichen, genügt der intelligente Einsatz von Transaktionen. Sobald für die Auflösung von Datenbearbeitungskonflikten Geschäftsregeln anzuwenden sind, reicht der

---

91 Natürlich kann man argumentieren, dass die fachliche Transaktion unterteilt werden könnte. Das ist auch ein möglicher Ansatz, löst das Problem aber nicht. Man verlagert nur das Konsistenzproblem von der fachlichen Transaktion bzw. vom konsistenzerhaltenden Prozessschritt zum ganzen Prozess.

nackte Transaktionsmechanismus nicht mehr aus. Kein Transaktionsmonitor kann die Entscheidung treffen, was zu tun ist, falls beim Zurückschreiben von fertig mutierten provisorischen Daten ein Datenbearbeitungskonflikt auftreten sollte. Hier kommen die entsprechenden Geschäftsregeln zum Einsatz, die z. B. sagen, dass ein Rollback gemacht werden muss.

Technische Einschränkungen treten vor allem bei Daten auf, welche auf verschiedenen Datenbanken verteilt sind, z. B. weil verschiedene Abteilungen aus historischen oder organisatorischen Gründen ihre eigenen Datenbanken betreiben, weil Daten aus Gründen der Datensicherheit jederzeit von der Hauptdatenbank in eine Sicherheitskopie dieser Datenbank repliziert wird usw. Nicht immer sind diese Datenbanken so kompatibel, dass man *verteilte Transaktionen* darauf realisieren kann. Ohne näher auf verteilte Transaktionen einzugehen, besteht das Problem darin, dass die beteiligten Transaktionsmonitore eine unterschiedliche Interpretation der gemeinsamen Schnittstelle haben, z. B. wie der sogenannte Transaktionskontext aufgebaut ist, wie darin der Security-Kontext weitergereicht wird, wie die Isolationsebenen zu verstehen sind usw. Auch technisch bereitet eine zu lange Sperrung von Daten Probleme. Die Dauer von Sperrungen hat einen grossen Einfluss auf die Performanz eines Transaktionsmonitors und muss deshalb so kurz wie möglich gehalten werden. Mit einer zu langen Sperrung von Daten würde man sich des Weiteren gegenüber anderen technischen Fehlerquellen anfälliger machen, wie dem zwischenzeitlichen Ausfall von Rechnern, dem Netzwerk oder dem Absturz ganzer Anwendungen, sogenannten »partial failures«, welche die Datenkonsistenz beeinträchtigen können.

Sowohl fachliche als auch technische Einschränkungen beim Einsatz von Transaktionen führen dazu, dass geschäftliche Abläufe in mehrere Transaktionen unterteilt werden müssen. Man kann sich dann allerdings nicht mehr alleine auf den magischen Staub verlassen, sprich auf die ACID-Garantien. Das »I« der Transaktionen, d. h. die gegenseitige Isolation über mehrere Datenbearbeitungsschritte hinweg, muss quasi »zu Fuss« auf Anwendungsebene nachgebaut werden, mittels als provisorisch markierten Daten. Ansonsten können *unkontrollierte Datenbearbeitungskonflikte* entstehen und dadurch kann die Konsistenz beeinträchtigt werden.

Die Konsistenz selbst muss man, wie oben bereits geschildert, durch Verifikation anhand definierter Geschäftsregeln selber anwendungstechnisch sicherstellen. Das »C« für »consistency« der ACID-Garantien entspricht nur in ganz wenigen Fällen der (fachlichen) Konsistenz.

Bei solchen Konstellationen, d. h. bei der anwendungstechnischen Sicherstellung der Isolation, muss detailliert analysiert werden (und nach jeder Programmanpassung die Analyse aktualisiert werden), welcher Service wann auf welche Daten wie zugreift und ob dabei gegenseitige Datenbearbeitungskonflikte auftreten können. Dabei müssen die Geschäftsregeln, wie man mit solchen Datenbearbeitungskonflikten *automatisiert* umzugehen hat, fachlich definiert sein.

Die automatisierte Auflösung von Datenbearbeitungskonflikten aufgrund mangelhafter Isolation oder zur fachlichen Konsistenzerhaltung selbst kann eine derartige technische Komplexität verursachen, dass stattdessen einfacher umzusetzende Geschäftsregeln zur Behandlung von Datenbearbeitungskonflikten definiert werden oder dass bestimmte Datenbearbeitungskonflikte organisatorisch aufgelöst werden, d. h. durch einen Sachbearbeiter analysiert und behoben werden.[92]

Aus diesen Komplexitätsüberlegungen versucht man eine fachliche Transaktion in *nur einer Anwendung* zu implementieren, damit man nicht neben der fachlichen Komplexität noch mit einer zusätzlichen technischen Komplexität zu kämpfen hat (siehe Kapitel 10 »Komponentenbildung als Schlüssel zur Wartbarkeit«).

9.6 Parallelität als Ursache von Komplexität

Ein Transaktionsmechanismus ist eine wunderbare und äusserst nützliche Erfindung, welche unglaublich viel Zeit bei der Entwicklung von IT-Systemen spart. Ohne sie wäre die heutige Informatik unvorstellbar. Sie kann in der Praxis jedoch nicht alle Konsistenzprobleme im Alleingang verhindern. Dazu ist viel fachlichkonzeptionelle und anwendungsspezifische Arbeit notwendig, welche viel Sorgfalt erfordert. Diese Erkenntnis steht im Gegensatz zur naiven Hoffnung, welche vielfach mit serviceorientierten Architekturen verbunden wird, wie wir im Kapitel 11.1 »Service-Oriented Architectures« sehen werden.

Die Komplexität liegt in der Natur der Sache und entsteht nicht durch den Einsatz von IT. Auch ohne eine IT-Unterstützung musste man sich früher die Geschäftsregeln überlegen, um Datenbearbeitungskonflikte bei paralleler Pro-

---

92 Häufig als fachliche Kompensation bezeichnet. Dabei werden Dateninkonsistenzen durch die jeweilige Anwendung bemerkt, aber nicht aufgelöst. Ein Sachbearbeiter wird z. B. per Mail darüber informiert. Dieser muss entscheiden, was zu tun ist.

zessführung zu regeln. Man hatte früher u. U. weniger Geschäftsregeln, weil man nicht die informationstechnischen Mittel hatte, um eine derartige Parallelität von Prozessen bei so grossen Mengengerüsten zu verarbeiten. D. h., mit der Steigerung der Prozesseffizienz durch die IT-Unterstützung und die damit einhergehende Parallelisierung sind solche Datenbearbeitungskonflikte anspruchsvoller geworden.

> Das Zulassen von Datenbearbeitungskonflikten, um die parallele Ausführung von Geschäftsprozessen zu ermöglichen, erhöht massiv die Komplexität der IT-technischen Sicherstellung der Datenkonsistenz und somit die Komplexität der IT-Unterstützung selbst.

10 Komponentenbildung als Schlüssel zur Wartbarkeit

Im den vorhergehenden Kapiteln haben wir die Grundlagen und Zusammenhänge zur IT-Architektur beleuchtet, ausgehend von einer betriebswirtschaftlichen Zielsetzung. Wir haben darauf hingewiesen, wo in real existierenden Unternehmen erfahrungsgemäß Spannungsfelder und Störungen auftreten können – Störungen, die ein eher rational denkender Techniker in der Regel nicht erwarten würde, auf die man jedoch gefasst sein sollte, wenn man IT-Architektur erfolgreich praktizieren will.

Die IT-Architektur hat natürlich auch eine technische Dimension, deren vollständige Behandlung den Rahmen des vorliegenden Buches bei weitem sprengen würde. Eine grundlegende Thematik möchten wir trotzdem etwas näher betrachten, da sie sowohl die Softwarearchitektur, Anwendungsarchitektur als auch die Plattformarchitektur betrifft. Es geht dabei um die Aufteilung von IT-Landschaften in Anwendungen, bzw. Anwendungen in Komponenten, welche über Schnittstellen verbunden sind. Derartige Aufteilungen dienen, wie wir im Kapitel 3.10.4 »Denkansätze zur Beherrschung von Komplexität« bereits gesehen haben, der Beherrschung von Komplexität und damit der Wartbarkeit, und letzten Endes der Flexibilität der IT-Landschaft.[93]

Die IT-Landschaft eines Unternehmens beinhaltet in aller Regel einen ganzen Flickenteppich von untereinander verbundenen Anwendungen, manche selbst erstellt, manche eingekauft und manche vielleicht extern gehostet.

Die IT-Architektur muss dafür sorgen, dass diese IT-Landschaft effizient weiterentwickelt und gewartet werden kann, sprich, dass ihre Lösungsquali-

---

93 Andere Qualitätsattribute, z. B. Performanz, können durch die modulare Aufteilung einer Anwendung unter Umständen negativ beeinflusst werden. Dies ist dank steigender Rechenleistung immer seltener ein Problem, kann aber in speziellen Situationen oder bei unerfahrenen Architekten trotzdem ein ernst zu nehmender Störfaktor werden.

tät erhalten bleibt oder verbessert wird. Im Folgenden nehmen wir die dafür notwendigen technischen Konzepte genauer unter die Lupe.

10.1 Anwendungen und Komponenten

Zuerst muss man die Übersicht behalten, welche Anwendungen existieren und wie sie voneinander abhängen. Letzteres ist wichtig, um die Folgen von möglichen Änderungen abschätzen zu können: Sind nur die Interna einer Anwendung betroffen? Kann man neue Funktionalität durch reines Hinzufügen von neuer Software erreichen, ohne existierende Anwendungen anzurühren? Oder muss gleich eine ganze Reihe von Anwendungen geändert werden, die möglicherweise erst noch verschiedenen Abteilungen gehören?

Welche Teile der firmenweiten Software als Anwendungen bezeichnet werden, ist eine Definitionsfrage. Diese Definition erfolgt durch die Anwendungsarchitektur derart, dass die Gesamtzusammenhänge ersichtlich bleiben – insbesondere darüber, welche Software welche Anforderungen unterstützt und welcher Organisationseinheit sie technisch und finanziell untersteht. Eine Anwendung in einem Unternehmen sollte so definiert sein, dass ihre Bedeutung auch nicht-technischen Managern kommuniziert werden kann. D. h., man sollte Anwendungen nicht so fein aufgliedern, dass technisches Know-how nötig wird, um die Gliederung nachzuvollziehen.

Ein häufiges Kriterium zur Vergabe der Bezeichnung Anwendung ist die Benutzung durch menschliche Akteure. Die Software, welche für eine bestimmte Art Benutzer (z. B. Personalverantwortlicher) eine bestimmte Kategorie von Geschäftsprozessen unterstützt (z. B. Verwaltung von Personalmutationen), wird gesamthaft häufig als Anwendung bezeichnet. Die fachliche Komplexität und Wichtigkeit aus der Unternehmensperspektive ist ein weiteres Kriterium für die Vergabe der Bezeichnung Anwendung. Auch Auftragserteilung, -abwicklung, -controlling und -reporting sollten sinnvollerweise auf der Ebene von ganzen Anwendungen möglich sein.

> Anwendungen sind abgegrenzte Teile der firmenweiten Software, die einen definierten Teil der gesamten IT-Unterstützung realisieren. Die Gliederung von Software in Anwendungen ermöglicht, dass IT-Investitionsentscheidungen in einem Gesamtkontext getroffen und priorisiert werden können.

»Anwendung« ist ein faszinierender Begriff, wie folgende Anekdote zeigt:

> Wir haben erlebt, wie ein Lieferant eine javabasierte Architektur präsentierte und dabei stolz proklamierte, dass »Anwendung« als Begriff mit Java nicht mehr nötig sei. Anwendungen sind abgegrenzt und haben eine definierte Funktionalität. Moderne objektorientierte Umgebungen sind hingegen nicht mehr geschlossen, sondern können zur Laufzeit durch neuen Code (z. B. Plug-ins) und damit neue Funktionalität erweitert werden. Die Idee einer geschlossenen Anwendung wird damit zu einer künstlichen Einschränkung. Oder mit den Worten von Bertrand Meyer: »Real systems have no top.« Konstrukte wie z. B. die »Main«-Methoden in Java und C# sind deshalb eigentlich anachronistisch, sie suggerieren eine geschlossene Anwendung mit einem einzigen Einstiegspunkt (Bertrands »top«).
>
> An der erwähnten Sitzung geriet ein Manager jedoch in Rage, da diese technische Sicht für ihn bedeutete, dass der Lieferant nicht die Perspektive einer übergreifenden IT-Architektur einnehmen konnte, wo die Anwendung die kleinste für einen nicht technischen Manager noch »greifbare« Softwareeinheit darstellt, wobei »greifbar« auch bedeutet, dass sie sich sowohl bzgl. ihrer Funktionalität als auch ihrer technischen Artefakte klar definieren und abgrenzen lässt. Damit bleibt der Begriff essenziell, egal, ob auf der technischen Ebene noch ein Anwendungskonzept benötig wird oder nicht.

Ironischerweise ist das Fehlen eines technischen Anwendungskonzeptes Ursache der großen Misere, die manchmal als »DLL Hell« bezeichnet wird: der Fragilität von Anwendungen, wenn man beginnt, einzelne ihrer Teile zu ändern. Diese Fragilität hat eine Milliardenindustrie hervorgebracht, nämlich die Hersteller von Virtual Machines (VMware und seine Konkurrenten). Da man es nicht wagen kann, mehrere Anwendungen auf demselben Betriebssystem zu installieren, muss man sie auf verschiedenen Servern installieren, jeweils mit eigenem Betriebssystem. Da dies unnötig teuer ist, virtualisiert man diese Server und spart damit wenigstens die unnötigen Hardwarekosten. Dies ist ein atemberaubendes Scheitern der Betriebssystemforschung und -entwicklung der letzten 40 Jahre. Erst seit Kurzem gibt es erste Forschungsprojekte wie z. B. Singularity [Hunt-Larus] mit dem Ziel, die Konfiguration von zusammengehörigen Komponenten und Ressourcen – d. h. einer Anwendung – besser managebar zu machen. Damit sollen Änderungen an einer Anwendung zukünftig ohne Angst gemacht werden können, dabei eine andere auf dem gleichen Betriebssystem installierte Anwendung zu schädigen.

> Es braucht also sowohl auf technischer als auch auf Managementebene den gleichen Anwendungsbegriff.[94]

In einem sehr großen Unternehmen wird man vielleicht mehrere Anwendungen zu Anwendungsverbünden zusammenfassen, um eine noch abstraktere Diskussion zu ermöglichen.

Wie sieht es hingegen aus, wenn wir eine einzelne Anwendung konkreter betrachten? Woraus besteht eine Anwendung? Aus konstruktiver Sicht besteht eine Anwendung aus Softwarekomponenten. Wir lehnen uns bei der Definition an das Standardwerk zum Thema Komponentensoftware an [Szyperski 1][95]:

> Eine Softwarekomponente (oder kurz »Komponente«) ist die kleinste Softwareeinheit, welche der Komposition dient, vertraglich spezifizierte Schnittstellen besitzt und rein explizite Kontextabhängigkeiten aufweist. Eine Softwarekomponente kann unabhängig geändert, verteilt und durch Dritte integriert werden.

Betrachten wir diese Definition genauer:

- Komponenten müssen nicht komplett voneinander isoliert sein: Sie dürfen – ausschließlich – über Schnittstellen miteinander interagieren, z. B. Daten austauschen oder Aktionen auslösen (»rein explizite Kontextabhängigkeiten«).

- Eine Schnittstelle beschreibt möglichst genau, was die betroffenen Komponenten voneinander erwarten dürfen bzw. was sie einander liefern müssen (»vertraglich spezifiziert«).

- Eine Anwendung besteht aus einer Komponente oder entsteht durch Komposition aus mehreren Komponenten. Es können auch Komponenten verschiedener Anwendungen verbunden sein (anwendungsübergreifende Schnittstellen).

---

[94] Häufig wird im Kontext des Begriffs Anwendung der Begriff System gebraucht. Unter einem *System* verstehen wir in der Regel jedoch ein umfassenderes Gebilde als nur die Anwendung (Software im engeren Sinne), nämlich das Gesamtgebilde aus Soft- und Hardware.

[95] »A software component is a unit of composition with contractually specified interfaces and explicit context dependencies only. A software component can be deployed independently and is subject to composition by third parties.«

- Eine Komponente stellt im Design eine eigene, klar erkennbare Einheit dar. Es muss für jedes Programmkonstrukt klar sein, zu welcher Komponente es gehört – kein Programmkonstrukt und kein Source-Code-Element darf Teil von mehreren Komponenten sein.

- Komponenten sind die kleinsten Softwareeinheiten, die unabhängig voneinander von Entwicklern geändert, dann »deployed« und durch Systemintegratoren integriert werden können. Sie haben eigene, voneinander unabhängige Release- und Lebenszyklen (»unabhängig geändert, verteilt und durch Dritte integriert«). Dies bedeutet auch eine eigenständige Versionierung der jeweiligen Softwarekomponenten in einem Software-Configuration-Management-System (SCM-System). Eine Komponente ist somit die kleinste verwaltete Softwarekonfiguration in einem SCM-System.

- Kleinere Elemente innerhalb einer Komponente dürfen nicht unabhängig deployed werden[96]: Eine Komponente wird in eine oder unter Umständen in mehrere »Deployment Units« transformiert, welche *gemeinsam* verteilt, installiert und ausgeführt werden müssen. Die kleinstmögliche Deployment Unit ist plattformabhängig, z. B. eine Windows DLL[97].[98]

Welche Granularität bzw. Größe von Komponenten ergibt in der Praxis Sinn? Das wichtigste einzelne Beurteilungskriterium für die Strukturierung eines Systems in Komponenten ist die Wartbarkeit. Idealerweise betrifft eine Änderung nur gerade

---

96 Wir schließen damit sogenannte »Patches« aus. Ein Patch ist eine Deployment Unit, welche eine oder mehrere Softwarekomponenten enthält, wobei jedoch nur die Änderungen gegenüber einer bestimmten Vorgängerversion physisch gespeichert sind. Es handelt sich damit um ein reines Kompressionsverfahren – logisch werden alle enthaltenen Softwarekomponenten auf dem Zielsystem komplett ersetzt. Innerhalb eines Unternehmens ist eine derartige Optimierung nicht sinnvoll.

97 Dynamic Link Library.

98 Es ist nicht immer möglich, eine Komponente in eine einzige Deployment Unit zu verpacken. Eine Client/Server-Kommunikationskomponente, welche ihr Kommunikationsprotokoll als Geheimnis kapselt, muss z. B. als Ganzes deployed werden, obwohl sie aus mindestens je einer Deployment Unit für den Client und den Server besteht. Diese dürfen *nicht* einzeln deployed werden, da sonst keine konsistente Kommunikation gewährleistet werden kann. Die Komponente kann, wenn nötig, bei jedem Release das Protokoll ändern, welches ein reines Implementierungsdetail der Komponenten darstellt. Anders sieht es aus, wenn das Kommunikationsprotokoll zwischen Client und Server offengelegt, dokumentiert und möglicherweise über die Anwendung hinaus publiziert wird (Standard). Dann können Kommunikationskomponenten für Client und Server separat geändert und deployed werden. Die Komponenten müssen sich jedoch an das vorgegebene Kommunikationsprotokoll halten.
Idealerweise arbeitet man mit der zweiten Variante, d. h., Kommunikationsprotokolle werden explizit dokumentiert und verwaltet, und Client und Server werden als separate Deployment Units behandelt. Siehe auch Kapitel 11.1 »Service-Oriented Architectures«.

eine Komponente. Komponenten können deshalb etwas vereinfacht auch als »units of asynchronous evolution« definiert werden. Eine Komponente ist also Software, welche mindestens in gewissem Maße[99] weiterentwickelt werden kann, ohne dass dazu eine Koordination mit der Entwicklung anderer Komponenten notwendig ist. Worauf genau man achten sollte bei der Aufteilung in Komponenten wird im Kapitel 10.4 »Wie kommt man zu einer Aufteilung in Komponenten?« besprochen.

Komponenten kann man grob in primär fachliche und primär technische Komponenten klassifizieren [Siedersleben]. Eine Komponente zur Berechnung von Versicherungspolicen ist ein Beispiel einer fachlichen Komponente, ein Betriebssystem ist ein Beispiel einer technischen Komponente. Technische Komponenten betreffen typischerweise relativ etablierte und generische Informatikkonzepte wie »Datei«, »Datenbanktabelle«, »Netzwerk«, »Control« einer grafischen Benutzeroberfläche usw. Fachliche Komponenten sind auf viel engere, anwendungsspezifischere Domänen ausgelegt, und es existiert normalerweise kein Konsens über die zugrunde liegenden fachlichen Datenmodelle.

Komponenten werden heute bevorzugt in objektorientierten Programmiersprachen wie Java oder C# entwickelt.[100] Diese Sprachen bieten keine Sprachkonstrukte für Komponenten an. In der Regel wird eine Komponente als eine *Menge von zusammengehörigen Klassen* realisiert, wobei zusammengehörig bedeutet, dass die Klassen sich gegenseitig kennen müssen, oft mitsamt ihren nicht öffentlichen Implementierungsdetails.

10.2 Schnittstellen als Annahmen

Komponenten sind die eine Seite der Medaille, Schnittstellen die andere. Schnittstellen beschreiben, was eine Komponente von einer anderen annehmen darf – nichts anderes darf sie annehmen. Basierend auf David Parnas' Definition [Parnas][101] beschreiben wir Schnittstellen wie folgt:

> Schnittstellen sind Spezifikationen der als legitim betrachteten Annahmen von Komponenten übereinander.

---

99 Solange ihre Schnittstellen nicht geändert werden; siehe Kapitel 10.3 »Schnittstellenkompatibilität«.
100 Dies ist nicht zwingend, COM-Komponenten werden oft auch in C entwickelt.
101 »The connections between modules are the assumptions which the modules make about each other.«

Eine Schnittstelle zwischen zwei Komponenten beschreibt, was die beiden Komponenten einander liefern müssen bzw. welche Lieferungen sie erwarten dürfen. Schnittstellen legen also Rechte und Pflichten der beteiligten Parteien fest. Bertrand Meyer benutzt diese Sichtweise in seiner »Design by Contract«-Methodik [Meyer], um Schnittstellen »vertraglich« zu spezifizieren und zu dokumentieren. So werden z. B. für jede Methode eines Objekts seine Rechte festgelegt, die sogenannten *Vorbedingungen*, von denen sie ausgehen darf, sowie die Pflichten, die sie erfüllen muss, die sogenannten *Nachbedingungen*. Dieser Ansatz ist relativ einfach und hat den unschätzbaren Vorteil, dass nach Änderungen von Komponenten viele versehentliche Verletzungen des »Vertrages« (d. h. der Schnittstelle) automatisch detektiert und gemeldet werden können. Man erreicht damit auch, dass viele Fehler entdeckt werden können, bevor sie eine Komponente »verlassen«. Damit wird die Zuordnung von Fehlern zu Komponenten – und deren Verantwortlichen – sehr viel einfacher.

Neben Vorbedingungen und Nachbedingungen gibt es zudem *Invarianten*. Eine Invariante ist eine Aussage, welche unabhängig von den Vorbedingungen jederzeit eingehalten sein muss, d. h., auf deren Einhaltung man sich verlassen können will.[102]

Falls eine Komponente Annahmen über das Verhalten einer anderen Komponente trifft, diese Annahmen aber nirgends in Schnittstellen oder allgemeinen Architekturfestlegungen dokumentiert sind, dann sind diese Annahmen illegal. Sie entsprechen dann nicht einem »Contract«, sondern bilden eine »Conspiracy«. Im Interesse der Änderungsfreundlichkeit von Software gilt es, solche Konspirationen konsequent zu bekämpfen.

Es gibt verschiedene Arten von Schnittstellen zwischen Komponenten, z. B. prozedurale oder objektorientierte Programmierschnittstellen (»Application Programming Interfaces«, APIs); synchrone oder asynchrone Kommunikationsschnittstellen, wie z. B. Remote Procedure Calls oder Message-Queuing-Systeme; Datenbankschnittstellen basierend auf SQL; File-Schnittstellen, z. B. für den Austausch von Textfiles zwischen Komponenten mittels FTP; und sogar Benutzerschnittstellen, z. B. Screen Scraping von Mainframe Screens oder von HTML-Seiten.

---

102 Die Vorbedingung einer Methode muss nur zum Zeitpunkt des Aufrufs eingehalten sein, nicht immer. Die Nachbedingung ist nur gerade nach dem Aufruf etabliert und kann durch das nächste Statement bereits wieder verletzt werden. Die geistige Buchführung der gerade gültigen Bedingungen ist gerade das, was das imperative Programmieren so fehleranfällig macht.

> Da es bei der Architektur u. a. darum geht, Vorgaben zu machen, deren Einhaltung man annehmen darf und da Schnittstellen Annahmen darstellen, sind Vorgaben zu Schnittstellen einer der großen Hebel für den IT-Architekten.

Vorgaben können dabei verschiedenste Formen annehmen, von »zwischen Komponente X und Y gibt es keine Schnittstelle« über »zwischen Komponente X und Y gibt es eine Schnittstelle, welche es X erlaubt, in Y eine Bestellung auszulösen« bis hin zu »alle Komponenten, die in Y eine Bestellung auslösen wollen, müssen Schnittstelle S benutzen«. Das Spektrum reicht also von projektspezifischen Festlegungen bis zu firmenweiten Standards.

10.3 Schnittstellenkompatibilität

Wie der Name schon sagt, *schneidet* eine Schnittstelle ein System in kleinere Teile; diese Teile sind überschaubarer (Komplexitätsbeherrschung) und können separat bearbeitet werden (Parallelisierung der Entwicklung). Umgekehrt ist eine Schnittstelle jedoch auch dazu da, Komponenten zu *verbinden*.

Komponenten lassen sich nur sinnvoll verbinden, wenn sie zu ihrer Schnittstelle *kompatibel* sind. Kompatibel bedeutet zur Laufzeit z. B., dass der Aufrufer einer Methode die richtigen Bits in die richtigen Prozessorregister lädt bzw. die aufgerufene Methode sie dort abholt oder dass ein Client die richtigen Bits »über den Draht« schickt, die auch der Server so erwartet. Wie diese Bits aussehen, hängt von der spezifischen Schnittstelle ab, kann jedoch zu einem gewissen Grad auch standardisiert sein. So gibt z. B. Microsofts Component Object Model (COM) vor, wie ein Methodenaufruf auf einem Intel-Prozessor genau vonstattengeht und wie die dazu nötigen Schnittstellendatenstrukturen im Speicher genau aussehen (COM-Interfaces). Auch wenn eine Clientkomponente und eine Serverkomponente in komplett verschiedenen Programmiersprachen entwickelt worden sind und verschiedene Compiler benutzt wurden, ist damit eine Kompatibilität möglich. Es muss lediglich die COM-Architektur auf der binären Ebene eingehalten werden, und die Komponenten müssen semantisch korrekt interagieren – z. B. muss der Client beim Aufruf einer Methode des Servers alle Vorbedingungen dieser Methode sicherstellen (korrekte Parameter und korrekter Zustand des Objekts, dessen Methode aufgerufen wird).

> Die Kompatibilität einer Komponente mit einer Schnittstelle kann also auf drei Ebenen betrachtet werden:
>
> - Kompatibilität auf semantischer Ebene (das zugrunde liegende fachliche und logische Datenmodell, Vorbedingungen, Nachbedingungen),
> - Kompatibilität auf syntaktischer Ebene (wie sieht die Schnittstelle in Programmiersprache P aus, d. h. in (auch) durch Menschen interpretierbarer Form?),
> - Kompatibilität auf binärer Ebene (was geht über den Draht/über die Register/über den Stack?).
>
> Zwei Komponenten, die über eine Schnittstelle interagieren, müssen mindestens auf der semantischen und auf der binären Ebene kompatibel sein.

Eine Programmiersprache legt die syntaktische Ebene fest. Falls die binäre Ebene ebenfalls vorgegeben ist (z. B. COM), dann ist es im Prinzip ein Implementierungsdetail der verwendeten Werkzeuge, wie die Verwendung einer Schnittstelle in einem Programm von der syntaktischen in die binäre Ebene übersetzt wird. Wenn syntaktische und binäre Ebene so aufeinander abgestimmt sind, dass diese Abbildung vollständig und eindeutig ist (z. B. Java-Sprache zu Java-Zwischencode, C#-Sprache zu .NET-Zwischencode), dann ist die Abbildung für den Entwickler transparent. Oft wird auf binärer Ebene jedoch eine beschränkt ausdrucksfähige Middleware eingesetzt, was ein Entwickler dann bewusst berücksichtigen muss. So muss z. B. ein C#-Programmierer einen speziellen »Interop«-Mechanismus benutzen, um aus C# heraus COM-Schnittstellen anzusprechen, oder ein Java-Programmierer muss sich an spezielle »language bindings« halten, um CORBA als Middleware verwenden zu können.[103]

---

103 Falls die binäre Ebene nicht standardisiert ist, entweder explizit wie bei COM oder implizit durch die Vorgabe eines bestimmten Werkzeugs, kann die Kompatibilität von separat entwickelten Komponenten nicht gewährleistet werden. So waren z. B. CORBA-Komponenten, welche semantisch und syntaktisch völlig kompatibel waren, lange Zeit trotzdem nicht interoperabel, falls sie verschiedene Werkzeuge bzw. CORBA-Implementierungen benutzten. Erst mit der Einführung von sogenannten InterORB-Protokollen, d. h. Standardisierungen der binären Ebene, konnte diese Produkt- und Lieferantenabhängigkeit überwunden werden. Man will als Entwickler zwar so wenig wie möglich mit der binären Ebene zu tun haben – sie muss aber trotzdem wohldefiniert sein!

10.4 Wie kommt man zu einer Aufteilung in Komponenten?

Wie soll eine Anwendungslandschaft entworfen bzw. weiterentwickelt werden, wie soll Funktionalität auf Anwendungen oder kleinere Komponenten aufgeteilt werden, wie groß soll eine Komponente sein? Diese Fragen nach der Komponentenbildung sind zentral für eine IT-Architektur.

Im Kapitel 9 »Komplexität der IT-Unterstützung« haben wir die Bedeutung von fachlichen Transaktionen kennengelernt. Eine fachliche Transaktion ist innerhalb einer Anwendung bzw. in den dafür vorgesehenen Komponenten zu kapseln. Mehrere der nachfolgend vorgestellten Strukturierungsansätze treffen auch auf eine fachliche Transaktion zu. Sie stellen aber zugleich einschränkende Kriterien für die Festlegung von fachlichen Transaktionen dar, z. B welchen Umfang eine fachliche Transaktion sinnvollerweise aufweisen darf.

10.4.1 Grösse als Hinweis

Eine zentrale Frage bei der Komponentenbildung ist diejenige nach der noch beherrschbaren Komplexität in dem Sinne, dass jede Komponente noch effizient wartbar bleiben muss.

Die Komplexität einer Komponente hat einen direkten Zusammenhang mit ihrer Größe. Je größer eine Komponente ist, desto größer wird ihre Komplexität, das Risiko von unentdeckten und teuren Fehlentwicklungen steigt, das Controlling wird schwieriger.

> Wenn man viele, dafür sehr kleine Komponenten schafft, werden die einzelnen Komponenten leichter zu warten und – als relativ kleine Investitionen – leichter zu ersetzen, falls dies nötig werden sollte. Dafür entstehen sehr viele lokale Schnittstellen und die Architektur wird unübersichtlich, es entsteht im Extremfall ein »Ozean voller winziger Klassen«[104]. Die Komplexität steigt quadratisch mit der Anzahl der Elemente und wird damit schnell unbeherrschbar.

---

104 Je nach Art der Programmierung oder Programmiersprache kann man das Argument auf Klassen, Prozeduren, Funktionen oder andere Gruppierungen von Anweisungen anwenden. Es geht immer um die Kapselung von Details in abstraktere, leichter zu verstehende Elemente auf der einen Seite und die Abhängigkeiten zwischen diesen Elementen auf der anderen Seite.

Das Optimum liegt, fern von den Sirenenklängen der Extreme, im Zwischenbereich, wo weder die Komponenten noch das Zusammenspiel der Komponenten überproportional komplex werden (Abbildung 46). Es ist eine hohe Kunst, immer die richtige Balance zu finden.

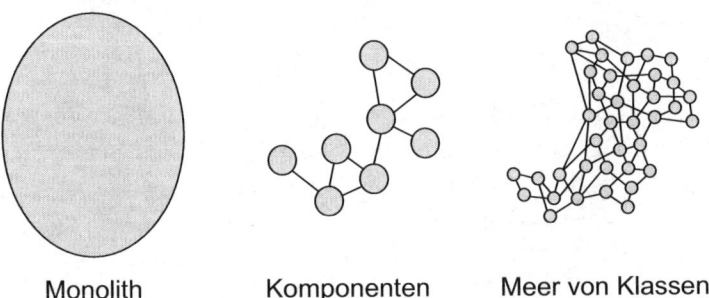

Abbildung 46 – Komponenten als Mittelweg zwischen Monolith und Meer von Klassen

Eine Hilfe dabei ist die Frage, wie viel Komplexität von einem einzelnen Menschen noch beherrscht werden kann:

> Eine Komponente sollte eine Grösse haben, bei der sie von einem einzelnen Entwickler noch vollständig verstanden werden kann.

10.4.2 Organisationsstruktur als Hinweis

Ein Hinweis kann von der Organisation kommen: Architekturen entstehen nicht in einem Vakuum, sondern innerhalb einer gegebenen Aufbauorganisation, welche die Aufteilung von Personal, Aufgaben, Verantwortlichkeiten und Budgets des Unternehmens festlegt.

> Organisatorische Grenzen müssen bei der Komponentenbildung soweit berücksichtigt werden, dass alle Komponenten klaren organisatorischen Hoheiten (und Budgets) unterstehen und nicht zum Zankapfel von verschiedenen Königreichen innerhalb des Unternehmens werden.

Insbesondere heutzutage ist zu beachten, dass beinahe jährlich reorganisiert wird.[105] Man kann Anwendungen nicht leicht aufspalten oder neu gruppieren, obwohl gewisse Architekturtrends wie »Service-Oriented Architecture« manchmal so verstanden werden. Anwendungen müssen eindeutig benennbare Geldgeber haben, diese organisatorische Gegebenheit ist zu berücksichtigen. Eine weitergehende Orientierung an die Organisationsstruktur sollte vermieden werden.

Ein weiterer Einflussfaktor ist das vorhandene Know-how: Jemand, der die Verantwortung für die Weiterentwicklung einer Komponente besitzt, muss auch Zugang zur nötigen fachlichen und technischen Kompetenz haben. Idealerweise wird die Komponente ihre Kernkompetenz als »Geheimnis« kapseln, sodass andere Komponenten bzw. ihre Verantwortlichen davon entlastet werden.

Bei Legacy-Anwendungen in mainframebasierten Anwendungslandschaften hat man das Problem, dass eine Legacy-Anwendung aus einer einzigen großen Softwarekomponente besteht (Monolith) und unter Umständen durch mehrere Entwicklungsteams gewartet werden muss. Eine *eingeschränkte Wartbarkeit* drückt sich nicht nur in Komplexität und Nichtbeherrschung der Materie (fehlendes Know-how), sondern *auch auf organisatorischer Ebene* aus: Prozessuale Probleme, wie z. B. die erschwerte und meist konfliktbeladene Auftragskoordination von Änderungsaufträgen bei Involvierung mehrerer Entwicklungsteams für ein und dieselbe Softwarekomponente, liegen auf der Hand.

> Eine Softwarekomponente darf nur so groß werden, dass die Auftragsabwicklung von Änderungen an ihr durch ein einziges Entwicklungsteam vorgenommen werden kann. D. h., sie kann durch ein einziges Entwicklungsteam gewartet werden. Das zuständige Entwicklungsteam muss eine noch führbare Größe haben.

---

105 Für ein eingespieltes Team, d. h., eines, das sich menschlich gefunden hat, kennt und seine Prozesse beherrscht, braucht eine Reorganisation erfahrungsgemäß ein halbes bis ein ganzes Jahr. Solche jährlichen Reorganisationen bis auf Teamebene sind wie ein Neubau eines Hauses, das kurz nach seiner Fertigstellung sofort wieder abgerissen wird. Es wird nie bezogen. Bedenken wir das hier Gesagte – die Organisation als wichtige Ressource eines Unternehmens und Mittel der operativen Umsetzung der Strategie –, so sollte es jedem klar sein, welchen betriebswirtschaftlichen Unfug solche tiefgreifenden Reorganisationen mit solch hoher Kadenz darstellen.

10.4.3 Gemeinsamkeiten als Hinweis

Die durch die IT zu unterstützenden Funktionen, z. B. als Use Cases erfasst, können nach ihren *Gemeinsamkeiten* und *unter Berücksichtigung der Architekturvorgaben* aus den drei Teilarchitekturen gruppiert werden. Gemeinsamkeiten sind u. a. das benötigte Wissen, prozessuale Aspekte, wie z. B. Zugriffe auf dieselben Daten, Benutzerrollen, organisatorischen Zuständigkeiten, geplante Nutzungsdauer.

Das Gruppieren von Gemeinsamkeiten dient dazu, Qualitätsattribute wie insbesondere die Wartbarkeit sicherzustellen, indem z. B. fachliches und technisches Wissen gekapselt wird und dadurch eine Effizienzsteigerung in der Erstimplementierung und späteren Wartung erreicht wird. Solche »Cluster« logisch zusammenhängender Funktionen werden analysiert, zuerst Anwendungen und dann, noch detaillierter, Komponenten zugeordnet.

> Bei der Aufteilung eines Systems in Komponenten sollen Funktionen, die dasselbe »Geheimnis« kennen müssen, in der gleichen Komponente enthalten sein. Mit Geheimnis sind die Gemeinsamkeiten gemeint, welche für andere Funktionen irrelevant sind. Eine Kombination in derselben Komponente ist auch sinnvoll für Funktionen, die aus anderen Gründen sehr eng verzahnt sind oder hochfrequent miteinander interagieren (Kohäsion).

10.4.4 Änderungsdrücke als Hinweis

Grundsätzlich sollten ähnliche Funktionen, welche einem unterschiedlichen Änderungsdruck unterliegen, nicht zusammengefasst werden. Ansonsten würde daraus eine zu hohe Frequenz von Änderungen und damit Releases der Komponente resultieren, welche die Prozesseffizienz in der Wartung und im Betrieb mindert (Qualitätsattribute wie z. B. die Wartbarkeit und Betreibbarkeit würden reduziert). Fachliche Änderungen sollten sich im Idealfall nur lokal auf eine Anwendung bzw. Komponente auswirken.

> Man möchte Funktionen, welche unabhängigen Änderungsdrücken unterliegen, möglichst auf verschiedene Komponenten verteilen, damit im Falle einer erwarteten Anforderungsänderung nur eine der Komponenten angerührt werden muss (Entkopplung, »separation of concerns«). So bekommen die Schnittstellen die Rolle von »Sollbruchstellen«.

Ein wichtiges Beispiel, wie Änderungsdrücke zu einer Aufteilung führen können, sind die unterschiedlichen Lebens- und Änderungszyklen von benutzernahem Source-Code und datenbanknahem Source-Code. Letzterer lebt typischerweise länger und wird am ehesten geändert, wenn sich die fachliche Abwicklung eines Geschäftsprozesses ändert, während Benutzerschnittstellen aufgrund von Benutzerfeedback vergleichsweise häufig modifiziert werden und insgesamt weniger lange leben. Dies ist einer der Gründe für die Aufteilung von IT-Systemen in Clients und Servers, und damit in verschiedene Komponenten.

Am Ende muss in der aktualisierten Beschreibung der IT-Architektur klar sein, welche Anwendung und Komponenten welche Funktionen unterstützen, welche Informationsobjekte benutzt und wie die Softwarekomponenten den Hardwarekomponenten (Rechner, Netze usw.) zugeordnet werden, um funktionsfähige Services anbieten zu können.

10.4.5 Attribute-Driven Design Method

Eine systematische Möglichkeit, um die Aufteilung eines Systems in Komponenten zu finden, ist die sogenannte *Attribute-Driven Design Method* [Bass-Clements-Katz]. Dabei wird das Gesamtsystem Schritt für Schritt in immer kleinere Komponenten unterteilt, wobei für jeden Schritt festgehalten wird, welche Qualitätsattribute mit dieser Unterteilung gefördert werden sollen. Als einfaches Beispiel erlaubt die Entwurfsentscheidung »Trennung von Client und Server« mehreren Benutzern, auch an verschiedenen Orten auf die gleichen Daten zuzugreifen. D. h., es werden die Qualitätsattribute »Benutzbarkeit durch mehrere Anwender« und »Ortsunabhängigkeit der Anwender« gefördert. Wie die meisten als »Designmethode« bezeichneten Verfahren ist auch die Attribute-Driven Design Method im Grunde eher ein systematisches Verfahren, um Entwurfsentscheidungen nachvollziehbar zu machen, als sie wirklich zu treffen. In der Praxis wird es immer einiger Anläufe und Iterationen bedürfen, bis man einen Entwurf hat, den man dann derart dokumentieren kann.

10.4.6 Aus Erfahrung klug: Patterns und Antipatterns

Wie bei anderen schwierigen Entwurfsaufgaben liegt es nahe, auch bei diesen Modularisierungsaufgaben aus den Erfahrungen anderer Entwickler und Architekten zu lernen. Eine Art, wie dies geschehen kann, ist durch das Studium von

Patterns (Muster). Diese Form wurde unter der Bezeichnung »Design Patterns« bzw. »Entwurfsmuster« durch Gamma et. al. [Gamma et al.] zu einem populären Konzept in der Informatik gemacht.

Das Facade-Pattern ist ein Beispiel eines häufig verwendeten Design-Patterns: Wenn eine Schnittstelle sehr kompliziert und allgemein ist, z. B. viele Schnittstellen und Methoden enthält, für eine Anwendung jedoch nur ein Bruchteil der gesamten Mächtigkeit benötigt wird, dann kann diese Komplexität hintere einer *Fassade* versteckt werden. Sie stellt einen Adapter dar, der viel leichter zu benutzen ist. Zudem wird die Portabilität durch Verwendung von Fassaden meist erhöht, da man bei einer Portierung auf eine andere Plattform nur die Fassaden neu schreiben muss.

Die Muster in [Gamma et al.] sind, wie der Name »Design-Pattern« schon andeutet, eher auf der lokalen Design- als auf der globalen Architekturebene angesiedelt (Kapitel 3.10.3 »Architektur versus Design und Entwicklung«). Andere Publikationen, z. B. [Buschmann et al.], enthalten auch eigentliche Architekturmuster, wie z. B. »Layers«, »Pipes and Filters« oder »Brokers«.

Architekturmuster geben standardisierte Lösungsmöglichkeiten für häufige Klassen von Architekturproblemen an. Sie sind nützliche Werkzeuge, um effizient arbeiten zu können: um sich auf die projektspezifischen Probleme konzentrieren zu können, statt viel Zeit auf Fragen zu vergeuden, die früher schon längst gut beantwortet worden sind. Auf der anderen Seite sind Architekturmuster, wie alle Arten von Entwurfsregeln, starke Vereinfachungen, manchmal sind sie anwendbar, manchmal nicht.[106] Ein gutes Urteilsvermögen bezüglich des Gültigkeitsbereichs von Mustern ist unbedingt notwendig. Muster sind lediglich Werkzeuge für einen kompetenten Handwerker: A fool with a tool is still a fool. Sie sind also *kein* probates Mittel, um anspruchsvolle Entwurfsprobleme mit unzulänglich qualifizierten Mitarbeitern anzupacken!

---

106 [Maier-Rechtin]: »The art in architecting lies not in the wisdom of the heuristics, but in the wisdom of knowing which heuristics apply, a priori, to the current project.«

Layers[107] und Tiers[108] sind die gängigsten Architekturmuster, Informationssysteme werden meistens als 2-tier- oder 3-tier-Architekturen ausgelegt.

Wenn man auf mehr oder weniger systematische Art und Weise einen Entwurf einer Architektur erstellt hat, z. B. mittels der Attribute-Driven Design Method (Kapitel 10.4.5 »Attribute-Driven Design Method«), oder in einem Unternehmen neu antrifft, möchte man sich auch ein Bild davon machen, wie gut die Aufteilung in Komponenten gelungen ist.

Eine Art, dies zu tun, ist nach sogenannten »Antipattern« [Brown et al.] Ausschau zu halten. Antipattern sind, wie der Name schon sagt, das Gegenstück zu (Design oder Architecture) Pattern. D. h., es geht nicht darum, wie man zum Problem X ein Lösungsmuster auswählt, sondern wie man aufgrund des Lösungsmusters Y Probleme findet. Es geht also nicht um »best practices«, sondern um »bad habits«, um schlechte Lösungen für ein Problem anstatt um gute Lösungen. Auch das Studium von Antipattern kann sehr lehrreich sein. Ein Beispiel ist das »Swiss Army Knife«-Antipattern: eine Schnittstelle, bei der man alle nur erdenklichen zukünftigen Anforderungen abzudecken versucht hat ohne Rücksicht auf die Eintrittswahrscheinlichkeiten der jeweiligen Anforderungsänderungen oder auf die Größe und Komplexität der Komponente, welche diese Schnittstelle implementieren muss.

Ein anderes Antipattern, dem wir schon mehrfach begegnet sind, nennen wir »Jekami«[109]: Aufgrund von unklaren Verantwortungen wird eine Schnittstelle zwischen zwei Systemen unilateral von einer Partei geändert, z. B. einer Abteilung oder sogar einem einzelnen Entwickler, ohne sich mit der anderen Partei abzusprechen, was dann zu unerklärlichen Fehlern bei der Datenkommunikation führt.

---

107 Ein Layer ist eine Menge von Komponenten, die gemeinsam eine Abstraktion bilden, z. B. Gerätetreiber, welche von der konkreten Hardware abstrahieren (»hardware abstraction layer«) oder Komponenten, welche von konkreten Speichermechanismen abstrahieren (»data access layer«). Die Komponenten eines Layers können nur die Komponenten des gleichen Layers oder diejenigen von weiter »unten« liegenden Layers benutzen. Je nach Definition dürfen sie nur den direkt darunterliegenden Layer benutzen (selten realistisch) oder beliebige weiter unten liegende Layers.

108 Tier wird oft als Synonym für Layer verwendet. Eine andere Möglichkeit ist, einen Tier als eine Menge von aufeinander aufbauenden Layern zu betrachten, die gemeinsam auf einen Rechner »deployed« werden müssen, d. h., die Layer eines Tiers können nicht auf verschiedene Rechner verteilt werden. Diese Einschränkung ermöglicht z. B. den Einsatz von effizienteren Kommunikationsmechanismen zwischen diesen Layern.

109 Vor allem in der Schweiz gebrauchtes Kürzel für »Jeder kann mitmachen«.

Man kann also nicht nur architekturbezogene Antipattern dokumentieren, sondern auch organisatorische und auf das Projektmanagement bezogene. Letztlich kann man überall Fehler machen und überall aus Fehlern lernen, vorausgesetzt, sie werden analysiert und kommuniziert.

10.4.7 Architektur-Reviews

Es gibt auch systematischere Techniken, wie man die Strukturierung einer Anwendungslandschaft in Komponenten auf Plausibilität prüfen kann, insbesondere Review-Methoden wie die *Structured Architecture Analysis Method* [Clements-Kazman-Klein]. Diese Methode beruht darauf, dass man die wahrscheinlichsten Änderungsszenarien ermittelt und dann mittels Gedankenexperimenten prüft, welche Komponenten von welchen Szenarien betroffen wären.

> Falls eine Komponente von vielen Szenarien betroffen ist, ist dies ein Hinweis, dass entweder die Komponente zu grob ist und unterteilt werden sollte oder dass die Zuordnung von Funktionalität zu den Komponenten nicht gut ist. Wenn umgekehrt ein Szenario sehr viele Komponenten betrifft, dann sollte man genauer analysieren, welcher Art diese Änderungen sind und ob man durch eine andere Aufteilung der Funktionalität die Empfindlichkeit der Architektur reduzieren kann, z. B. die relevanten »Geheimnisse« an weniger Orten konzentriert.

10.5 Grenzen der Entkopplung von Komponenten

Heutige Technologiestandards und Middlewareprodukte vesprechen oft eine gewisse Produktunabhängigkeit und damit auch die Integrierbarkeit von Anwendungen, welche auf unterschiedlichen Plattformen basieren. Dies wird begründet mit der Abstraktion, d. h. dem Verstecken, von technischen Kommunikationsdetails. Technologiebrüche, welche sich auf der binären und syntaktischen Ebene bewegen (siehe Kapitel 10.3 »Schnittstellenkompatibilität«), können tatsächlich sehr viel Ärger und Arbeit verursachen, sind jedoch oft das kleinere Problem, verglichen mit semantischen Brüchen. Man kann soviel zwischen Repräsentationen (inkl. der Objekte im Hauptspeicher) um-»mappen« wie man will, man wird damit nie ernsthafte semantische Unterschiede überbrücken können.

> Die Integration zweier Anwendungen steht und fällt mit den auszutauschenden Daten. Werden dafür nur wenige und einfache Datentypen benötigt, ist die Kopplung loser als wenn viele Elemente eines komplexen fachlichen Datenmodells in die Kommunikation einfliessen.

Wenn z. B. ein System A Personendaten an ein System B liefert, wobei A nicht »weiss«, ob eine Person Raucher ist oder nicht, System B diese Informationen jedoch benötigt, dann wird es problematisch.

In der Praxis wird deshalb die Möglichkeit zur losen Kopplung zweier Anwendungen, und damit die Änderungsfreundlichkeit der IT-Landschaft, oft stark durch das fachliche Datenmodell der Schnittstelle zwischen diesen Anwendungen begrenzt. Je mehr Semantik dieses beinhaltet, umso geringer ist die Chance, dass die fachlichen Datenmodelle der beiden Anwendungen zusammenpassen, und damit eine verlustlose Kommunikation möglich ist. Ausser man hat im Rahmen der Anwendungs- und Softwarearchitektur eine Abstimmung der Datenmodelle spätestens bei der Entwicklung der zweiten Anwendung vorgenommen.

Mit der Einführung zusätzlicher Schichten können für andere Komponenten des Systems die nicht benötigten Schnittstelleninformationen weg abstrahiert werden und auf diese Art eine losere Kopplung erreicht werden. Dadurch können z. B. die Komplexität reduziert, Fehlerquellen vermieden, eine Unabhängigkeit gegenüber vorgegebenen Datenrepräsentationen erreicht oder auch die nicht gewollte Benutzung bestimmter Daten verhindert werden.

Wenn z. B. ein Rechnungswesensystem nur verstehen muss, was eine Zahlung ist, jedoch nicht die ganze Entität »Leistungsfall« mit ihren anderen Attributen wie »Unfallursache«, dann sollte man das Rechnungswesensystem davon entlasten, die nicht benötigten Informationen aus den Zahlungsaufträgen herauszufiltern.

Das Einführen zusätzlicher Schichten, wie es oft gemacht wird, bringt nicht immer eine losere Kopplung mit sich. Informationsdetails, welche fachlich relevant sind, können nicht einfach weg abstrahiert werden, egal wie viele Abstraktionsschichten man im System einbaut. Solche missverstandenen Abstraktionen reduzieren nur die Lösungsqualität.

Wenn z. B. das Attribut »Raucher« eingeführt werden muss, so muss es überall zwischen der Datenbank und Benutzeroberfläche durchgereicht werden.

11 Architekturtrends

Es werden heute mehrere, relativ neue Architekturtrends benutzt oder mindestens diskutiert, insbesondere Service-Oriented Architecture, Webservices und Cloud Computing. Diese miteinander verwandten Begriffe werden nachfolgend in Beziehung gesetzt und es wird gezeigt, wie sie auf den im Kapitel 10 »Komponentenbildung als Schlüssel zur Wartbarkeit« vorgestellten Konzepten beruhen, insbesondere auf Komponenten und deren Schnittstellen.

11.1 Service-Oriented Architectures

Wie passen Service-Oriented Architectures (SOA) – und damit natürlich auch der Begriff »Service« – in das bisherige Bild mit Anwendungen, Komponenten und Schnittstellen?

Stellen wir uns zuerst die Frage, was ein »Service« ist. Nehmen wir an, wir haben eine Komponente, welche über eine SOAP-Schnittstelle [SOAP] anderen Komponenten nützliche Funktionen anbietet. Dies ist noch kein Service. Die Komponente ist ja lediglich ein totes Stück Software, z. B. eine DLL auf einer CD-ROM. Für sich genommen ist sie komplett nutzlos. Es braucht mindestens noch einen Rechner, auf dem man sie installiert. Sie wird auch ein Betriebssystem und vielleicht ein Datenbankmanagementsystem auf dem Rechner erwarten. Diese Erwartungen sind Annahmen, d. h. gemäß unserer Definition Schnittstellen, hier zu den genannten Plattformkomponenten. Sie müssen beschafft, richtig konfiguriert, gestartet, optimiert, überwacht und in Betrieb gehalten werden. Das Resultat nennen wir dann *Service*. Dieser Service ist über ein Netzwerk von anderen Rechnern aus zugreifbar. Wenn der Rechner mit dem Service abgeschaltet wird, mag die Komponente immer noch auf seiner Harddisk sein, aber der Service ist weg, denn es kann niemand mehr die Funktionalität der Komponente in Anspruch nehmen.

> Ein Service ist in unserer Interpretation[110] eine Komponente, der Leben eingehaucht wird, indem sie in Betrieb gehalten wird. Sie stellt Funktionalität und Daten über eine Schnittstelle zur Verfügung, die über ein Netzwerk benutzt werden können.

Da Services also auf Komponenten beruhen, können sie ebenfalls unabhängig voneinander weiterentwickelt werden. Verglichen mit einer Komponente rückt ein Service als deren Instanziierung jedoch den betrieblichen Aspekt stärker in den Vordergrund sowie die lose Kopplung der Komponenten (und damit der Services) über netzwerkfähige Schnittstellen.

Machen wir nun den Schritt zu einer Architektur, bestehend aus Services:

> Eine Service-Oriented Architecture ist die modulare und verteilte Strukturierung eines Systems in separate Services.

Oder in den Worten der OASIS-Organisation [OASIS]: »Service Oriented Architecture (SOA) is a paradigm for organizing and utilizing distributed capabilities that may be under the control of different ownership domains.«

»Utilizing distributed capabilities« entspricht der über Netzwerke benutzten Funktionalität von Services, »different ownership domains« entspricht den unabhängigen Lebenszyklen – ja sogar Besitzverhältnissen – verschiedener Services bzw. ihrer zugrunde liegenden Komponenten.

SOA ordnet sich somit elegant in die weiter oben eingeführten Konzepte ein. Was die Entwurfsaufgabe bei SOA angeht, so stellen Komponentenbildung, Schnittstellendefinitionen und das Management der Anwendungslandschaft (d. h. die Anwendungsarchitektur) die eigentlichen Herausforderungen dar. Die Service- und damit Komponentenbildung erfolgt durch die Anwendungsarchitektur.

---

110 Unsere Definition beruht auf der Interpretation von Clemens Szyperski [Szyperski 2] von Services als »operated software«. Es gibt aber wohl so viele Interpretationen der Begriffe »Service« und »SOA«, wie es Personen gibt, die darüber reden oder schreiben. Wenn jemand sagt: »Architektur X ist schlecht, weil nicht richtig SOA«, dann wirft das ein schlechtes Licht – auf denjenigen, der diese Aussage macht. Statt mit derart diffusen Schlagwörtern um sich zu werfen, sollte er konkreter aufzeigen, welche Merkmale der Architektur welche Qualitätsattribute wie tangieren.

In der Praxis werden wir oft mit folgender Art von Behauptungen konfrontiert: »SOA-Architektur ist der ‚herkömmlichen Architektur' überlegen – mit SOA braucht man keine Anwendungen mehr. Mit SOA kann man flexibel neue Anforderungen durch Zusammenstöpseln beliebiger Services on the fly umsetzen!«

Die Gründe, warum es den Begriff »Anwendung« braucht, haben wir in Kapitel 10.1 »Anwendungen und Komponenten« diskutiert. Die gleiche Argumentation gilt genauso für SOA-basierte Architekturen. SOA macht Anwendungen genauso wenig überflüssig, wie dies die objektorientierte Programmierung oder die Einführung von Softwarekomponenten getan haben.

Was sind aber nun Anwendungen in einer »Service-Oriented Architecture«? Gemäß der Definition im Kapitel 10.1 »Anwendungen und Komponenten« sind es diejenigen Services, welche zusammen einen definierten Teil der gesamten IT-Unterstützung realisieren, sodass auf der Ebene einzelner Anwendungen sinnvolle Investitionsentscheidungen getroffen werden können.

SOA liefert nicht automatisch mehr Flexibilität als andere Architekturen. Flexibilität wird in erster Linie durch eine gute Modularisierung in lose gekoppelte Anwendungen, und Komponenten innerhalb von Anwendungen erreicht – ob mit oder ohne SOA. Gute Modularisierung ist und bleibt eine anspruchsvolle Aufgabe. Das dafür benötige Systemarchitektur-Know-how und der dafür erforderliche Anwendungsarchitekturaufwand wird mit SOA nicht geringer.

Services können nur so weit »zusammengestöpselt« werden, wie ihre Datenmodelle kompatibel sind: Offensichtlich sind ein Service und ein Client dieses Service nur dann miteinander verträglich, wenn sie das gleiche Verständnis der ausgetauschten Daten besitzen, sprich das gleiche logische Datenmodell der Serviceschnittstelle implementiert haben. Damit wird klar, dass SOA auch im Bereich der Softwarearchitektur keine Arbeit einsparen kann.

Wie wir im folgenden Kapitel 11.2 »Webservices« noch sehen werden, haben sich auch die ursprünglichen Erwartungen bezüglich besserer Plattformunabhängigkeit bisher nicht erfüllt: Sobald komplexere Mechanismen wie Security oder Transaktionen ins Spiel kommen, kann man nicht automatisch davon ausgehen, dass Produkte verschiedener Anbieter miteinander kompatibel sind.

SOA verringert also weder in der Anwendungsarchitektur, der Softwarearchitektur oder der Plattformarchitektur den Anspruch an seriöse Ingenieursarbeit, noch ist sie anderen komponentenbasierten Architekturen grundsätzlich überlegen.

Bei einem Punkt lohnt es sich, genauer hinzuschauen, woher die Hoffnung auf »magische Flexibilität« kommt und wieso sie unbegründet ist. Es geht um die Idee, dass Services kleine Operationen anbieten, die dann leicht – und auch leicht änderbar – zu komplizierteren Abläufen zusammengesetzt werden können. Bei rein lesenden Zugriffen auf sich nie ändernde Daten wäre diese Art Komposition tatsächlich problemlos möglich.[111] Dummerweise haben wir es in der Realität mit »shared« Daten zu tun, die parallel von verschiedenen Clients mutiert werden können. Derartige Abläufe so zu beherrschen, dass sie effizient ablaufen und dabei immer konsistente Resultate liefern, d. h., dass sich verschiedene Clients nicht gegenseitig stören können, ist eine der großen technischen Herausforderungen der Informatik. Wie wir in Kapitel 9 »Komplexität der IT-Unterstützung« gesehen haben, erfüllt sich diese Hoffnung nicht.

Der Traum vom leichtgewichtigen Zusammen- und Umstöpseln von Anwendungen bzw. Komponenten wird also ein Wunschtraum bleiben. Trotzdem kann SOA zu einer höheren Flexibilität führen (wenn auch nicht im erträumten Maße), da mit SOA in der Regel eine lose Kopplung von Services, und damit ihren Komponenten, angestrebt wird.

11.2 Webservices

Der Begriff SOA wird normalerweise im Kontext von Inhouse-Anwendungen benutzt, d. h. innerhalb eines Intranets oder zwischen Filialen der gleichen Organisation. Allenfalls geht es darum, eine Integration von verschiedenen Firmen innerhalb von Wertschöpfungsketten zu ermöglichen. Es geht also normalerweise nicht um das Internet und das World Wide Web. Wenn man von SOA spricht, kommt jedoch trotzdem schnell der Begriff *Webservices* ins Spiel. Auch hier gibt es keinen Konsens über die Definition des Begriffs, außer dass es darum geht, Funktionalität, die über einen Webserver zur Verfügung gestellt wird, per Programm nutzbar zu machen. D. h., der Webclient ist kein Mensch (bzw. kein Webbrowser), sondern ein Programm, ansonsten werden jedoch ähnliche Technologien benutzt.

---

111 Rein funktionale Programmiersprachen basieren auf dieser Idee. Sie erlauben die Komposition von Funktionen, sodass eine Funktion keine Störungen (Seiteneffekte) auf andere Funktionen bewirken kann.

Nach einer gängigen Interpretation des Begriffs handelt es sich bei Webservices um eine ganz spezifische Sammlung von Technologien, welche für die Implementierung von SOA nützlich sein kann. Es handelt sich um den sogenannten WS*-Stack. Dieser besteht aus verschiedenen De-facto-Standards, welche das World Wide Web Consortium [W3C] verwaltet: HTTP, XML, SOAP sowie eine Menge darauf aufbauender Technologien, wie z. B. WSDL, WS-Addressing usw. Der WS*-Stack, oder zumindest Teile davon, wird von vielen heutigen Programmierwerkzeugen gut unterstützt. Er ist in vielen Unternehmen im Einsatz, typischerweise innerhalb von firmeneigenen Netzwerken. SOAP ist der Kern des WS*-Stacks. Es handelt sich dabei um einen »Remote procedure call«-Standard auf Basis von XML und üblicherweise HTTP. Durch die Verwendung von HTTP kann SOAP auch durch Firewalls hindurch benutzt werden. Eine SOAP-Schnittstelle besteht aus einer Menge von Operationen (remote procedure calls), welche problemspezifisch definiert sind. Sie sind der Webinfrastruktur nicht bekannt und werden von ihr deshalb nicht speziell unterstützt, z. B. durch Caching von Informationen nahe bei den Benutzern.

Oberhalb von SOAP gibt es eine Reihe weiterer Standards, die tendenziell jedoch weniger gut und eindeutig standardisiert sind, für die es Produkte mit inkompatiblen proprietären Varianten gibt und die generell als fragwürdig komplex erscheinen. Damit ist ein Ziel, das durch diese Standards verfolgt wurde, nicht erreicht worden: Der WS*-Stack sollte die Bedeutung von Plattformentscheidungen reduzieren, indem Komponenten auch unabhängig von ihren Plattformen miteinander interagieren können sollten.

Diese Technologien sind *eine* Interpretation des Begriffs Webservices. Nach einer anderen Interpretation geht es bei Webservices um Dienste, die weltweit über das Internet nutzbar sind, die Verknüpfungsmöglichkeiten von Webseiten (HTML) nutzen und oft hohe Skalierbarkeitsanforderungen erfüllen müssen. Wenn es darum geht, für populäre Web-2.0-Anwendungen Webservices bereitzustellen, genügt die Skalierbarkeit auf Hunderte von gleichzeitigen Benutzern nicht mehr, es kann eine um Größenordnungen höhere Skalierbarkeit notwendig werden. Für derartige Anwendungen hat sich statt des WS*-Stacks ein einfacherer, jedoch für das World Wide Web mit seiner Infrastruktur (z. B. HTTP Proxies mit Caching von Webseiten) besser geeigneter Ansatz herausgebildet, die sogenannten »RESTful Web Services« [Richardson-Ruby].

Anders als bei SOAP liegt der Entwurfsfokus bei REST[112] auf der Definition von Informations-»Ressourcen«, ihren Verknüpfungen untereinander und ihren Repräsentationen, während der Zugriff auf die Ressourcen über ein paar wenige standardisierte HTTP-Operationen geht (»unified interface«), das sind v. a. HTTP GET, PUT, POST und DELETE. Während bei SOAP eine Schnittstelle aus vielen problemspezifischen Operationen plus einer Zieladresse besteht (remote procedure calls), so hat man bei REST nur eine handvoll generischer Operationen, dafür viele problemspezifische Zieladressen (»URIs«) und die von ihnen repräsentierten Ressourcen. Bei diesen Ressourcen ist es wichtig, dass ihre Repräsentationsformate standardisiert und möglichst auch automatisch auf Konsistenz prüfbar sind. Menschliche Webbenutzer können sich relativ leicht zurechtfinden, wenn Formate von Webseiten geändert wurden, Programme »stolpern« hingegen über unkontrollierte Schemaänderungen bei Webressourcen. Bei REST konzentrieren sich Kompatibilitätsprobleme in der Praxis meistens auf die Repräsentationen oder die von ihnen repräsentierten Ressourcen, z. B. wenn von zwei mittels REST zu integrierenden Anwendungen die eine mit ASCII-Tabellenrepräsentationen arbeitet, die andere mit XML-Formaten.

Die HTTP-Operationen sind so definiert, dass ein Client kaum Annahmen über den Zustand des Servers machen muss: Wiederholtes PUT der gleichen Daten führt zum gleichen Ergebnis wie bei der ersten Ausführung, wiederholtes DELETE ebenso (Idempotenz). Das gemeinsame Verständnis von Repräsentationen (Datenformaten mit ihren Konsistenzbedingungen) stellt die wichtigste Annahme dar, die Client und Server gegenseitig voneinander machen dürfen (und müssen).

---

112 REST bedeutet Representational State Transfer, d. h., es wird State in einer bestimmten Repräsentation von oder zu einer durch eine URI identifizierten Ressource transferiert, z. B. durch HTTP GET eine HTML-Repräsentation eines Dokuments oder durch HTTP PUT eine zu ändernde Kundenadresse. Die Anzahl der Transferoperationen ist klein und fix vordefiniert, z. B. die HTTP-Operationen, welche im Wesentlichen das Erzeugen, Lesen, Mutieren und Löschen von Ressourcen erlauben. Repräsentationen von Ressourcen können wiederum URIs enthalten (in Hyperlinks) und damit beliebige Netzwerke von Ressourcen schaffen.
REST als Konzept wurde ursprünglich komplett technologieunabhängig beschrieben [Fielding]. De facto assoziiert man damit heute jedoch meistens die Verwendung von HTTP als Technologiestandard. Durch die Verwendung von HTTP wird man unabhängig von proprietären Produkten, da eine offene Spezifikation von HTTP existiert, welche inzwischen durch unzählige Bibliotheken verschiedenster Hersteller unterstützt wird.

Ein subtiler und kaum zu überschätzender Vorteil von REST besteht darin, dass nach einer partial failure, z. B. einer temporären Netzwerkunterbrechung oder einem Absturz von Server oder Client, weder das Clientprogramm noch das Serverprogramm irgendwelche Annahmen über den Applikationszustand des anderen oder über die Fehlerursache treffen müssen, noch irgendwelche Aufräumaktionen notwendig werden, die wiederum scheitern könnten. Ein Client kann einen Aufruf einfach wiederholen, der Server muss im schlimmsten Fall sicherstellen, dass ein wiederholter Aufruf nicht zum zweiten Mal eine Änderung auslöst, die bereits durchgeführt worden ist. Bei den idempotenten GET-, PUT- und DELETE-Operationen ist nicht einmal das nötig, da wiederholte idempotente Operationen per definitionem zu den gleichen Resultaten führen und deshalb ungefährlich sind. Der Preis dafür ist, dass komplette Repräsentationen von Ressourcen zwischen Client und Server transportiert werden müssen, um Änderungen durchzuführen. Dieser Aspekt spiegelt sich im Namen REST (representational state transfer) wider. Man kann also nicht im Rahmen einer »Session« schrittweise Änderungen auf dem Server auslösen und alle dazu benötigten Daten während der ganzen Session »locken«, sondern muss im Client alle nötigen Informationen sammeln und diese dann in einem Schritt auf den Server transferieren. Falls mehrere Benutzer an denselben Daten arbeiten, kann dies zu Konflikten führen, die erkannt und geeignet behandelt werden müssen.

Man kann REST als einen Ansatz betrachten, der zwischen der »heilen Welt der Transaktionen« und dem »Sumpf des verteilten Rechnens« angesiedelt ist (Abbildung 47). Man verliert die durch Transaktionen gewährleistete automatische Isolation von Clients, welche parallel auf dieselben Daten zugreifen. Dabei landet man jedoch nicht bei völlig allgemeinen verteilten Systemen mit ihren »partial failures«.

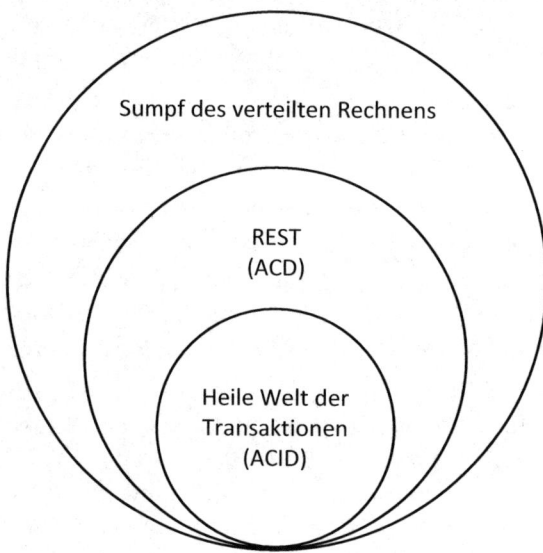

Abbildung 47 – REST vereinfacht den Umgang mit »partial failures« durch »statelessness«

> Der manchmal als *stateless* bezeichnete Programmieransatz von REST kann als schwächere Form von (technischen) Transaktionen betrachtet werden, welche keine Isolation verlangt (»ACID minus I«): Änderungen von Ressourcen werden atomar durchgeführt, sind dauerhaft und erhalten die Konsistenz, liefern jedoch keine Isolation für ganze Sequenzen von solchen Operationen. (Einzelne Operationen sind isoliert, da atomar.)

Wie der REST-Ansatz innerhalb von Firmenanwendungen genutzt werden kann, wird in [Tilkov] und in [Webber et al.] gut beschrieben.

11.3 Cloud Computing

Zum Zeitpunkt, als dieses Buch geschrieben wurde, ist ein neues Stichwort in Mode gekommen: Cloud Computing. Da Webservices über das Internet von jedem Ort aus zugreifbar sind, können Betreiber von Rechenzentren Leistungen über Webservices global anbieten. Betreiber von sehr großen Rechenzentren[113], z. B. Google, Amazon, Yahoo und Microsoft, können dabei enorme Skaleneffekte erzielen und dadurch Services extrem kostengünstig anbieten. Die Services können dabei ein ganzes Spektrum abdecken, von Standardapplikationen (»applications as a service«, z. B. für Electronic-Mail) über Plattformen (»platforms as a service«, z. B. virtuelle Linux-Maschinen) bis hin zu elementaren Infrastrukturservices (»infrastructure as a service«, z. B. Queues oder einfache Datenspeicher).

Cloud Computing ist deshalb so unwiderstehlich, weil enorme Initialkosten eingespart werden können, da keine eigene Hardwareinfrastruktur aufgebaut werden muss. Es ist faszinierend, wenn man bei Bedarf (»pay as you go«) »mal schnell« hundert virtuelle Server mieten kann und dies erst noch fast nichts kostet, während es sonst um eine Investition im Millionenbereich gegangen wäre. Auch die Betriebskosten können deutlich billiger sein als bei einem eigenen Rechenzentrum. Damit erlaubt eine ROI-Rechnung auch Vorhaben, die sonst niemals in vernünftiger Zeit amortisiert werden könnten. Wir haben schon erlebt, dass ein Anwendungsarchitekt – statt einen Antrag auf einen neuen Testserver zu stellen – sich von seinem eigenen Geld bei Amazon die nötigen Webservices schnell gemietet hat (S3 Storage und EC2 virtuelle Rechner [AWS]), da dies so billig, unkompliziert und momentan einfach »cool« ist. Dadurch konnte er elegant vermeiden, sich mit den eigenen IT-Leuten und dem Plattformarchitekten auseinandersetzen zu müssen. Natürlich war diese Auseinandersetzung damit nur verschoben und nicht aufgehoben ...

Technisch gesehen, beruht Cloud Computing auf der Homogenisierung von Hardware durch Virtualisierung: Ein Entwickler sieht nicht mehr die einzelnen physischen Prozessoren und Festplatten mit all ihren Eigenarten (z. B. Kapazitätsgrenzen), sondern virtuelle, möglichst homogene Infrastrukturen, die er nach Bedarf nutzen kann. Da zusätzliche Ressourcen sofort verfügbar gemacht werden können, ergibt es keinen Sinn mehr, Ressourcen fix für einzelne Anwendungen zu reservieren, z. B. Prozessoren oder ganze Server, die nur in Spitzenzeiten annähernd ausgelastet sind, ansonsten aber totes Kapital darstellen. Diese

---

113 Wir sprechen hier von Rechenzentren mit mehr als 100.000 physischen Servern.

»Elastizität« ist eine technische Voraussetzung für Cloud Computing, so wie auch die Verfügbarkeit von preiswerten Netzwerkverbindungen – das Internet.

Der eigentliche Kern des Cloud Computings ist hingegen ökonomischer Natur und besteht in den enormen Skaleneffekten (economy of scale), die in Großrechenzentren möglich sind [Patterson et al.].

Die Nutzung von Webservices »in der Cloud« kann einerseits ökonomisch (und auch technisch) sehr attraktiv sein, bringt andererseits aber auch neue Herausforderungen mit sich. Dies gilt sicherlich für den IT-Betrieb eines Unternehmens, der sich plötzlich einer externen Konkurrenz ausgesetzt sieht, mit der er in vielen Fällen weder bzgl. Kosten noch bzgl. Flexibilität mithalten kann, die auf der anderen Seite aber auch eine Entlastung darstellen kann.

Natürlich muss sich die Plattformarchitektur mit diesen neuen Möglichkeiten auseinandersetzen, aber auch die Softwarearchitektur. Denn auch die Softwareentwicklung wird mit neuen Herausforderungen konfrontiert: Einerseits muss man sich auf große und variable Latenzzeiten bei Webservice-Calls einstellen, man muss stärker mit Kommunikationsstörungen (und damit mit »partial failures«) rechnen, und vor allem muss man sich an ungewohnte Eigenschaften an sich bekannter Mechanismen gewöhnen. So ist man daran gewöhnt, dass eine auf einem Server abgespeicherte Datei auch auf dessen Festplatte bleibt. Dies ist z. B. bei einem auf EC2 laufenden virtuellen Server hingegen nicht garantiert. Ein solcher Server kann jederzeit neu gestartet werden, wobei alle Änderungen auf der virtuellen Festplatte verloren gehen. Das bedeutet, dass man seine Daten in einem anderen, dafür geeigneten Service persistent speichern muss, z. B. im S3 Simple Storage Service von Amazon. Dort muss man sich jedoch daran gewöhnen, dass es nur schwache Garantien für Datenkonsistenz gibt. Wenn man Daten in S3 ablegt und sie direkt nachher wieder ausliest, sind sie u. U. noch nicht dort, zehn Minuten später dann schon. Ein Locking von Daten und klassische Transaktionen (ACID) können dadurch schwierig bis unmöglich werden. Derartige Subtilitäten von hochgradig verteilten Webserviceinfrastrukturen müssen bereits beim Entwurf von Anwendungen verstanden und berücksichtigt werden.

Ansonsten stellen sich die üblichen Fragen des Outsourcings: Wie viel Kontrolle geht verloren, welche Verfügbarkeit wird vertraglich garantiert, wie steht es mit der Sicherheit und Vertraulichkeit der Daten, wie stark ist der Lock-in usw.?[114]

---

114 Wobei kaum ein Unternehmen auch nur annähernd die gleiche betriebliche Professionalität und

So sind wir z. B. noch längst nicht so weit, dass Infrastrukturwebservices verschiedener Anbieter kompatibel wären, dazu steckt diese Entwicklung noch zu sehr in den Kinderschuhen.

Man kann Cloud-Technologien auch innerhalb von Unternehmen einsetzen, man spricht dann von »Private Clouds«, ähnlich wie Intranets die Internettechnologien inhouse verwenden. Im Idealfall können Bedarfsspitzen durch Auslagerung in die »Public Cloud« eines passenden Anbieters abgefangen werden.

Zuverlässigkeit erreicht wie die Großen der Branche. Diese konnten enorme Engineering-Ressourcen in ihre betriebliche Infrastruktur investieren. Etwas überspitzt formuliert, liegt die eigentliche Kernkompetenz von Google, Amazon usw. im Betreiben ihrer Rechenzentren.

12 Vom Entwickler zum IT-Architekten

Guter Wille alleine genügt nicht, die IT-Architekten müssen auch die nötigen Fähigkeiten mitbringen. Welche Fähigkeiten sind dies? Wir werden vorerst über Projektarchitekten sprechen, d. h. Architekten für abgegrenzte Projekte. Wir werden später die projektübergreifende Ebene der IT-Architektur betrachten und nach Teilarchitekturen weiter differenzieren.

12.1 Aufgaben eines Projektarchitekten

Innerhalb einer *Projekt*organisation für eine Entwicklung können wir typischerweise etwa die folgenden Rollen identifizieren:

- Projektleiter
  Leitet das Projekt, ist primär für »Zeit und Geld« sowie für die Bereitstellung der versprochenen Funktionalität verantwortlich.

- Anforderungsverantwortlicher
  Kennt die fachlichen Anforderungen, weiß, »was« entwickelt werden soll.

- Projektarchitekt
  Sagt, »wie« entwickelt werden soll, gibt die Architektur vor, kontrolliert die Einhaltung der Architektur, ist verantwortlich für die Lösungsqualität.

- Designer/Entwickler
  Entwirft das Detaildesign von Komponenten und Schnittstellen, die ihm vom Architekten zugewiesen worden sind, entwickelt den Source-Code der Komponenten.

- Quality-Assurance-Verantwortlicher und Tester
  Schafft Testprogramme, Testumgebungen, führt Tests durch, hat die Verantwortung für Freigabe bzw. deren Verweigerung.

Dies ist natürlich ein sehr vereinfachtes Bild, genügt uns hier jedoch. In unterschiedlichen Unternehmen werden die Rollen verschieden heißen, auf verschiedene Arten kombiniert, zusätzliche Rollen unterschieden sowie Verantwortungen anders verteilt werden usw.

Falls es sich beim Projekt nicht um eine Entwicklung, sondern um eine externe Beschaffung handelt, so fällt im Wesentlichen die Rolle vom Designer/Entwickler weg, stattdessen kommt der Jurist ins Spiel, der für die kommerziellen Aspekte und die Vertragsverhandlungen zuständig ist. Beim Architekten verschiebt sich die Rolle insofern, als er weniger oder gar keinen Architekturentwurf mehr macht, sondern in erster Linie Produktselektion und das Controlling besorgt (»Ausführungsarchitekt« im Gegensatz zum »Entwurfsarchitekten«).

Die Aufgaben eines Architekten in einem Projekt können z. B. folgendermaßen aussehen:

- Er entwirft die Architektur, z. B. die Strukturierung des Systems in Komponenten und Schnittstellen, meist ohne die Schnittstellen im Detail zu designen.

- Er sorgt für die »konzeptionelle Integrität« der Architektur, d. h. Konsistenz, Einfachheit, Übereinstimmung mit den mentalen Modellen der Software (Kapitel 3.10.4 »Denkansätze zur Beherrschung von Komplexität«) usw.

- Er ist dafür verantwortlich, dass die Architektur während des ganzen Projektablaufs »gelebt« und nicht ignoriert oder umgangen wird (Controlling).

- Er gibt die Form und Struktur aller Dokumentationen vor, welche im Laufe des Projektes entstehen.[115]

- Dort, wo Schnittstellen der Architektur auch Schnittstellen zwischen Entwicklungsteams darstellen, ist er für den Informationsfluss zwischen den Teams verantwortlich, soweit dies die technischen Aspekte betrifft.

---

115 Eine gute Strukturierung der Dokumentation von Software orientiert sich am architektonischen Entwurfsvorgehen. Dies trägt erfahrungsgemäß dazu bei, dass Informatikorganisationseinheiten architekturbewusster Software entwickeln. Eine standardisierte Entwicklungsmethodik, basierend auf einem in sich abgestimmten Begriffsmodell der zu erarbeitenden Softwareartefakte, liefert als wesentliches Ergebnis Dokumentationsvorlagen, die vorschreiben, welche Sachverhalte in welcher Detailtiefe und mit welchen Darstellungsmitteln dokumentiert werden müssen. Eine solche Entwicklungsmethodik stellt für uns einen wesentlichen Produktivitäts- und Qualitätshebel einer Entwicklungsabteilung dar.

- Er nimmt Anträge der Entwickler für allfällige Änderungen der Schnittstellenspezifikationen entgegen, entscheidet über diese Anträge, setzt sie gegebenenfalls um und kommuniziert sie den betroffenen Entwicklern.
- Er ist federführend bei der Evaluation von Marktprodukten. Falls ein Marktprodukt wesentliche Vorteile besitzen würde, jedoch nicht alle Anforderungen hundertprozentig erfüllt, kommuniziert er diesen Sachverhalt dem Verantwortlichen für die Anforderungen, sodass dieser eine allfällige Lockerung der Anforderungen beschließen kann.
- Er arbeitet eng mit dem Projektleiter zusammen. Der Projektleiter ist schwerpunktmäßig für Zeit, Kosten und Bereitstellung der versprochenen Funktionalität verantwortlich, der Architekt schwerpunktmäßig für die Einhaltung der Qualitätsattribute (geforderte Lösungsqualität). Die effektive Lösungsqualität ergibt sich auf nicht immer exakt vorhersehbare Weise aus der Integration der einzelnen Komponenten (Stichwort Emergenz, siehe Kapitel 3.9.7 »Emergenz als Hürde bei der Sicherstellung der Lösungsqualität«).
- Er arbeitet mit der Qualitätssicherung zusammen.

Manchmal wird für den Projektarchitekten auch der Begriff *Solution Architect* benutzt.

12.2 Vom Entwickler zum Projektarchitekten

Welche Eignungskriterien muss ein Projektarchitekt mitbringen? Welche Ausbildung und Praxiserfahrung sind notwendig? Wie erkennt man einen geeigneten Kandidaten? Diese Fragen sind ebenso wichtig wie schwierig zu beantworten. Hier der Versuch einer Antwort.

Wie wir im Kapitel 3.10.3 »Architektur versus Design und Entwicklung« gesehen haben, setzt Architektur handwerkliche Fertigkeiten voraus. Leider wird dieser Aspekt an vielen Hochschulen vernachlässigt zugunsten der hehren Theorie. Es ist zwar schön, wenn man sich in Kategorientheorie oder ähnlichen Dingen auskennt, dies ersetzt die (kopf-)handwerkliche Programmiererfahrung jedoch nie und nimmer:

> Ein Projektarchitekt muss Erfahrung als Designer/Entwickler besitzen.

Daraus ergibt sich, dass man einen Hochschulabgänger nicht »frisch ab Presse« als Projektarchitekten einsetzen sollte, da er die nötige Projekterfahrung nicht mitbringen kann.[116] Es ist dann auch klar, dass man nicht denjenigen Entwickler zum Architekten ernennen sollte, der als Entwickler überfordert ist und für den man deswegen eine andere Beschäftigung sucht ...[117]

Ein weiterer Grund, weshalb der Projektarchitekt Erfahrung in realen Projekten haben muss, ist die enge Zusammenarbeit mit dem Projektleiter. Er muss dessen Bedürfnisse und Sorgen kennen, nur dann wird er akzeptiert und nur dann kann er seine Architekturinteressen durchsetzen. Gehen die Aufgaben des Projektarchitekten so weit, dass er seine Architektur- bzw. die damit verbundenen Entwicklungsaufträge selber an die Entwickler delegieren und koordinieren muss, so muss er *selbst* mindestens Teilprojektleitungserfahrung besitzen. Er muss das dafür notwendige Organisations- und Kommunikationstalent bewiesen haben. Nur so kann er gegenüber den Entwicklern ein ernst zu nehmender Sparringspartner bei den von ihnen gemachten Aufwandsschätzungen und Aussagen zum Arbeitsfortschritt sowie der Roadmap sein. Unsere Erfahrung zeigt uns auch, dass ein Projektleiter für Softwareentwicklungsprojekte selbst einmal entwickelt haben und ein *gutes* Architekturverständnis mitbringen muss.

Nicht jeder Entwickler bringt das Zeug zum Architekten mit. Es braucht einen »Abstraktionsinstinkt« [Brown et al.], die Fähigkeit, am geeigneten Ort eine Abstraktion – z. B. eine Schnittstelle – einzuführen und zu gestalten. Es geht dabei um mehr als die Fähigkeit, eine gegebene Abstraktionsebene zu verstehen und darin zu arbeiten. Dies genügt zwar für die Entwicklung von Komponenten und für Designaufgaben innerhalb von Komponenten, nicht jedoch für die Schaffung von neuen Schnittstellen und ihren zugehörigen Abstraktionen. Dazu braucht es die Fähigkeit, wann immer nötig zwischen Abstraktionsebenen zu »springen«, ihre Interaktionen zu verstehen und, wenn nötig, die Grenzen dazwischen zu verändern und zu optimieren.

---

116 Ein solcher Mangel an Projekterfahrung ist, außer bei ausgesprochenen Naturbegabungen, auf keine Art und Weise wettzumachen. Da hilft auch kein schön aussehender Hochschulabschluss.

117 Dies ist ein Variante des Dilbert-Prinzips [Adams]: Die ineffizientesten Mitarbeiter werden ins Management befördert, wo sie den geringsten Schaden anrichten können. Sie verfügen weder über die in ihrem Bereich nötigen fachlichen Kenntnisse noch die sozialen Fähigkeiten eines guten Managers. Das Dilbert-Prinzip ist eine Abwandlung des Peter-Prinzips [Peter-Hull], wonach jeder Mitarbeiter in einer großen Hierarchie so lange aufsteigt, bis er für seine Stufe unfähig wird.

Ein vorhandener Abstraktionsinstinkt wird am ehesten durch eine Hochschulausbildung weiter gefördert. Das bedeutet nun aber weder, dass jeder Informatiker mit Hochschulabschluss diese Fähigkeit am Ende auch mitbringt, noch, dass ein Hochschulabschluss zwingend nötig ist.

Ein interessantes Eignungskriterium ist psychologischer Art. Es handelt sich um die innere Bereitschaft, sich auf ein Spiel mit sehr vielen Entscheidungsdimensionen einzulassen. Dieses Jonglieren mit unzähligen Möglichkeiten kann in der Entwurfsphase beinahe physisch schmerzhaft werden, bis man die fühlbar »richtige« Architektur gefunden hat. Was man dabei fühlt, ist meistens eine sprunghafte Erkenntnis (»heureka!«), die zur inneren Sicherheit führt, dass man nicht nur eine adäquate Architektur gefunden hat, sondern eine mit genügend »Reserven«, die also nicht bei der kleinsten Anforderungsänderung »zusammenbricht«. Meistens ist damit auch eine erhebliche Vereinfachung des mentalen Modells der Architektur der zu entwickelnden IT-Lösung verbunden.

Wenn man mit unüberschaubar vielen Möglichkeiten zu kämpfen hat, ist es sehr verlockend, radikale Vereinfachungen zu beschließen, z. B.: »Wir machen immer 3-tier-Architekturen, koste es, was es wolle.« Solche Entscheidungen bringen ein Nachlassen des »Drucks der Entscheidungsdimensionen« mit sich, bedeuten aber manchmal auch, dass man dabei ganze Qualitätsdimensionen und Kategorien von Anforderungen ausblendet. Radikale Entscheidungen sind deshalb mit gebührender Vorsicht zu genießen. Architektur ist nun einmal gerade die Aufgabe, verschiedenste Anforderungen unter einen Hut zu bringen, auch oder gerade wenn sie sich mehr oder weniger stark widersprechen, z. B. Portabilität versus Performance.

Doch auch diese Aussage gilt nicht absolut: Manchmal ist es weitaus das Beste, mit den Stakeholdern über Änderungen der Anforderungen zu verhandeln, statt diese um jeden Preis umzusetzen. Das ist übrigens auch ein Beispiel für die weiter oben gemachte Aussage, dass sich ein Architekt zwischen mehreren Abstraktionsebenen – hier Anforderungsebene versus Architekturebene – hin und her bewegen können muss. Auch ein gewisses diplomatisches Geschick ist notwendig, um den Stakeholdern Zugeständnisse abringen zu können, ohne sie vor den Kopf zu stoßen.

Eine weitere Anforderung an einen Architekten ist es, Architekturentscheidungen den Entwicklern vermitteln zu können und sie zu coachen. Das braucht Fingerspitzengefühl und Überzeugungskraft. Heutzutage ist die Rolle des

Architekten bei der Softwareentwicklung oder -selektion noch nicht so selbstverständlich und unbestritten wie auf dem Bau, sondern viele Entwickler treten dem Architekten mit Indignation entgegen. Denn haben sie nicht auch schon vergleichbare Aufgaben selbst erledigt? Und verlieren sie nicht zu viel eigenen Gestaltungsspielraum? Fühlen sie sich gegenüber dem Architekten persönlich herabgesetzt und müssen deshalb zeigen, dass sie auch jemand sind? Letztlich wird hier ein Architekt durch seine technische und soziale Kompetenz überzeugen müssen und wird sich nicht nur auf seine Weisungsbefugnisse verlassen können.

Selbst wenn keine Abwehrreaktionen auftreten, bleibt die Kommunikation zwischen Architekt und Softwareingenieur – und auch den anderen Stakeholdern – eine schwierige Sache, denn die Abstraktionsfähigkeiten können extrem verschieden stark ausgeprägt sein. Ein Architekt muss sich deshalb gut auf seinen jeweiligen Gesprächspartner einstellen können, um z. B. Sachverhalte so konkret wie nötig darzustellen.

Wie kann man nun geeignete Architektenkandidaten von ungeeigneten unterscheiden? Leider gibt es dafür kein Patentrezept. Manchmal merkt man im Gespräch ausgesprochen schnell, woran man bei einem Kandidaten ist, aber dummerweise ist das nicht immer so. Ein negatives Symptom ist zum Beispiel, wenn der Kandidat bei Fragen der Anwendungsarchitektur immer sofort auf Plattform- oder Softwarearchitekturaspekte zu sprechen kommt, z. B. statt »Welche Anwendungen müssen auf gemeinsame Kundeninformationen zugreifen können?« fragt er sofort: »Wie greife ich von der .NET-Anwendung X auf die Java-Anwendung Y zu?«

Es gibt Bemühungen, Ausbildungen zum Softwarearchitekten an Hochschulen und Fachhochschulen anzubieten. Dies ist insofern problematisch, als ein Architekt jahrelange Praxiserfahrung mitbringen muss, was man nur im Falle von Nachdiplomstudien verlangen kann.[118]

Ein Beispiel für eine solche Ausbildung sind die *Software Architecture Certificate Programs* des Software Engineering Institute [SEI]. Interessant ist besonders das ATAM Lead Evaluator Certificate Program. Dort erhält man ein Zertifikat nicht einfach für den Besuch eines Kurses (über die ATAM Architektur-Review-

---

[118] Man sollte hier keine unrealistischen Erwartungen an Hochschulen aufbauen und nichts von ihnen verlangen, was sie nicht leisten können. Auch wenn man noch so gerne einen 20-jährigen Hochschulabsolventen mit 30 Jahren Berufserfahrung hätte.

Methodik), sondern muss auch in der Praxis die Beherrschung der Methodik nachweisen (bei einem vom SEI beobachteten realen Architektur-Review) und ist zu jährlichen Weiterbildungen verpflichtet.

Auch die Industrie beginnt, Zertifizierungen von Architekten anzubieten. Die ersten Schritte in diese Richtung waren noch eher technologielastig (Plattformarchitektur!), z. B. der *Sun Certified Enterprise Architect for Java EE*, für den anspruchsvolle Prüfungen bestanden werden müssen sowie eine Architektur als Prüfungsaufgabe entworfen und begründet werden muss.

Microsoft hat 2006 den *Microsoft Certified Architect* eingeführt. Für die Teilnahme werden mindestens zehn Jahre relevante Praxiserfahrung verlangt. Die Zertifizierung erfolgt im Rahmen eines mehrstündigen Reviews durch ein Review-Board, es wird neben der technischen Kompetenz auch die Fähigkeit zur Kommunikation und Führung beurteilt. Der Kandidat muss beim Review eines seiner realen Projekte präsentieren und verteidigen.

Solche Programme können dabei helfen, gestandene Architekten anzuerkennen. Viel schwieriger ist es, bei noch unerfahrenen Mitarbeitern zu erkennen, ob sie längerfristig das Potenzial zum Architekten haben. Dafür kennen wir leider kein Patentrezept.

In der Praxis findet man am häufigsten die firmeninterne Weiterbildung und »learning on the job« – vom Entwickler zum Projektarchitekten. Wenn man es denn geschafft hat, gute Leute zu gewinnen oder auszubilden, muss man sie lange genug halten können – sonst bleiben mit der Zeit nur mittelmäßige »Beamtentypen« übrig. Damit stellt sich auch die Frage, wer über die weitere Fachkarriere von Architekten entscheidet. Konsequenterweise sollte dies der jeweilige Chefarchitekt sein. Wenn ein Entwickler entscheidet, sich zum Architekten weiterzuentwickeln, muss er sich auch der Beurteilung aus diesem Fach stellen.

Am Ende des Tages sind Architekturen nicht nur Konzepte, Prozesse, Vorgehensweisen o. Ä., sondern auch Resultate. Es sind Strukturen für Abläufe, Informationen, Software und Hardware. Es sind Regeln, z. B. für zulässige versus unzulässige Produkte, für die Art, wie Anwendungen verbunden werden, usw. Es sind Anwendungen, die mit der gewünschten Lösungsqualität laufen. Ein Architekt hat die Verantwortung für diese Resultate, er muss dazu deren »Owner« sein mit den nötigen Befugnissen, Budgets, IT-Personalressourcen usw. Zum Beispiel muss er das Recht haben, einzugreifen, wenn während eines Entwicklungsprojekts die von ihm aufgestellten Regeln verletzt werden.

Manchmal wird er akzeptieren, dass die Regeln gebrochen werden, denn er sollte den Überblick haben, der nötig ist, um in Zusammenarbeit mit dem Projektleiter allfällige Zielkonflikte im Interesse des Unternehmens aufzulösen (z. B. wenn es um Wartbarkeit versus Time-to-market geht – die berüchtigten »Hacks«, um noch rechtzeitig fertig zu werden).

12.3 Vom Projektarchitekten zum IT-Architekten

Bisher haben wir von Architektur im Rahmen einer Projektorganisation gesprochen. In der Realität finden wir in großen Unternehmen häufig IT-Projekte, die nicht wirklich Projekte im Sinne einer zeitlich klar abgegrenzten Tätigkeit sind. Meistens geht ein Projekt zur Erstellung eines Systems nahtlos in Weiterentwicklungen dieses Systems über.

Eigentlich wäre es meistens adäquater, statt von Projektmanagement von Produkt- oder Programmmanagement zu sprechen, d. h. einer über die einzelnen Projekte hinausreichenden Managementtätigkeit. Dort wäre dann z. B. auch die längerfristige Planung neuer Releases angesiedelt, Stichwort »Life-cycle-Management«. Zudem würden die einzelnen Anwendungen nicht isoliert, sondern als gesamtes Portfolio betrachtet.

Analog dazu ist auch die Rolle eines IT-Architekten nicht einfach die, dass der IT-Architekt ein Projekt nach dem anderen abwickelt, sondern er hat eine über die einzelnen Projekte hinausreichende (Linien-)Funktion. Das bedeutet, dass zusätzliche Fähigkeiten notwendig sind. Es geht jedoch auf keinen Fall ohne die grundlegende Erfahrung als Architekt in mehreren Projekten:

> Ein IT-Architekt muss Erfahrung als Projektarchitekt besitzen.

Je nach der Teilarchitektur, die ein IT-Architekt bearbeitet, wird er in unterschiedlichen Bereichen zusätzliches Know-how benötigen:

Der Anwendungsarchitekt muss fundiertes und aktuelles technisches und fachliches Know-how besitzen. Der Anwendungsarchitekt muss die Businessarchitektur kennen und verstehen. Im besten Fall ist der Anwendungsarchitekt in der Lage, die Qualität der Businessarchitektur einzustufen. Dafür muss er das Geschäft des Unternehmens bzw. seiner Domäne gut kennen, das Marktumfeld einschätzen und sich eine eigene Meinung zur Geschäftsstrategie erarbeiten können. Des Weiteren muss er »diplomatische Fähigkeiten« zum Umgang mit den gruppendynamischen Prozessen in seinem Unternehmen besitzen. Er muss Architekturentscheidungen sowohl gegenüber den Technikern als auch den Nichttechnikern erklären und vertreten können. Der Anwendungsarchitekt benötigt das größte methodische Wissen, da er mit den Begriffen und Methoden aller anderen Teilarchitekturen genügend gut vertraut sein muss, um mit ihnen sinnvoll kommunizieren zu können. Dies umfasst auch das methodische Wissen und Erfahrung bzgl. der Modellierung von Prozessen und Informationen.

Der Plattformarchitekt muss seine Produkte kennen – mit all ihren betrieblichen Eigenarten. Er muss zudem schnell und trotzdem gründlich Kandidaten für neue Produkte evaluieren können, mit einer klaren Vorstellung, was er herausfinden muss, wo die heiklen Unbekannten sind und wie er dazu vorgehen kann. Der Plattformarchitekt kennt die betrieblichen Prozesse sehr genau und ist dort entsprechend verankert (siehe auch Kapitel 14.1.4 »Architekturrelevante Prozesse«).

Der Softwarearchitekt ist eher technisch orientiert. Da er eine wichtige Coachingrolle während der gesamten Laufzeit eines Projekts innehat, muss er gut mit seinen Ingenieuren kommunizieren können. Meist nimmt der Softwarearchitekt zugleich die Rolle des Projektarchitekten in einem Entwicklungsprojekt wahr.

IT-Architektur ist eine übergreifende Aufgabe, d. h., sie betrifft viele Teams im Unternehmen. So ist z. B. der Aufbau einer serviceorientierten Architektur eine unternehmensweite Aufgabe. Das verlangt nach viel Fingerspitzengefühl, denn es geht immer um Änderungen des Verhaltens, des Know-hows, der Rechte und Pflichten, der Macht, ja der gesamten Zukunftsperspektiven von Mitarbeitern: Wer besitzt die Datenbank? Wer ist für welche Funktionalität zuständig? Wer wird morgens um zwei Uhr geweckt, wenn ein Fehler auftritt?

Damit löst man schnell Ängste und instinktive Abwehrreflexe aus, Fronten bilden sich. Die Lösung solcher Probleme ist nicht in erster Linie eine Frage der Weisungsbefugnisse der Architekturstelle. Wichtiger noch sind persönliche Glaubwürdigkeit, Überzeugungskraft sowie die unermüdliche Bereitschaft, die neuen Vorgaben zu erklären und, wo nötig, zu korrigieren.

Ein IT-Architekt braucht mehr diplomatisches Fingerspitzengefühl als ein Projektarchitekt, da er sich stärker im Rahmen der früher beschriebenen Spannungsfelder zwischen Business und IT bewegt (Kapitel 6 »Spannungsfelder zwischen Business und IT«). Zudem hat er die Aufgabe, notwendige Architekturinvestitionen zu beantragen und ihre korrekte Umsetzung durchzusetzen (z. B.

bei Architekturvorgaben). Seine Durchsetzungsfähigkeit hängt von der Akzeptanz bei den Linienmanagern ab, was wiederum von seinem Verständnis für die Situation dieser Führungspersonen abhängt. Er muss also den firmeninternen Markt (Kapitel 5.5 »Interpretation der Änderungsdrücke im Unternehmen«) kennen, gute Menschenkenntnis und politisches Geschick mitbringen.

Der IT-Architekt zeichnet sich in der Regel für eine Domäne oder für eine oder mehrere Technologiedomänen verantwortlich (er wird häufig auch als Domänenarchitekt bezeichnet). Bei kleineren Unternehmungen werden alle Domänen, inklusive der Technologiedomänen, durch einen einzelnen IT-Architekten bewirtschaftet.

Ein IT-Architekt befasst sich mit den Aufgaben, welche im Kapitel 4 »Das IT-Architekturmodell« erörtert worden sind. Die Aufgabenschwerpunkte eines IT-Architekten, welcher für eine Domäne zuständig ist, sehen folgendermaßen aus:

- Er bestimmt, welche Schnittstellen zwischen Anwendungen eingeführt, geändert oder eliminiert werden dürfen.
- Er sorgt für die »konzeptionelle Integrität« der anwendungsübergreifenden Architektur.
- Er gibt die Form und Struktur aller Dokumentationen vor, welche Schnittstellen zwischen Anwendungen betreffen.
- Er macht ggf. weitere Vorgaben zur Dokumentation und Ablage von Artefakten, welche in Projekten entstehen (Vorgaben an die Projektarchitekten).
- Er vertritt die Architektur gegenüber der Geschäftsleitung und gibt Input, welcher für die Aktualisierung der Geschäftsstrategie wichtig ist (z. B. Priorisierungsvorschläge für Vorhaben, Anträge auf Architekturvorhaben usw.).
- Er organisiert interne Audits bzgl. der Qualität des Architekturprozesses und sorgt für dessen stetige Verbesserung.
- Er stellt sicher, dass die relevanten Architekturergebnisse aus den Technologiedomänen (Software- und Plattformarchitektur) mit seinen Architekturergebnissen aus der Anwendungsarchitektur in Einklang stehen. Er formuliert entsprechende Anforderungen an die IT-Architekten der Technologiedomänen.

Die Aufgabenschwerpunkte eines IT-Architekten, welcher für eine oder mehrere Technologiedomänen zuständig ist, sehen folgendermaßen aus:

- Er beobachtet den IT-Markt und bringt seine Erkenntnisse und Vorschläge in die jeweiligen Architekturgremien (Kapitel 14.2 »Aufbauorganisatorische Überlegungen«) ein.
- Er definiert Standards und macht die dazu notwendigen Konzeptarbeiten (Ausarbeitung der Einsatzkonzepte und entsprechenden organisatorischen Maßnahmen usw.).

13 Beispiele gängiger IT-Architekturkulturen

Man kann Organisationskulturen und ihre IT-Managementstile nach verschiedenen Gesichtspunkten kategorisieren. Letztlich basiert vor allem bei Dienstleistungsunternehmen jedoch alles auf den Mitarbeitern, ihren Fähigkeiten und ihrer Motivation. Kein Unternehmen schafft es, in allen Disziplinen gleichermaßen herausragende Mitarbeiter zu beschäftigen. Deshalb müssen Schwerpunkte gesetzt werden. Die möglichen Schwerpunkte, soweit relevant für die IT, nutzen wir für die folgende Kategorisierung von typischen IT-Architekturkulturen. Dabei sind es die Extreme, die wir beschreiben. In der Realität wird meistens eine Mischung vorkommen.

Wir erlauben uns, in diesem Kapitel eine Kochmetapher zu verwenden, da sie die folgenden Beispiele sehr gut veranschaulicht und den Text belebt. Der Koch entspricht dabei dem IT-Architekten.

13.1 Nouvelle Cuisine – hoch bezahlt, selbstverliebt, und der Hunger bleibt

Management ist in unserer heutigen Zeit, besonders wenn es um Informatikthemen geht, eine komplexe Angelegenheit. Stichworte dazu sind die Globalisierung der Konkurrenz und die rasante technologische Entwicklung. Es ist daher nicht verwunderlich, wenn auch selbstbewusste Manager Hilfe beiziehen. Sie vertrauen dabei immer weniger auf die Kompetenz ihrer eigenen Mitarbeiter – ob zu Recht oder Unrecht. Stattdessen ziehen sie externe Berater bei.

Wir erinnern uns z. B. an den Fall eines Unternehmens, bei dem die Beschaffung einer neuen Entwicklungsumgebung anstand. Die eigenen Mitarbeiter hatten dazu in sechsmonatiger Arbeit eine seriöse Variantenanalyse erstellt und eine Empfehlung abgegeben. Daraufhin zog das Management externe Berater bei. Das Resultat: Es wurde innerhalb eines Tages zugunsten eines anderen Produktes entschieden, das zu dieser Zeit gerade viel in der Presse diskutiert und von den Beratern favorisiert wurde. Ob diese Entscheidung gut oder schlecht war, sei dahingestellt. Das Beispiel zeigt jedoch, dass der Fachkompetenz von externen Spezialisten oft a priori ein größeres Vertrauen entgegengebracht wird als den eigenen Mitarbeitern.

Die Erfahrung mit Beratern hat gezeigt, dass diese sich besonders gut darauf verstehen, schön arrangierte und lecker aussehende Gerichte zu kreieren – zu einem Tophonorar, versteht sich. Die PowerPoint-Folien sind beeindruckend, die Diagramme erstrahlen im perfekten Farbschema.

Nachdem man sich an den schönen Farben sattgesehen hat, stellt man fest, dass die präsentierten Konzepte ja schon etwas für sich haben. Sie erscheinen nicht wirklich nutzlos. Doch macht einen der Magen darauf aufmerksam, dass der Hunger geblieben ist.

Manchmal steigt das ungute Gefühl auf, dass lediglich die neueste Beratermode präsentiert wurde. Solche Moden kommen und gehen, die Berater bleiben. Sie ändern ihre Menükarte entsprechend dem Modegericht des Jahres und machen sich dadurch unentbehrlich.

Vermutlich kommt man heute tatsächlich nicht immer mit dem intern vorhandenen Know-how durch. Oder es wäre zu teuer, gelegentlich benötigtes Know-how intern aufzubauen und à jour zu halten. Dann sollte man bei der Wahl seiner Berater jedoch mindestens auf ein paar Punkte achten:

- Können die Berater auch praktische Umsetzungserfahrungen vorweisen für die Konzepte, die sie predigen? Oder sind es reine »Papiertiger«, die lediglich das neueste White Paper halb verdaut reproduzieren?[119] Ein guter Berater bewegt sich sowohl auf der Konzeptebene als auch auf der Umsetzungsebene.

- Haben sie genug Erfahrung in verschiedenen Organisationen gesammelt, sodass sie die Risiken und Grenzen ihrer Ansätze einschätzen können? Oder sind es Junior Consultants, die sich blind z. B. auf dokumentierte Fallstudien als Grundlage verlassen müssen, auch wenn diese vielleicht gar nicht auf den konkreten Fall übertragbar sind?

---

119 Papiertigerberater erkennt man z. B. an ihrem Stolz – und der schlecht versteckten Erleichterung – bei der Aussage, dass sie ja schon viele Jahre keine Zeile mehr selbst programmiert haben. Bessere Berater verspüren stattdessen Bedauern bei derselben Aussage und ein gewisses Unwohlsein, mit der aktuellen Technik nicht mehr vertraut zu sein.

- Helfen sie auch mit Rat *und Tat* bei der Umsetzung dessen, was sie dem Unternehmen einbrocken? Leisten sie auch Knochenarbeit, z. B. Unterstützung beim Projektmanagement, oder offerieren sie nur das Produzieren von schönen Folien?

- Lassen sich die erfahrenen Berater *vertraglich* bis zum bitteren Ende eines Projektes binden? Ansonsten besteht eine hohe Wahrscheinlichkeit, dass sie sich nach dem Kick-off sofort verdrücken und unerfahrene Junior Consultants vorschieben oder von ihrer Firma abgezogen werden, wenn es bei einem anderen Kunden »brennt«.

- Weisen sie offen aus, welche Spezialitäten sie beherrschen, bei denen sie deshalb voreingenommen sein könnten? Es ist der große Vorteil von externen Beratern, dass sie nicht »betriebsblind« und nicht in internen »Grabenkämpfen« gefangen sind. Jedoch sind sie auch keine Supermänner und -frauen, die alles können, kennen und objektiv beurteilen. Nur ein Berater, der seine Grenzen kennt und deklariert, ist vertrauenswürdig.

- Traut man den Beratern zu, ihre ehrliche Meinung zu äußern, auch wenn sie damit z. B. Folgeaufträge gefährden? Nur ein Berater, der sein professionelles Urteil und damit seinen langfristigen guten Ruf über den momentanen Auftrag stellt, wird dem Auftraggeber auch unangenehme Erkenntnisse mitteilen und ihm allenfalls auch widersprechen. Dies bringt mehr als die Jasager, die immer nur auf den nächsten Auftrag schielen.

13.2 Die kalte Küche – kochen für den Eigengebrauch

Der Begriff »Architektur« wird in der Informatik mindestens seit Fred Brooks »Mythical Man Month« [Brooks] benutzt. Populär, um nicht zu sagen inflationär, wurde der Begriff in dem Moment, als sich Bill Gates zum »Chief Software Architect« von Microsoft ernannte. In manchen Unternehmen findet man Mitarbeiter mit dem Titel »Architekt« in einer speziellen Stabstelle, die sich z. B. »Werkzeuge und Methoden« oder »Standards« nennt. Die Idee dabei ist, dass diese Stelle den IT-Markt beobachtet und relevante Entwicklungen in das Unternehmen hineinbringt, also Technologiemonitoring und -transfer leistet.

Leider erweist sich so eine Stelle allzu oft als Elfenbeinturm, als Stelle ohne nachhaltige Wirkung auf das Unternehmen, als kalte Küche. Das Problem liegt darin, wie man die langfristige strategische Entwicklung im Unternehmen mit den harten, relativ kurzfristigen Anforderungen der Projekte in Einklang bringt. Wenn z. B. heute ein Projekt beginnt, ist es für dessen Team unter Umständen gänzlich uninteressant, ob Monate später das perfekte Tool evaluiert sein wird – man kann nicht darauf warten.

Die Probleme mit solchen Stellen sind vielfältig. Sie fangen bei der personellen Besetzung an. Denn einerseits braucht man dort Leute, die auch abstrakte Konzepte verstehen und bewerten können, z. B. »Service-Oriented Architecture«, auf der anderen Seite aber auch die Erfahrung mit den ganz realen Randbedingungen der Projektwelt ihres Unternehmens besitzen.

Da oft keine konkret fassbaren Anforderungen für solche Stabstellen existieren, sondern eher diffuse, allgemeine Qualitätswünsche, besteht die Gefahr, dass allzu allgemeine und komplexe Konzepte entwickelt, Werkzeuge ausgewählt und Methoden festgelegt werden. Auch wird tendenziell der Fokus auf Plattformarchitektur und allenfalls auf Methodenfragen gelegt, da das fachliche Know-how für die Anwendungsarchitektur fehlt. So wird dem Spieltrieb Tür und Tor geöffnet, der Realitätstest möglichst lange vermieden und dann auf Spielzeugprojekte beschränkt. Eine solche Stelle zieht auch magisch Mitarbeiter an, die gerne mit »Nouvelle Cuisine«-Technologien spielen, jedoch ungern Verantwortung in Projekten übernehmen wollen.

Selbst falls es die Stabstelle fertigbringt, realistische und angemessene Festlegungen zu treffen, gelingt diesen »internen Beratern« der Transfer in den Rest des Unternehmens nur selten – denn Wissen wird nur dann effektiv und effizient transferiert, wenn man die Köpfe, in denen das Wissen steckt, mit transferiert (Kapitel 14.2.4 »Arbeitsweise der Architecture Boards«).

Eine Stabstelle, die es nicht schafft, Wirkung auf das Unternehmen zu entfalten, hat keine Existenzberechtigung. Fairerweise muss man allerdings auch sagen, dass selbst eine hochprofessionelle und praxistaugliche Stabstelle kaltgestellt und schlicht ignoriert werden kann, falls sie organisatorisch falsch aufgehängt ist, siehe Kapitel 14 »Organisation der IT-Architektur«.

13.3 Die gutbürgerliche Küche – Stolz und unabhängig

Die gehobene gutbürgerliche Küche, wie sie z. B. in Zunfthäusern gepflegt wird, lebt vom Stolz auf die eigene Tradition und von der Unabhängigkeit bei der Menügestaltung. Bei der IT entspricht das dem »Make statt Buy«-Primat: Software wird in der Regel selbst entwickelt, um den eigenen Geschäftsvorteil zu maximieren und um Abhängigkeiten von Lieferanten zu minimieren.

Es ist allerdings allgemein bekannt, dass viele Eigenentwicklungen in Probleme laufen, d. h. Budgets nicht einhalten, Termine sprengen oder unbefriedigende Funktionalität und Qualität abliefern. Anders als in der Küche oder im Bauwesen dauert es bei der Softwareentwicklung meistens sehr lange, bis offenbar wird, ob man sich übernommen hat. Es gibt keine eindeutigen Frühwarnsignale wie rauchende Pfannen oder sich biegende Brückenpfeiler.

Deshalb führen Eigenentwicklungen leicht zu einer Überforderung und zum begründeten Gefühl, Projekte nicht mehr unter Kontrolle zu haben. Die Sehnsucht kommt auf, Verantwortung abgeben zu können, z. B. an externe Consultants oder an tolle neue Methoden und Werkzeuge, dank denen die Schwierigkeiten plötzlich verschwinden sollen (»silver bullets« [Brooks]). Dadurch entstehen Modewellen, z. B. zum Zeitpunkt, in dem dieses Buch geschrieben wurde, die »Model-driven architecture«-Welle.

Während die meisten dieser Moden schon einen realen Kern an relevanten Beiträgen liefern, erwartet man von ihnen jeweils viel zu viel und führt zu viele teure Brüche zum bereits Bestehenden ein. Denn letztlich braucht es bei Eigenentwicklungen vor allem etwas: Erfahrung mit seriösem Software-Engineering, ganz egal, welche Werkzeuge man dafür einsetzt. »A fool with a tool is still a fool« gilt nach wie vor.

»Make statt Buy« hat trotzdem seine Berechtigung, insbesondere da man heute nie mehr bei null anfängt, sondern immer einen gewissen Grad an »Buy« annimmt. Auch das beste Zunfthaus besitzt keinen eigenen Bauernhof und keine eigene Metzgerei.

- Beim »Make«-Ansatz sollte man solide Ingenieurteams pflegen und in jedem Projekt einen erfahrenen Softwarearchitekten einsetzen, der die technische Verantwortung für das »große Bild« innehat. Er fungiert als Drehscheibe zwischen dem Ingenieurteam und den restlichen Stakeholdern, versteht die Abhängigkeiten zwischen den Teams und entdeckt bzw. vermeidet die daraus entstehende Probleme frühzeitig.

- Selbstverständlich braucht es ergänzend dazu auch fähige Projektleiter, oft ein Engpass bei komplexen Projekten. Generell braucht es viel Projekterfahrung und -kultur im Unternehmen.

- Die Entwicklung eigener Anwendungen ist eine Investition. Sie muss finanziell geplant werden wie andere Investitionen auch. Auch Gebäude brauchen regelmäßige Wartung und gelegentliche Erneuerungen, sind irgendwann abgeschrieben und müssen dereinst abgerissen und ersetzt werden. Auch bei Software muss man den ganzen Lebenszyklus betrachten und planen. Das bedeutet auch, dass die letztendliche Ablösung von Komponenten nüchtern einkalkuliert wird, statt permanent herumzubasteln und sie »am Tropf hängend« immer noch ein paar Jahre weiterzubetreiben mit entsprechenden globalen Folgekosten für die gesamte IT-Landschaft. Das setzt jedoch eine IT-Architektur voraus. Mit anderen Worten: Ohne Architekturmanagement kann es keine verlässliche finanzielle Planung der IT geben!

Nur wenn diese Punkte berücksichtigt werden, macht es Spaß, alles Gemüse im eigenen biologischen Gärtchen zu ziehen und die Gerichte »nach Großmutterart« zuzubereiten.

13.4 Die indische Küche – man muss sich darauf einlassen, damit es schmeckt

Für den hiesigen Gaumen ist die indische Küche zunächst fremdartig, wohl faszinierend, aber auch sehr ungewohnt. Vielleicht hat man auch Angst vor ihrer Schärfe. Die Begeisterung folgt jedoch oft, wenn man mehrfach davon kosten durfte.

Statt den »Make«-Ansatz mit eigenen Entwicklungsteams zu pflegen, kann ein Unternehmen seine Entwicklungsaufträge auch extern vergeben, z. B. an indische oder osteuropäische Firmen.

- Um mit der indischen Küche vertraut zu werden, sollte man mit einfachen Gerichten anfangen, z. B. der Migration eines bestehenden Systems auf eine neue Plattform, ohne große Änderung der Funktionalität.

Für raffiniertere Gerichte braucht es viel Erfahrung, sowohl aufseiten des Lieferanten als auch aufseiten des Kunden. Manche indische Offshoring-Firmen besitzen mehr als 20 Jahre Erfahrung und können nach anfänglichen Misserfolgen inzwischen ansehnliche Erfolge vorweisen. Normalerweise wird in Großprojekten sowohl mit einer Mischung aus offshore (z. B. Inder in Indien) und onshore (z. B. Inder beim Kunden vor Ort) als auch mit eigenen Mitarbeitern des Kunden gearbeitet.

Im Extremfall gibt es keine Entwickler des Kunden im Projekt, weil dieser gar keine besitzt bzw. besitzen darf, z. B. gilt dies für manche staatlichen Beschaffungsstellen.

- Der Kunde muss jedoch unbedingt eigene Manpower für die folgenden Aufgaben einsetzen: die Spezifikation der Anforderungen, die Integration in die bestehende Systemlandschaft und die Qualitätssicherung.
- Neben Projektleitern und Juristen braucht es dafür auch Architekten! Wieso stellt der Staat eigene Bauarchitekten ein? Nicht weil sie irgendwelche Gebäude bauen sollen, sondern weil sie die Kompetenz besitzen, Anforderungen zu formulieren, Angebote zu beurteilen, die ausgewählten Lieferanten zu beaufsichtigen und die Lieferungen zu begutachten. Ohne diese Kompetenz würden Beschaffungen zum Lotteriespiel. Auch in der Privatwirtschaft existiert diese Gefahr.

Bei der externen Vergabe von Entwicklungen wachsen die Ansprüche an Anforderungsspezifikationen enorm. Das Dumme dabei ist, dass Anforderungen in der IT schnell sehr komplex, umfangreich und detailbefrachtet werden. Eigentlich muss man zugeben, dass es für umfangreiche Softwaresysteme keine wirklich befriedigenden Arten der Anforderungsspezifikation gibt – Use Cases, Business Rules, UML usw. hin oder her. Man muss sich in der Praxis also behelfen, so gut es geht, und damit leben, dass Werkverträge in der Informatik auf sehr viel wackligerem Boden stehen als im Bauwesen[120].

- Umso wichtiger ist es, erfahrene Projektleiter und Architekten zu haben, *sowohl aufseiten des Kunden als auch aufseiten des Lieferanten*. Der eigene Architekt ist »Treuhänder des Bauherrn«, der lieferantenseitige Architekt ist Ansprechpartner bezüglich der Qualität der Lieferungen.
- Es ist im Interesse aller Beteiligten, eine langfristig fruchtbare Beziehung aufzubauen, in der man sich gut kennt und gut zusammenarbeitet.[121] Da das erste Projekt mit einem Offshore-Partner viel Aufbauarbeit für diese Beziehung verlangt, wird es kaum billiger als eine Eigenentwicklung oder lokales Outsourcing an einen bekannten Partner sein.

---

120 Das hat einerseits mit der viel größeren Reife des Bauwesens – immerhin einige Tausend Jahre – und der oft geringeren Komplexität von Bauwerken zu tun. Andererseits wohl auch damit, dass Softwareentwicklung halt doch mehr mit »Engineering« und dem Erstellen von Ablauf-»Plänen« (Programmen) zu tun hat als nur mit der Umsetzung eines existierenden Plans.

121 Staatliche Stellen leiden unter der erschwerenden Situation, dass eine derartige Beziehung politisch schnell unter den Verdacht der Vetternwirtschaft, des »Filzes« oder gar der Bestechung gerät. Deshalb gibt es die Regeln für WTO-Ausschreibungen, welche unter dem Strich allerdings oft mehr schaden als nutzen.

- Erst über mehrere Projekte hinweg – d. h. als strategische, nicht mehr operative Entscheidung – kann sich Outsourcing von Entwicklungen finanziell lohnen.
- Man muss die Abhängigkeiten, die man eingeht, bewusst managen. Es muss möglich sein, zu bekannten und vertretbaren Kosten den Lieferanten für die Wartung und Weiterentwicklung zu wechseln oder diese Aufgaben wieder ins eigene Haus zurückzuholen. Professionelles Risikomanagement und Contracting sind fundamental.
- Verantwortlichkeiten und Vorkehrungen bzgl. Security müssen klar geregelt sein, damit z. B. nicht plötzlich Kundendaten in falsche Hände geraten.

Ob sich die externe Vergabe von Entwicklungsaufträgen am Ende genügend lohnt,[122] muss jedes Unternehmen für sich entscheiden. Alleine schon die Diskussion über diese Möglichkeit kann jedoch ungeahnte Kräfte im eigenen Unternehmen freisetzen, denn vielleicht gibt es ja auch dort noch genügend ungenutztes Potenzial für Verbesserungen?

13.5 Fertiggerichte – wie kann man nur, sage ich mir jedes Mal

Spaghetti an Tomatensoße kann man sehr einfach selbst zubereiten. Trotzdem sind sie der Renner unter den Fertiggerichten aus dem Supermarkt. Selbst in vielen Restaurants greift man für manche Gerichte immer öfter zu Fertigprodukten.

Aufgrund der oftmals schlechten Erfahrungen mit Eigenentwicklungen greift auch in der IT der »Buy statt Make«-Ansatz immer mehr um sich. Tatsächlich eliminiert man damit viele Risiken und spart potenziell Geld, denn die Kunden eines Produktes »von der Stange« teilen sich ja gemeinsam die Entwicklungskosten. Manchmal ist deshalb Standardsoftware die einzige Möglichkeit, um im Budget zu bleiben.

Oft wird angenommen, dass Eigenentwicklungen sowieso teurer sind. Diese Annahme ohne weitere Erläuterungen ist falsch. Wir haben im Kapitel 6.5 »Make or Buy« die vorzunehmenden Überlegungen für eine »Buy or Make«-

---

[122] Erfahrungen im Großbankenumfeld für eine Entwicklungsarbeit scheinen sich in der Größenordnung von unter 15 % Kostenersparnis zu bewegen. Das ist nicht nichts, aber relativiert die Bedeutung der externen Vergabe von Entwicklungsaufträgen doch erheblich.

Entscheidung besprochen. Der »Buy«-Ansatz bringt andere Projektrisiken als der »Make«-Ansatz mit sich. Man hat zwar nicht mehr die Unsicherheit, ob die eigenen Mitarbeiter die Entwicklung bewältigen können, dafür weiß man viel weniger darüber, was man erhält, und kann kaum korrigierenden Einfluss nehmen.

- Deshalb ist auch beim »Buy«-Ansatz ein Risikomanagement mit einem entsprechenden Risikokatalog unumgänglich. Dort hinein gehören z. B. die Risiken, dass die Funktionalität des Produkts nicht hinreichend verstanden wird, dass es unerwartete Konsequenzen für Prozesse und Methoden hat, dass die übergreifende Architektur auf noch unbekannte Art beeinflusst wird, dass die Skalierbarkeit nicht ausreicht, dass Sicherheitslöcher entstehen, dass fehlendes Know-how beschafft werden muss, dass der Lock-in größer ist als erwartet usw. Diese Risiken können dann systematisch analysiert, bewertet und reduziert werden.

Dies gilt auch und gerade für die Abhängigkeiten, die man eingeht. Man wird zwar weniger von den eigenen Mitarbeitern abhängig, aber dafür von Lieferanten. Gerade bei sehr mächtigen Lieferanten, wie z. B. Microsoft, ist es sehr schwer, einen direkten Draht zu deren Entscheidungsträgern herzustellen. Vertragliche Sonderwünsche sind kaum möglich.

- Entsprechend sorgfältig muss man Lieferanten und Produkte evaluieren, in deren Abhängigkeit man sich begibt. Dabei können nicht nur die einzelnen Produkte isoliert betrachtet werden: Wie interagiert das neue Produkt mit anderen existierenden und geplanten Komponenten, was bedeuten Release-Wechsel und wie weit voraus stehen die dafür notwendigen Informationen zur Verfügung, über welchen Zeitraum wird die Wartung der Produkte zugesichert usw.? Architektur wird also nicht überflüssig, sie verändert nur ihren Charakter: Mit jedem gekauften Produkt kauft man auch ein Stück Architektur mit ein und muss sich deshalb überlegen, ob und wie dieser neue Flicken in den gesamten Architekturteppich hineinpasst.

Weiß ich, was alles in der Raviolibüchse drin ist und was all diese E300[123] und ähnlichen Bezeichnungen auf der Packung bedeuten? Will ich es überhaupt wissen? Oft läuft es auf eine einfache Baucheinschätzung hinaus: Habe ich ein

---

123 In diesem Fall ein harmloser Zusatzstoff: E300 ist besser bekannt als Vitamin C. Aber will man wirklich z. B. überall Schwefeldioxid (E220) in seinem Essen haben?

stärkeres, grundlegendes Misstrauen gegenüber Microsofts Produktqualität und Release-Politik, oder vertraue ich darauf, dass ich mir mit dem durchgängigen Einsatz von Microsoft-Produkten am Ende viele Integrations- und Migrationsprobleme erspare?

Interessant sind die ganz großen Beschaffungsprojekte. Dort wird die »Politikdichte« maximal, d. h., dort sind die größten Machtverwerfungen und damit Machtkämpfe zu erwarten. Unparteiische Kostenanalysen und Evaluationen sind nur noch selten möglich oder haben keinen Effekt. Man arbeitet dann wie in einem Nebel – oder ist es Granatrauch?

Vordergründig wird evaluiert, im Hintergrund wird lobbyiert und an den Bewertungsregeln geschraubt. Technische Fragen werden höchstens dann den Ausschlag geben, wenn sich alle interessierten Parteien zufällig gerade gegenseitig lähmen. Daran ändern auch scheinbar objektive Verfahren, wie z. B. WTO-Ausschreibungen, wenig. Im Gegenteil, je objektiver ein Entscheidungsverfahren erscheint, umso besser gedeckt und unverfrorener kann in seinem Schatten manipuliert werden.

Auch bei kleineren Projekten ist die Objektivität von Entscheidungen nicht über alle Zweifel erhaben: Manager begründen Beschaffungsentscheidungen mit manipulierten Zahlen der zu erwartenden Kosteneinsparungen, Projektleiter manipulieren ihrerseits die Zahlen zu den erwarteten Projektkosten ...

13.6 Fast Food – Essen frisch aus der Fabrik

Fast-Food-Ketten wie McDonald's leben von einer außerordentlichen Standardisierung der Abläufe in ihren Restaurants, unabhängig von den Franchisenehmern und ihren Mitarbeitern. Man weiß, was man bekommt und wie es hergestellt und kontrolliert wird. Man kann bei jedem McDonald's-Restaurant davon ausgehen, dass die Toiletten in Ordnung sind.

In den vorhergehenden Kapiteln haben wir gesehen, wie die Schwerpunkte auf verschiedene Skills und Personengruppen gesetzt werden können, woraus verschiedenartige Formen der Essenszubereitung resultieren.

Statt den Schwerpunkt auf Skills und Personengruppen zu legen, kann man auch in der IT, wie bei McDonald's, auf Prozesse setzen. Man legt personenunabhängig die notwendigen Funktionen und Aufgaben fest und dokumentiert diese in Prozessbeschreibungen, Firmen- oder mindestens Projekthandbüchern.

Wenn man schon der fertigen Software nicht ansieht, ob sie gut oder schlecht ist, versucht man stattdessen zu beobachten, ob der Prozess der Softwareherstellung oder -beschaffung gut gemacht wird.

Zurzeit sind auf der Projektebene Prozesse wie der Rational Unified Process besonders in Mode. Auf der übergeordneten, organisationsweiten Ebene sind es Standards wie ISO 9001:2000 und CMMI. Mit ihnen erhofft man, zuverlässig gute Resultate zu erzielen.

»Prozesse« also als Alternative zu »IT-Personal«. Dadurch wird man von der Notwendigkeit entlastet, hoch qualifizierte Mitarbeiter teuer einzukaufen oder aufzubauen. Da IT-Personal immer so eine schwierige und »softe« Sache ist, kann man sich damit großes Bauchweh ersparen.

- Das ist natürlich völliger Unsinn. Man darf vor lauter Begeisterung für die Festlegung von Prozessen nicht vergessen, dass am Ende auch jemand die Arbeit tun muss. Diese Arbeit bleibt anspruchsvoll und braucht weiterhin qualifizierte Mitarbeiter. Gute Prozesse als Alternative zu gutem IT-Personal gehören in die Kategorie »Wunschdenken«.

Wenn man Prozessorientierung hingegen richtig versteht, kann sie ein Hebel sein, mit dem Mitarbeitern mehr Raum zur Entfaltung und Weiterentwicklung gegeben wird – so ziemlich das Gegenteil davon, was viele Manager erhoffen und Mitarbeiter befürchten.

- Wenn man diesen Weg gehen will, sollte man z. B. die (positiven und negativen) Erfahrungen von Toyota studieren, einem Pionier der Prozessorientierung.
- Da schnell große Ängste entstehen, muss die Einführung von Managementsystemen für Prozesse gut durchdacht sein und viel Input »bottom up« einfließen. Dabei kann sich herausstellen, dass die eigenen Mitarbeiter viel mehr Know-how und gute Ideen besitzen, als es vom Management erwartet wird.
- Ein Handbuch im Schrank bewirkt rein gar nichts. Um Wirkung zu erzielen, müssen Schulungen durchgeführt, die richtige Anwendung systematisch geprüft und die Regelungen kontinuierlich verbessert werden – und das Handbuch muss dünn bleiben.

Falls die Prozessorientierung sorgfältig erfolgt, wird das Unternehmen interne Widerstände überwinden und mittelfristig profitieren können. Es wird immer einige »Teflon«-Mitarbeiter geben, die derart wenig Vertrauen in positive Änderungen besitzen, dass alles von ihnen abperlt. Aber die Mehrheit wird mitmachen, wenn sie spürt, dass ihr Input ernst genommen wird und sich die befürchteten Einschränkungen als Entlastung, ja sogar als Chance zur größeren Entfaltung entpuppen. Man muss sich jedoch klar darüber sein, dass die Einführung solcher Methoden ein Kraftakt ist und volle Managementunterstützung benötigt, sonst ist das Scheitern vorprogrammiert.

14 Organisation der IT-Architektur

Die Pflege und Weiterentwicklung des Managementsystems und die Kontrolle seiner Einhaltung ist eine Führungsaufgabe (Kapitel 3.4 »Das Managementsystem als Ressource einer Unternehmung«). Diese Führungsaufgabe, welche die IT-Architektur als einen Prozess des IT-Managementsystems ausarbeitet und ihn wirken lässt, bezeichnen wir als IT-Architekturmanagement[124].

> Das IT-Architekturmanagement ist eine Führungsaufgabe und befasst sich mit der Frage, wie IT-Architektur in einem Unternehmen organisiert und betrieben werden soll.

Welche Wirkung IT-Architektur in einem Unternehmen entfalten und in welchem Rahmen sie überhaupt praktiziert werden kann, ist von Unternehmen zu Unternehmen äußerst unterschiedlich. Das IT-Managementsystem legt unter anderem Leitplanken fest, wie das IT-Architekturmanagement in einem Unternehmen definiert und umgesetzt werden kann. D. h., die prozessuale Ausgestaltung der IT-Architektur selbst wird in der Regel durch die Führung beschränkt. Nur sehr selten hat die IT-Architektur auch die Macht, aus ihrer Sicht organisatorische Unzulänglichkeiten zu eliminieren.

Es gibt aber aus unserer Sicht doch einige wesentliche Überlegungen und Erkenntnisse, wie ein IT-Architekturprozess aufgebaut sein müsste (Kapitel 14.1 »Ablauforganisatorische Überlegungen«) und wie ein aufbauorganisatorischer Rahmen auszusehen hat, in dem sich ein solcher Prozess vollziehen kann (Kapitel 14.2 »Aufbauorganisatorische Überlegungen«).

---

[124] Das IT-Architekturmanagement wird oft auch als IT-Architecture-Governance bezeichnet.

14.1 Ablauforganisatorische Überlegungen

Wir erörtern zuerst die Grundstruktur des IT-Architekturprozesses, zeigen dann die Parallelen zum Qualitätsmanagement auf und gehen auf die Möglichkeiten des IT-Architekturprozesses ein, auf andere Prozesse einwirken zu können. Zu guter Letzt nennen wir die wichtigsten Prozesse des Managementsystems, in denen architektonische Arbeitsschritte einzuplanen sind.

14.1.1 Grundstruktur des IT-Architekturprozesses

Wesentliche Elemente des IT-Architekturprozesses sind die Erarbeitung und Umsetzung von Architekturvorgaben, um die angestrebte Lösungsqualität mittel- bis langfristig erreichen zu können. Wir befassen uns somit zuerst mit den Gründen, wieso die Erarbeitung und Umsetzung von Architekturvorgaben nicht top-down erfolgen kann und stellen dann die Grundstruktur des IT-Architekturprozesses vor.

Folgende Gründe sprechen gegen einen reinen Top-down-Ansatz zur Erarbeitung und Umsetzung von Architekturvorgaben:

- Die IT-Architektur trifft in der Regel eine gewachsene IT-Landschaft an. Selten bis nie wird sie einen »Grüne Wiese«-Ansatz verfolgen können. Je größer das Unternehmen, desto umfangreicher sind meistens die Einschränkungen in der Lösungsqualität der IT-Landschaft. Diese Einschränkungen können nicht auf einmal beseitigt werden, dies ist *weder zeitlich noch finanziell möglich*.

- Zu Beginn eines größeren Vorhabens sind nur *beschränkte Kenntnisse* über das Ausmaß seiner Auswirkungen auf die IT-Landschaft vorhanden. Das Ausmaß wird erst im Rahmen der detaillierten Arbeiten im Vorhaben selbst ersichtlich, d. h., wenn der Erkenntnisstand über die fachlichen und technischen Zusammenhänge vertieft erarbeitet worden ist.

- Bevor man genügend vertiefte Architekturvorgaben erarbeitet hätte, wären sie aufgrund der *hohen Änderungsdynamik* der IT-Landschaft (Kapitel 5 »Die Änderungsdrücke auf die IT-Unterstützung«) bereits veraltet.

- Vor allem bei einem Großunternehmen stark in Erscheinung tretende hohe Anzahl parallel laufender Vorhaben, die Aufgabenvielfalt und -komplexität, die verschiedenen organisatorischen Auftraggeber und Interessengemeinschaften usw. sind weitere Gründe gegen einen reinen Top-down-Ansatz.

Somit ist klar, dass Architekturvorgaben meistens nicht im Voraus vollständig definiert, geplant und vorgegeben werden können, sondern dass sie oft nur im Rahmen konkreter Vorhaben detailliert ausgearbeitet, überprüft und allenfalls korrigiert werden können. Es drängt sich eine *Fokussierung der Architekturtätigkeit* auf. Es sind zuerst die essenziellen Zusammenhänge der Ist-Architektur und anschließend die initialen Soll-Architekturergebnisse zu erarbeiten. Die initialen Soll-Architekturergebnisse bestehen aus der Ausarbeitung von Architekturvorgaben und der Planung von Architekturinvestitionen für die jeweiligen Domänen.

> Bei der Definition von initialen Architekturvorgaben ist eine Fokussierung auf Anwendungs- und Plattformarchitektur hilfreich. Dies kann z. B. die Anwendungsbildung, Festlegung der erlaubten Schnittstellen zwischen den Systemen, Festlegung der Mastersysteme für die Daten, Festlegung der eingesetzten Betriebs- und Entwicklungsplattformen oder Ähnliches sein. Bei der Begleitung und Unterstützung von Vorhaben sollte man auf Vorhaben fokussieren, welche aus Architektursicht schwerwiegende Fakten in der IT-Landschaft schaffen.

Das Betreiben von IT-Architektur ist ein Annäherungsprozess zwischen einer Soll- und Ist-Architektur. Die Annäherung der Ist-Architektur an die Soll-Architektur erfolgt dadurch, dass die über die gesamte IT-Landschaft verteilten, in der Regel kleineren[125], jedoch in sich abgestimmten Architekturumsetzungen sich summieren und gegenseitig positiv beeinflussen. Je länger dieser Prozess gelebt wird, desto größer wird die Wahrscheinlichkeit, dass die aktuell laufenden Vorhaben, wie Projekte oder Wartungsaufträge, von den bereits gemachten und den parallel laufenden Architekturumsetzungen profitieren.

---

125 Diese Politik der kleinen Schritte ist in der Regel viel weniger riskant und besser kontrollierbar als »Big Bang«-Architekturprojekte.

Im Kern besteht ein erfolgreicher IT-Architekturprozess demnach aus einem iterativen Vorgehen, welches Veränderungen an der IT-Landschaft mit den Architekturvorgaben rückkoppelt mit dem Ziel, die Ist-Architektur der Soll-Architektur anzunähern (Abbildung 48).

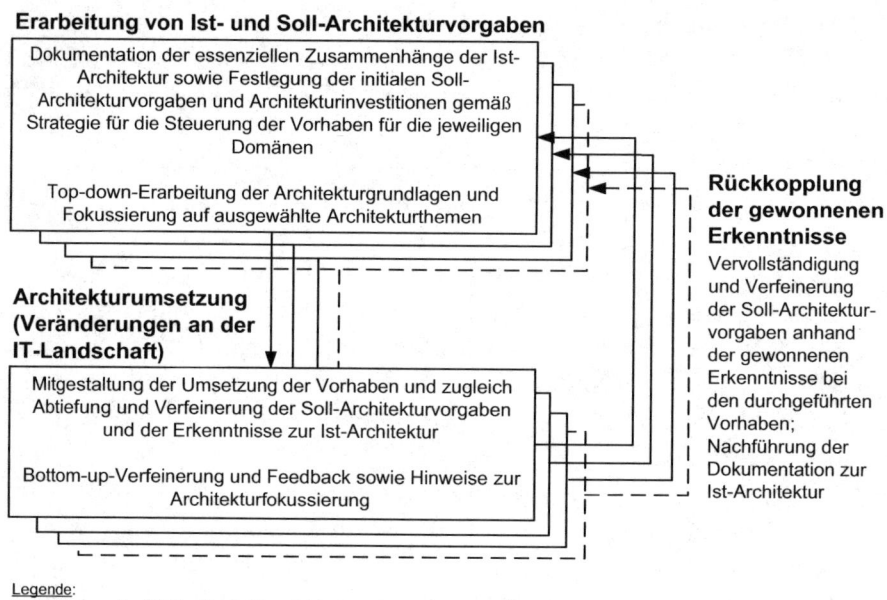

Abbildung 48 – Grundstruktur des IT-Architekturprozesses

Die in Abbildung 48 dargestellte Grundstruktur des IT-Architekturprozesses ist ein *Regelkreis*. Es handelt sich nicht um eine Steuerung. Im Gegensatz zur Regelung fehlt bei der Steuerung die fortlaufende Rückkopplung der Ausgangsgröße auf den Eingang des Reglers. Eine Steuerung geht davon aus, dass die Verarbeitung eindeutig ist und keine Störfaktoren auftreten können. Bei der IT-Architektur haben wir weder eine Eindeutigkeit der Verarbeitung noch das Fehlen von Störfaktoren (die Änderungsdrücke aus dem Business- und IT-Markt bzw. aus dem firmeninternen Markt).

> Der IT-Architekturprozess besteht aus folgenden Schritten:
> - Schwerpunktmäßige Festlegung der initialen Architekturvorgaben

- Formulierung der Zielvorgaben zu den einzelnen Architekturumsetzungen in den Vorhaben
- Koordination der Architekturmaßnahmen der einzelnen Vorhaben
- Integration der gewonnenen Erkenntnisse aus den Vorhaben in Form von Anpassungen und Erweiterungen der bestehenden Architekturvorgaben (Rückkopplung)

Die Rückkopplung unseres Regelkreises stellt eine Mitkopplung[126] dar, welche über einen längeren Zeitraum zu einer positiven Eigendynamik führt.

14.1.2 IT-Architektur als Qualitätsprozess

Die IT-Architektur kann als ein *in den übrigen operativen Prozessen mehrheitlich integrierter Qualitätsprozess* verstanden werden. Die operativen Prozesse sind hinsichtlich der Erreichung ihrer jeweiligen Qualitätsziele (bei der IT-Architektur die Lösungsqualität) entsprechend zu modellieren. D. h., die notwendigen Arbeitsschritte zur Qualitätserreichung sind im jeweiligen Prozess direkt berücksichtigt und werden nicht durch einen separaten »Qualitätsprozess« nebenläufig begleitet. Diese »Integration« ist der Kerngedanke eines jeden TQM-Ansatzes.

Ein wichtiger Erfolgsfaktor für die IT-Architektur ist die frühzeitige Involvierung der zuständigen Architekturstellen als zwingend auszuführende Arbeitsschritte in den operativen Prozessen sowohl bei der Projekt- als auch bei der Wartungsarbeit.

Die eigentlichen Architekturumsetzungsarbeiten erfolgen also direkt in diesen operativen Prozessen. Einzig die initiale Erarbeitung der Ist- und Soll-Architekturergebnisse sowie die stetige Einarbeitung der gewonnenen Erkenntnisse aus der Involvierung der IT-Architektur in den operativen Prozessen erfolgt außerhalb dieser Prozesse.

---

126 Der Begriff Mitkopplung stammt aus der Regelungstechnik und beschreibt (sehr vereinfacht) den Umstand, dass Inputsignale (hier: Architekturbemühungen) sich selbst verstärken und aufschaukeln (hier: stete Annäherung an die sich selbst laufend verändernden Architekturvorgaben).

14.1.3 Art der prozessualen Einflussnahme

IT-Architektur kann auf zwei Arten auf Prozesse Einfluss ausüben: einerseits auf deren Ergebnisse, andererseits auf die Gestaltung der Prozesse selbst. Welche Ergebnisse eines Prozesses architekturrelevant sind, ist aufgrund der eindeutigen inhaltlichen Ausrichtung der IT-Architektur (IT-Landschaft) wesentlich einfacher zu bestimmen als ihr Einfluss auf die Prozessgestaltung (welche Art von Prozessgestaltung erhöht die Lösungsqualität?).

Wird über die IT-Architektur auf die Ergebnisse eines Prozesses eingewirkt, so handelt es sich dabei um eine Form der Qualitätssicherung (analytisches Qualitätsmanagement). Je später ein Architekt das Ergebnis zu Gesicht bekommt, desto weniger kann er darauf Einfluss nehmen, oder die Korrektur wird entsprechend teurer. Bei der Einflussnahme auf die Prozessgestaltung durch die IT-Architektur handelt es sich um konstruktives Qualitätsmanagement. Die Festlegung, dass jedes Projekt einen Projektarchitekten haben muss, oder wann Architektur-Reviews durchgeführt werden müssen, sind beispielsweise prozessuale Einflussnahmen der IT-Architektur auf den Projektabwicklungsprozess.

14.1.4 Architekturrelevante Prozesse

Prozesse sind architekturrelevant, wenn sie die IT-Landschaft direkt oder indirekt beeinflussen (Kapitel 3.8.5 »IT-Architektur als Instrument für die Ressourcenoptimierung«).

> Architekturrelevant sind nicht nur Prozesse, welche sich innerhalb der Informatikorganisation abspielen, sondern auch Prozesse zwischen der Business- und Informatikorganisation.

Die Informatikorganisation muss ihre Schnittstellenprozesse zusammen mit den Businesseinheiten definieren. Eine business- und IT-übergreifende Prozesssicht ist Voraussetzung, dass für die Leistungserbringung der Informatikorganisation maßgebende Prozesse klar geregelt und abgestimmt sind und dass sie von allen akzeptiert werden. Wird z. B. die Einhaltung des im Change- und Release-Managementprozess festgelegten Abgabetermins für Fachspezifikationen durch das Business nicht ernst genommen, so wird sich dies auf die Qualität der umgesetzten Anforderungen auswirken, indem unter Umständen von der Informatikorganisation die geplanten Testaufwände reduziert werden. Dies führt wiederum zu einer größeren Fehlerrate in der Produktion und schlussendlich zu einer negativen Einschätzung der IT-Unterstützung.

Die *aus IT-Architektursicht maßgebenden Prozesse zwischen der Business- und Informatikorganisation* sind unter anderem:

- der Strategieprozess (inkl. Projektportfoliomanagement);
  Grund:
  Der Strategieprozess liefert die Gestaltungsvorgaben für die IT-Architektur. Umgekehrt ist er auch das Instrument, um Architekturvorhaben im Projektportfolio zu platzieren.

- Budgetierungsprozess;
  Grund:
  Der Budgetierungsprozess liefert die finanziellen Rahmenbedingungen, auch für die IT-Architektur.

- Auftragsprozess;
  Grund:
  Im Auftragsprozess werden die konkreten Anforderungen an die IT-Unterstützung erarbeitet. Hier muss die IT-Architektur frühzeitig involviert werden, damit einerseits die Lösungsqualität festgelegt werden kann sowie mögliche Konsequenzen auf die IT-Landschaft aufgezeigt werden können, anderseits die Strategiekonformität gewahrt und vorhandene Synergien genutzt werden können.

- Change- und Release-Managementprozess;
  Grund:
  Im Change-Managementprozess wird u. a. über die Durchführung von Aufträgen (Changes) bestimmt. Hier muss die IT-Architektur vertreten sein, damit Aufträge, welche die wirtschaftliche Bereitstellung der IT-Landschaft einschränken, kritisch bezüglich ihres Gesamtnutzens für das Unternehmen hinterfragt werden.

- Problem- und Incident-Managementprozess;
  Grund:
  Erkennt man bei Incidents (an den Helpdesk des IT-Betriebs gemeldete Störungen in der IT-Unterstützung) einen systemischen Zusammenhang, so wird ein sogenanntes Problem eröffnet. Der Problem-Managementprozess liefert Hinweise bzgl. konzeptioneller Probleme oder mangelnder Lösungsqualität in der IT-Landschaft.

Beim Auftragsprozess wird zwischen Projekt- und Wartungstätigkeit unterschieden. Der Ablauf von Projekten sollte in einer Informatikorganisation geregelt sein, von der Projektinitialisierung bis hin zur Einführung und Beendigung des Projekts. In diesem Projektabwicklungsprozess muss die Architekturtätigkeit verankert werden – einerseits bei der Definition der Lieferergebnisse selbst, andererseits in der prozessualen Einbindung der Architektur.

Für die Wartungsarbeit ist ein Change- und Release-Managementprozess zu definieren. In diesem Change- und Release-Managementprozess werden die funktionalen Änderungen und Erweiterungen (Changes) sowie Fehlerkorrekturen koordiniert produktiv gesetzt.[127] Bei größeren Anwendungslandschaften, an denen unterschiedliche Entwicklungsteams beteiligt sind, werden die vorgenommenen Änderungen über einen Testprozess in die Produktion gebracht. Auch »Changes« können architekturrelevante Veränderungen an der IT-Landschaft herbeiführen – umso mehr, wenn man bedenkt, dass ca. 60 % eines IT-Budgets für die Wartung der IT-Unterstützung verwendet werden. Die IT-Architektur hat in die sogenannten »Maintenance Committees« Einsitz zu nehmen, welche die Changes beurteilen und bewilligen, damit Changes nicht unkontrolliert in die IT-Landschaft gelangen.

Die *innerhalb der Informatikorganisation aus IT-Architektursicht maßgebenden Prozesse* sind unter anderem:

- der Softwareentwicklungs- und Integrationsprozess;
  Grund:
  Hier werden konkrete Fakten in der IT-Landschaft geschaffen. Die IT-Architektur kann konstruktive Qualitätsmanagementvorgaben, wie z. B. die zwingende Anwendung von Softwaredokumentationsvorlagen, vorschreiben. Die IT-Architektur legt fest, in welcher Phase und in welcher Form welche Architektur-/Designaussagen zu dokumentieren und von der Architektur zu bewilligen sind.

---

[127] Projekte müssen sich bei ihren Einführungen in der Regel an den Change- und Release-Managementprozess der jeweiligen Informatikorganisation halten, sprich ihre Projektplanung mit deren vorgegebenen Release-Terminen koordinieren.

- der Einkauf[128] von IT-Betriebsmitteln;
  Grund:
  Auch hier werden konkrete Fakten für die IT-Landschaft geschaffen. Die frühzeitige Involvierung und Beteiligung der IT-Architektur an der Entscheidungsfindung ermöglichen die Beschaffung von IT-Betriebsmitteln, welche architekturkonform sind.

- das Configuration Management in IT-Entwicklung und IT-Betrieb;
  Grund:
  Ohne ein korrekt funktionierendes Configuration Management in IT-Entwicklung und IT-Betrieb funktioniert keine effiziente Bereitstellung der IT-Landschaft. Das Configuration Management ist Herz und Basis für die Zuverlässigkeit von Architekturaussagen und operativer Wirksamkeit der IT-Architektur. Des Weiteren hängt der Nutzen von IT-Architektur-Repositories direkt von der Qualität des Configuration Management ab. (Beispiel: Wird in einem IT-Architektur-Repository von einer Anwendung X gesprochen, so muss das Configuration Management sicherstellen, dass eine eindeutige Verbindung von der Anwendung X zum zugehörigen, in einem Configuration-Management-System verwalteten Code gemacht werden kann.)

- der Build-und-Deployment-Managementprozess;
  Grund:
  Der Build-und-Deployment-Managementprozess definiert die Schnittstelle zwischen dem Build Management auf Entwicklungsseite und dem Installation Management auf Betriebsseite. Das Build Management auf Entwicklungsseite setzt auf dem Configuration Management der IT-Entwicklung auf, das Installation Management auf dem Configuration Management des IT-Betriebs. Somit legt der Build-und-Deployment-Managementprozess (in der Praxis leider meist implizit) auch die Verantwortlichkeiten des Configuration Management auf Entwicklungs- und Betriebsseite fest. Das Configuration Management der IT-Entwicklung definiert, welche Ressourcen-/Konfigurationsangaben der Anwendung bzw. Softwarekomponente zugehörig sind und dort verwaltet werden

---

128 Anstelle des Begriffs Einkauf werden auch die Begriffe Beschaffung, Sourcing oder Supply-Management verwendet. Der Einkaufsprozess wird häufig unterteilt in folgende drei Prozesse: strategisches Sourcing, Procurement, Order-Management. Die Klärung, was wo zu bestellen ist, ist Aufgabe des strategischen Sourcings und bei einfachen Bestellungen des Procurements. Das Order-Management ist die operative Abwicklung der Bestellung (Terminüberwachung usw.).

müssen. Das Gleiche gilt für das Configuration Management des IT-Betriebs, jedoch was die betriebliche Infrastruktur angeht. Erst dadurch wird die Basis gelegt, um Deployment-Portale innerhalb einer Informatikorganisation aufbauen zu können, den Interaktionsaufwand zwischen IT-Entwicklung und IT-Betrieb zu minimieren sowie eine Entkopplung der beiden Configuration-Management-Systeme zu erwirken. (Ein Beispiel, was mit Entkopplung gemeint ist: Verlegt der IT-Betrieb eine Anwendung auf einen neuen Server, so darf es nicht sein, dass die IT-Entwicklung die alte Server-URL als Ressourcenangabe in ihrem Configuration Management verwaltet oder dass das von der IT-Entwicklung an den IT-Betrieb übergebene Softwareauslieferungspaket überarbeitet werden muss.)

- die Festlegung von Standards;
  Grund:
  Die Festlegung von Standards kann neue Anforderungen oder Änderungen an der IT-Unterstützung bzw. an den IT-Betriebsmitteln und an den angewandten Technologien hervorrufen. Die Festlegung von Standards ist als eigenständiger Prozess zu regeln. Hierbei ist in jedem Unternehmen zu klären, welche Art von Standards und welche Themenbereiche in einem Unternehmen durch die IT-Architektur zu bewilligen sind und welche nicht. Zum Beispiel ist die Festlegung der Software-Engineering-Methode in einem Unternehmen eine architekturrelevante Standardisierung.

14.2 Aufbauorganisatorische Überlegungen

Um den aufbauorganisatorischen Rahmen für die IT-Architektur festlegen zu können, müssen die Aufgaben, Kompetenzen und Verantwortlichkeiten, die je nach Teilarchitektur unterschiedlich sind, analysiert und diesen zugeordnet werden.

> Für die Implementierung eines erfolgreichen IT-Architekturprozesses muss in einem Unternehmen klar geregelt sein, welche Architekturvorgaben auf welcher Stufe der Organisationshierarchie ausgearbeitet werden, auf welcher Stufe der Organisationshierarchie die Qualitätssicherung dieser Architekturvorgaben sowie der Architekturergebnisse aus der Projekt- und Wartungsarbeit stattfindet und auf welcher Stufe der Organisationshierarchie schlussendlich die Genehmigung erfolgt.

Wir werden zuerst die konzeptionellen Überlegungen zu Aufgaben, Kompetenzen und Verantwortlichkeiten erläutern, dann ordnen wir die Teilarchitekturen und die damit verbundenen Architekturergebnisse einer exemplarischen Organisationshierarchie zu. Anschließend stellen wir einen in eigener Praxis bewährten Ansatz für die Steuerung und Genehmigung von Architekturumsetzungen vor und erörtern die damit verbundene Arbeitsweise.

14.2.1 Konzeptionelle Überlegungen zu Aufgaben, Kompetenzen und Verantwortlichkeiten

Folgende konzeptionelle Überlegungen zu Aufgaben, Kompetenzen und Verantwortlichkeiten sind für die aufbauorganisatorischen Festlegungen zur IT-Architektur zu beachten:

- Die IT-Architektur hat sich an den durch die Businessarchitektur definierten Business- und Technologiedomänen zu orientieren (Kapitel 4.5 »Domäneneinfluss auf die Architekturergebnisse«) unter der Annahme, dass die Domänenbildung mit der Organisationsstruktur übereinstimmt. Auf Informatikseite werden die Domänen durch die IT-Entwicklungseinheiten und die Technologiedomänen durch die IT-Betriebseinheiten abgebildet. Ein Team für Storage und Datenbanken oder ein Team für Middleware und Integrationstechniken sind Beispiele für die organisatorische Abbildung von Technologiedomänen.

- Architekturergebnisse von größerer Tragweite sind aus naheliegenden Gründen auf einer höheren Stufe der Organisationshierarchie zu beurteilen und zu genehmigen als Architekturergebnisse mit geringerer Tragweite (Kapitel 4.4 »Übersicht über die Architekturergebnisse«).

- Jeder IT-Linienmanager hat in seinem Geltungsbereich mit dafür zu sorgen, dass die IT-Unterstützung wirtschaftlich erbracht wird. Leider sind sich dessen nicht alle bewusst, insbesondere was die Konsequenzen auf ihr Jobprofil anbelangt, sprich mehr Architekturverständnis und –können (siehe Kapitel 15 »Das Paradoxon der IT-Architektur«). *Damit die IT-Linienmanager in die Pflicht genommen werden können, muss die Entscheidung einer Architekturveränderung zusammen mit den dafür verantwortlichen Organisationseinheiten getroffen werden.*

- Werden Architekturentscheidungen zum Nachteil der Systeme eines kostenverantwortlichen IT-Linienmanagers (in der Regel ab Stufe eines IT-Abteilungsleiters) getroffen, so müssen mindestens die Konsequenzen[129] transparent gemacht werden. *Die Priorisierung von Architekturinvestitionen darf nicht getrennt von den Kostenstellen- bzw. Budgetverantwortlichkeiten geschehen.*

- Die Anpassung der Soll-Architektur und die Vornahme von Architekturinvestitionen sind unter der Berücksichtigung der Änderung der Lösungsqualität vorzunehmen.[130] Es darf z. B. nicht vorkommen, dass ein IT-Abteilungsleiter, der seine Systeme verkümmern lässt, in der Budgetierungsrunde »belohnt« wird, indem er zusätzliche Mittel zum Aufräumen erhält.

- Architekturinvestitionen sind durch unabhängige Architekten zu reviewen, damit übergeordnete, gesamtarchitektonische Vorgaben eingehalten und, mit diesen abgestimmt, Interessenkonflikte aufgedeckt und gelöst werden.

14.2.2 Zuordnung der Teilarchitekturen an die Aufbauorganisation

Wir ordnen die einzelnen Teilarchitekturen und somit die damit verbundenen Architekturergebnisse einer exemplarischen Organisationshierarchie zu (Abbildung 49).

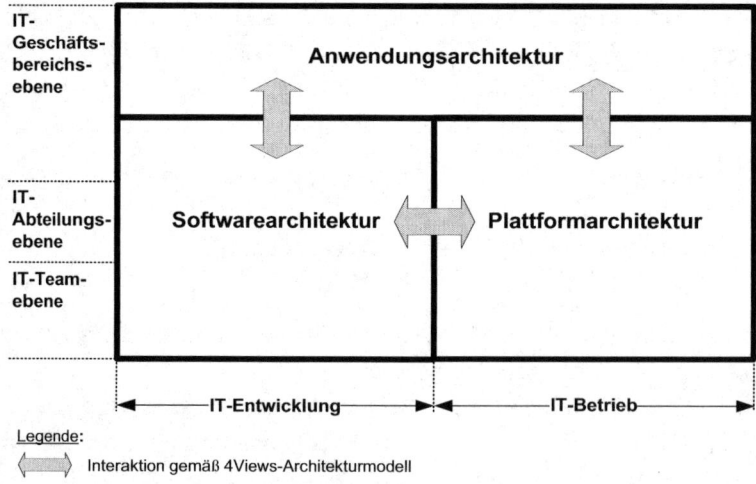

Abbildung 49 – Zuordnung der Teilarchitekturen an eine exemplarische Organisationshierarchie

---

[129] Konsequenzen wären beispielsweise, dass neue Anforderungen weniger rasch umgesetzt werden können oder dass der Sockelaufwand für die Wartungstätigkeit steigt.

[130] Es können Änderungen an der IT-Landschaft und somit an der Ist-Architektur vorgenommen werden, die keinen Einfluss auf die Lösungsqualität und somit auf die Soll-Architektur(maßnahmen) haben.

Die inhaltliche Architekturtätigkeit zur Software- und Plattformarchitektur findet in der Regel auf der Stufe eines Teams und einer Abteilung statt (Abbildung 49). Grundsatzentscheidungen zur Software- und Plattformarchitektur, welche mit einer entsprechenden Ausgestaltung der anderen IT-Ressourcen (IT-Personal, IT-Managementsystem) abgestimmt sein müssen und somit eine große Tragweite aufweisen, werden auf der Stufe des einzelnen Geschäftsbereichs oder der gesamten Informatikorganisation getroffen (dargestellt in Abbildung 49 dadurch, dass die IT-Geschäftsbereichsebene in die Software- und Plattformarchitektur hineinragt). Die Anwendungsarchitektur, insbesondere die Ausgestaltung der Anwendungslandschaft mit Festlegung der erlaubten Schnittstellen, ist auf der Stufe eines Geschäftsbereichs oder der Informatikorganisation anzusiedeln.

14.2.3 Architecture Boards als Entscheidungsgremien

Wie eine mögliche Steuerung und Genehmigung der Architekturumsetzungen und der vorgängig vorzunehmenden Ausarbeitung der Ist- und Soll-Architekturergebnisse in unserem Beispiel aussehen könnte, zeigt die Abbildung 50.

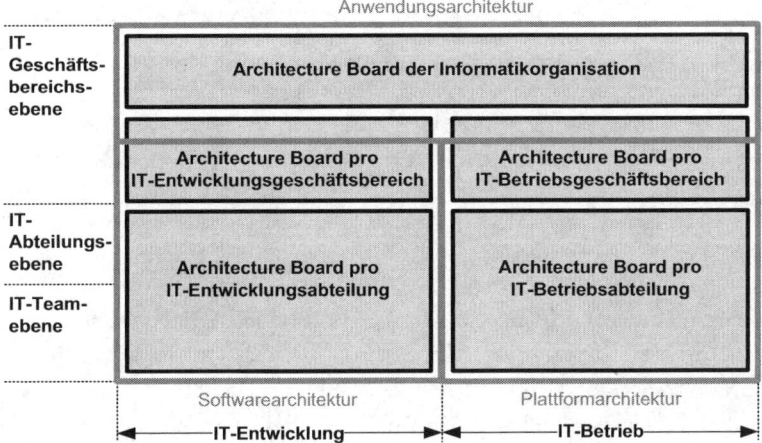

Abbildung 50 – Architecture Boards als Steuerungs- und Genehmigungsgremien

Die Steuerung und Genehmigung der Architekturumsetzungen und der vorgängig vorzunehmenden Ausarbeitung der Ist- und Soll-Architekturergebnisse erfolgen in sogenannten *Architecture Boards*.

> Das Prinzip der strukturellen Aufteilung der Steuerungs- und Genehmigungskompetenz in Architecture Boards besteht darin, dass in einem Architecture Board die Leitplanken und Gestaltungsfreiheiten für die Architekturtätigkeit der jeweils weiter unten angesiedelten Architecture Boards definiert werden.
>
> Dies geschieht dadurch, indem das Architecture Board der Informatikorganisation festlegt, welche Architekturfragen direkt auf seiner Stufe zu erörtern sind und die inhaltlichen Architekturgrundlagen erarbeitet, welche als Leitplanken für die Architecture Boards der jeweiligen Geschäftsbereichseinheiten gelten. Eine solche Definition der zu behandelnden Architekturfragen und Erarbeitung der Leitplanken wird auf jeder Architecture-Board-Stufe gemacht.

Änderungsanträge zu den formulierten Leitplanken bzw. Architekturgrundlagen werden somit vom jeweiligen Architecture Board über die Architecture-Board-Hierarchie bis zu demjenigen Architecture Board herangetragen, welches die Leitplanken festgelegt hat.

Berücksichtigen wir die zuvor gemachten Überlegungen, so ergeben sich für die Strukturierung der Steuerungs- und Genehmigungskompetenz eindeutige Aufteilungskriterien, u. a. dafür, auf welcher Stufe ein Architecture Board angesiedelt sein muss.

> Ein Architecture Board muss mindestens auf der Stufe einer Kostenstelle angesiedelt werden. Der Kostenstellenverantwortliche bzw. Linienmanager der jeweiligen Führungsstufe hat darin Einsitz zu nehmen, damit das Architecture Board eine Wirkung erzielen kann.
>
> Mit den Linienmanagern (z. B. im Architecture Board einer IT-Abteilung der Abteilungsleiter[131] und seine Teamleiter) sind auch diejenigen Personen im Architecture Board, welche die operativen Prozesse verantworten müssen. Eine Ressourcen- und Priorisierungsentscheidung oder die Einleitung von Maßnahmen können dadurch in der Regel im Architecture Board direkt getroffen werden.
>
> Neben den Linienmanagern muss in einem Architecture Board der zuständige Domänenarchitekt Einsitz nehmen. Der Domänenarchitekt ist der

---

[131] In unserem Beispiel besitzt eine IT-Abteilung zugleich eine Kostenstelle.

ranghöchste IT-Architekt seiner Domäne. Er leitet das Architecture Board. Bei größeren Projekten, welche in der Linienorganisation laufen, sollte der jeweilige Projektarchitekt während der Projektlaufzeit im zuständigen Architecture Board der entsprechenden Linie Einsitz nehmen können.

Auf der Stufe eines IT-Geschäftsbereiches sowie auf der Stufe der Informatikorganisation hat ein Businessarchitekt Einsitz in das jeweilige Architecture Board zu nehmen. Der Businessarchitekt als Vertreter der Unternehmensarchitektur sowie der entsprechenden Businessorganisation sollte den Qualitätsanspruch an die IT-Landschaft dem Architecture Board argumentieren können, damit das Architecture Board Entscheidungen im Sinne der anzustrebenden Lösungsqualität treffen kann. Eine gute Zusammenarbeit zwischen dem Business- und Domänenarchitekten hilft allfällige Spannungsfelder zu reduzieren und leistet einen wesentlichen Beitrag an das Business/IT-Alignment.

Oft entspricht die Informatikorganisation nicht der Aufteilung der – real existierenden – Domänen. Ähnlich sieht es bei den Technologiedomänen aus. Selten werden diese klar benannt und in der Informatikorganisation eindeutig abgebildet.[132] Dieses Problem tritt auf, wenn das Domänenbewusstsein im Unternehmen mangelhaft ist. Bei einer solchen Konstellation steht die IT-Architektur vor dem Dilemma, ob sie eigene »IT-Architekturdomänen« nach sachlogischen Kriterien definiert mit dem Risiko, dass keine eindeutigen Sponsoren gefunden werden können, oder ob sie sich nach den organisatorischen Befindlichkeiten organisiert mit dem Risiko, dass dadurch die Architekturarbeiten inhaltlich erschwert werden. Dies verdeutlicht auch, dass eine korrekte und weitsichtige Domänenbildung ein Schlüsselelement für eine stabile Organisation ist – und auch für die eigene Veränderbarkeit: Eine korrekte Domänenbildung hilft der Organisation, sich nach einer Reorganisation inhaltlich schneller und kontrollierter auszurichten. Wer kennt sie nicht, die Beschäftigung mit organisatorischen (strukturellen) Altlasten, welche bei einer Reorganisation zum Vorschein kommen.

---

132 Falls doch vorhanden, wird für solche Organisationseinheiten häufig der Begriff »Competence Center« gebraucht.

14.2.4 Arbeitsweise der Architecture Boards

Die initialen Ist- und Soll-Architekturergebnisse werden durch die verschiedenen Architecture Boards ausgearbeitet und die Erkenntnisse aus der Projekt- und Linienarbeit dort wieder integriert. D. h. aber auch, dass *eine aktive Mitarbeit der Architektur in den Projekten unabdingbar* ist (Projektarchitekten). Die architekturkonforme Durchführung der Wartungstätigkeit ist ebenfalls durch die Architektur sicherzustellen.

Die inhaltliche Ergebnisausarbeitung in einem Architecture Board obliegt in der Regel dem Domänenarchitekt, welcher auf die IT-Architekten und auf das Spezialisten-Know-how der Linie Zugriff haben muss. Ein IT-Architekt ist auf derjenigen Organisationsstufe anzusiedeln, für welche er die Architekturergebnisse ausarbeitet, Weisungsbefugnisse besitzt und somit dafür architektonisch verantwortlich ist.

Durch die Ansiedelung der IT-Architekten bei ihrem Verantwortungsbereich und durch ihre operative Involvierung bei Projekten und Wartungsvorhaben wird verhindert, dass sie die »Praxisnähe« verlieren. Die IT-Architekten müssen z. B. in der Lage sein, die langfristigen strategischen Entwicklungen im Unternehmen mit den harten, relativ kurzfristigen Anforderungen der Projekte in Einklang zu bringen. Damit diese »Praxisnähe« der IT-Architekten erhalten bleibt, ist das Folgende vorzusehen:

- Man sollte für eine systematische Rotation der Mitarbeiter sorgen. D. h., die IT-Architekten müssen – permanent oder zeitweise – in Projekten mitarbeiten. Und zwar substanziell, mit echter Verantwortung für den Projekterfolg. Umgekehrt sollten auch die Architekten aus den Projekten zeitweise bei den Ist- und Soll-Architekturergebnissen mitarbeiten, damit ihre Erkenntnisse aus der Praxis möglichst früh einfließen können.

- Es muss allerdings auch sichergestellt werden, dass die IT-Architekten nicht permanent von Projekten »abgesaugt« werden, sodass sie gar nicht mehr zu übergreifender Architekturarbeit kommen.

- Die Architekturarbeit muss regelmäßig und systematisch auf ihre Wirksamkeit geprüft werden. Dies geschieht durch Messung der Zufriedenheit ihrer internen »Kunden« im Hinblick auf die Umsetzbarkeit sowie der tatsächlich erfolgten Umsetzung, der erhaltenen Ratschläge sowie der Unterstützung, die bei der Umsetzung gegeben wurde. Geeignete Metriken sollten entwickelt und angewendet werden.

- Die Weiterbildung der IT-Architekten bzw. Linien- und Projektarchitekten muss geregelt werden; entsprechende Budgets (insbesondere Arbeitszeitbudgets) müssen dafür eingeplant werden.
- Ein regelmäßiger Erfahrungsaustausch zwischen den IT-Architekten der Architecture Boards ist zu institutionalisieren, z. B. monatliche Workshops.

Alle oben erwähnten Maßnahmen basieren auf einer fundamentalen Erkenntnis über den Technologietransfer:

> Wissen wird nur dann effektiv und effizient transferiert, wenn man die Köpfe, in denen das Wissen steckt, mit transferiert [Bell-McNamara].

Die Fähigkeiten, die ein Architekt mitbringen muss, haben wir bereits im Kapitel 12 »Vom Entwickler zum IT-Architekten« erörtert.

14.3 Erhöhung des Einflusses der IT-Architektur

In unserem Ansatz der Gestaltung des IT-Architekturprozesses wird die IT-Linie bzgl. ihrer Fachkompetenz für die Beurteilung und Mitgestaltung architektonischer Ergebnisse stark in die Pflicht genommen, siehe Kapitel 15 »Das Paradoxon der IT-Architektur«. Diese Aufgabe und die Verantwortung können zu einem gewissen Teil delegiert werden – nämlich an die in den Architecture Boards einsitzenden IT-Architekten.

> Der Einfluss der IT-Architektur kann weiter massiv erhöht werden, wenn der IT-Architekt auf die Leistungsbeurteilung von Entwicklern, Projektleitern und unter Umständen von IT-Führungskräften Einfluss nehmen kann. Der Beurteilungsmaßstab ist die Einhaltung und korrekte Umsetzung der Architekturvorgaben. Der Einfluss könnte von der indirekten Mitbestimmung bei Bonuszahlungen bis hin zur Karrieresteuerung gehen.

15 Das Paradoxon der IT-Architektur

Die Architekturarbeit fängt in der Linie an. Die Übernahme von Architekturverantwortung ist eigentlich ein Grundauftrag eines jeden IT-Managers.

Der IT-Linienmanager mit Kostenstellenverantwortung hat die finanziellen Möglichkeiten, Architekturinvestitionen zu tätigen. Dies bedingt jedoch ein Verständnis der Bedeutung der IT-Architektur durch den IT-Linienmanager. Eine Architekturinvestition durch die Instanzen durchzubringen bedingt zudem Durchhaltewillen und Geschick. Z. B. kommt ein Refactoring eines existierenden Systems, obwohl es sich unter Umständen rechnen lässt, aus Prioritätsgründen selten durch die Bewilligungsinstanzen (siehe Kapitel 6.4 »Architekturinvestitionen – eher ad hoc als geplant«).

Das Problem fängt jedoch nicht erst bei der Priorisierung der Vorhaben an. In der Realität ist sich ein IT-Linienmanager mit Kostenstellenverantwortung, z. B. ein Abteilungsleiter, seiner Architekturverantwortung nicht bewusst – seine eigene Rekrutierung erfolgte ebenfalls ohne die Erbringung eines Nachweises seines Architekturverständnisses. Die von ihm benannten Teamleiter haben meist ebenfalls zu wenig Architekturerfahrung und -fähigkeiten, da der Abteilungsleiter nicht erkennt, dass ein Teamleiter ein sehr gutes Architekturverständnis für seinen Bereich mitbringen muss. Das ist das eigentliche Paradoxon der IT-Architektur: Ein Abteilungsleiter hat die finanziellen Möglichkeiten, Architekturinvestitionen zu tätigen, besitzt aber das Architekturverständnis nicht. Der Architekt hat das Architekturverständnis, aber meist nicht das politische Geschick und Interesse, um Abteilungsleiter zu werden.

Falls ein IT-Abteilungsleiter dieses Architekturverständnis hat, so braucht es dennoch Mut und politisches Geschick, um in einer architekturaversen Organisation, z. B. unter dem Label »konstruktive Wartung«, Architekturinvestitionen wie das angesprochene Refactoring eines Systems vorzunehmen. Falls der Abteilungsleiter ein solch großes Refactoring durchziehen lässt und das Vorhaben scheitert, dann nimmt sein Umfeld großen Abstand von ihm. Obwohl jeder zu einem gewissen Grad involviert war, hat niemand davon gewusst, oder das

Umfeld hat nicht gewusst, dass es sich um ein so großes Unterfangen handelte. Der Jobverlust des Abteilungsleiters ist garantiert …

Eine weitere Facette der paradoxen Welt der IT-Architektur ist der architekturaffine IT-Abteilungsleiter, der seine Abteilung fit macht und die Wartbarkeit seiner IT-Systeme massiv erhöht und somit sein Weiterentwicklungsbudget mit den aus dem Wartungsbudget frei werdenden Mitteln über die Zeit aufstockt. Bei einer Kostensenkungsrunde muss er »zur Belohnung« ebenfalls bluten, und er muss seine auf eine Performance-Kultur eingestellte Mannschaft im gleichen Verhältnis reduzieren wie die anderen Abteilungen, die nichts gemacht haben. Oder noch schlimmer: Da alle Weiterentwicklungsbudgets radikal zusammengestrichen werden, muss er mehr Leute abbauen als die anderen, da ja der Handlungsdruck bei den anderen Abteilungen liegt und sie das Geld dringender benötigen.

16 Schlusswort

Wir sind in diesem Buch von einem betriebswirtschaftlichen Ziel der IT-Architektur ausgegangen und haben gesehen, welche Rolle dabei die drei IT-Ressourcen IT-Landschaft, IT-Personal und IT-Managementsystem spielen:

> Eine flexible und angemessen leistungsfähige IT-Landschaft ist Voraussetzung für die Erreichung der betriebswirtschaftlichen Ziele eines Unternehmens.
>
> Eine gut organisierte und gelebte IT-Architektur schafft eine flexible und angemessen leistungsfähige IT-Landschaft, d. h. eine IT-Landschaft mit einer auf das Unternehmen ausgerichteten und angemessenen Lösungsqualität.
>
> Gut ausgebildetes und erfahrenes IT-Personal ist Voraussetzung für *effektive* Architekturarbeit.
>
> Ein adäquates, tatsächlich gelebtes und stetig weiterentwickeltes IT-Managementsystem ist Voraussetzung für *effiziente* Architekturarbeit.

Es gibt keinen bequemen Königsweg für IT-Architektur, keine Patentrezepte, keine »silver bullets«. Es handelt sich um eine anspruchsvolle Tätigkeit mit typischerweise schwierigen innerbetrieblichen Randbedingungen. Je umfangreicher die geforderte IT-Unterstützung ist, desto größer ist die Komplexität, die eine Informatikorganisation bewältigen muss. Es ist eine dauernde Herausforderung an die IT-Architektur, durch die Informatik selbst die Komplexität nicht noch weiter unnötig in die Höhe zu treiben.

Modularisierung ist der Schlüssel zur Beherrschung von Komplexität – sowie zur Sicherstellung des als nötig erachteten Grades an Flexibilität für zukünftige Reaktionen auf äußere Änderungsdrücke. Modularisierung äußert sich auf IT-Architekturebene in der Bildung von Anwendungen, Komponenten, Services und Schnittstellen.

Die Leitung einer Informatikorganisation stellt eine besondere Herausforderung dar, da dort sowohl Managementfähigkeiten als auch Architekturverständnis zusammenkommen müssen. Ansonsten wird IT-Architektur – und damit die Wirtschaftlichkeit der IT – zu einem Glücksspiel:

Wir erinnern uns an einen Nachmittag, an dem die unserer Meinung nach fundierten Ergebnisse langer, harter und qualifizierter Arbeit beim Auftraggeber teilweise sehr gut ankamen, teilweise aber auch als haltlos und inhaltlich nichtssagend abgetan wurden. Ein halbes Dutzend Personen versuchten daraufhin herauszufinden, was die guten Ergebnisse von den schlechten Ergebnissen unterschied und wie wir weiter vorgehen sollten. Zwei Personen im Team kannten sich etwas in der Farbenpsychologie aus und bemerkten, dass die Grafiken der guten Ergebnisse in Sommerfarben gestaltet waren, während die inhaltlich minderwertigen Abbildungen in Winterfarben gehalten waren. Wir gestehen, an diesem Nachmittag keine bessere Idee gefunden zu haben, als die Abbildungen neu einzufärben. Interessanterweise mundete das alte, harte Brot in der neuen Färbung dem Auftraggeber und Sponsor hervorragend, und weitere Änderungen erübrigten sich.

17 Literatur

[Adams] Scott Adams
Das Dilbert-Prinzip
2000, Heyne Verlag

[ADMM] Open Group
URL: http://www.opengroup.org/architecture/togaf8-doc/arch/chap27.html

[ARIS Toolset] ARIS Platform
URL: http://www.ids-scheer.de/de/ARIS_Software_Software/7796.html

[AWS] Amazon Web Services
URL: http://aws.amazon.com/de/

[Bartling-Luzius] Hartwig Bartling, Franz Luzius
Grundzüge der Volkswirtschaftslehre
16. Auflage, 2008, Verlag Franz Vahlen München

[Bass-Clements-Kazman] Len Bass, Paul Clements, Rick Kazman
Software Architecture in Practice
2003, Addison-Wesley Professional

[Bauer] Joachim Bauer
Prinzip Menschlichkeit
Warum wir von Natur aus kooperieren
4. Auflage, 2008, Heyne Verlag

[Beck] Kent Beck
Extreme Programming – das Manifest
Die revolutionäre Methode für Softwareentwicklung in kleinen Teams
2000, Addison-Wesley

[Bell-McNamara] C. Gordon Bell, John E. McNamara
High-tech Ventures:
The Guide For Entrepreneurial Success
1991, Basic Books

[Brooks] Frederick P. Brooks
Vom Mythos des Mann-Monats
Essays zum Software-Engineering
2003, Mitp-Verlag

[Brown et al.] W. J. Brown; R. C. Malveau, H. W. McCormick, T. J. Mowbray
AntiPatterns: Refactoring Software, Architectures, and Projects in Crisis.
1998, John Wiley & Sons

[Buschmann et al.] F. Buschmann, R. Meunier, H. Rohnert, P. Sommerlad, M. Stal
Pattern-orientierte Software-Architektur. Ein Pattern-System
1998, Addison-Wesley-Longman

[Cassidy] Anita Cassidy
A Practical Guide to Information Systems Strategic Planning
1998, CRC Press

[Coase] R. H. Coase
The Firm, the Market and the Law
1990, The University of Chicago Press

[Clements-Kazman-Klein] Paul Clements, Rick Kazman, Mark Klein
Evaluating Software Architectures: Methods and Case Studies
2001, Addison-Wesley Professional

[Dörner] Dietrich Dörner
Die Logik des Misslingens
Strategisches Denken in komplexen Situationen
6. Auflage, 2007, rororo science

[Dubs et al.]	Rolf Dubs, Dieter Euler, Johannes Rüegg-Stürm, Christina E. Wyss Einführung in die Managementlehre, Band 3 2. Auflage, 2009, Haupt Verlag
[Fehr-Fischbacher]	Ernst Fehr, Urs Fischbacher The Nature of Human Altruism 2003, Nature 425: 785-791
[Fielding]	Roy Fielding Architectural Styles and the Design of Network-based Software URL: http://www.ics.uci.edu/~fielding/pubs/dissertation/top.htm
[Foucault]	Michel Foucault Analytik der Macht 2005, Suhrkamp Verlag
[Gamma et al.]	E. Gamma, R.Helm, R. Johnson, J. Vlissides Entwurfsmuster. Elemente wiederverwendbarer objektorientierter Software 2001, Addison-Wesley
[Gabler]	Gabler Wirtschaftslexikon 17. Auflage, 2009, Gabler Verlag
[Grant]	Robert M. Grant Contemporary Strategy Analysis 7. Auflage, 2010, John Wiley & Sons
[Grosby]	Philip B. Grosby Quality Without Tears The Art of Hassle-Free Management Neue Auflage, 1995, McGraw Hill Book
[Grünberger]	David Grünberger IFRS 2011: Ein systematischer Praxis-Leitfaden 9., überarbeitete Auflage, 2010, NWB Verlag;

[Hunt-Larus]	Galen Hunt, James Larus Singularity: Rethinking the Software Stack 2007, ACM SIGOPS Operating Systems Review
[IGC]	International Group of Controlling (IGC) (Hrsg.) Controller-Wörterbuch Deutsch – Englisch, Englisch – Deutsch 4., überarbeitete und erweiterte Auflage, 2010, Schäfer-Poeschel Verlag
[IFEAD]	Institute For Enterprise Architecture Developments URL: http://www.enterprise-architecture.info/
[ITIL]	IT Infrastructure Library (ITIL) URL: http://www.itil.org/de/vomkennen/itil/index.php
[itSMF]	ITSM Library IT Governance based on COBIT 4.1 A Management Guide 3. Auflage, 2007, Van Haren Publishing
[Jensen-Meckling]	Michael C. Jensen, William H. Meckling Theory of the firm: Managerial behavior, agency costs and ownership structure Journal of Financial Economics, Band 3, 4. Ausgabe, 1976, S. 305–360
[Keller]	Wolfgang Keller IT-Unternehmensarchitektur Von der Geschäftsstrategie zur optimalen IT-Unterstützung 2007, dpunkt Verlag
[Maier-Rechtin]	Mark W. Maier, Eberhardt Rechtin The Art of Systems Architecting Third Edition, 2009, CRC Press
[McCabe]	Thomas J. McCabe A Complexity Measure 1976, IEEE Transactions on Software Engineering

[Messerschmitt-Szyperski]	David G. Messerschmitt, Clemens Szyperski Software Ecosystem: Understanding an Indispensable Technology and Industry 2005, MIT Press
[Meyer]	Bertrand Meyer Applying »Design by Contract« 1992, IEEE Computer
[Müller-Lechner]	Günter Müller-Stewens, Christoph Lechner Strategisches Management Wie strategische Initiativen zum Wandel führen 3. Auflage, 2005, Schäfer-Poeschel Verlag
[Noll-Bachmann]	Peter Noll, Hans Rudolf Bachmann Der kleine Machiavelli Handbuch der Macht für den alltäglichen Gebrauch 2004, Piper Verlag
[OASIS]	OASIS URL: http://www.oasis-open.org/committees/download.php/19679/soa-rm-cs.pdf
[OData]	Microsoft URL: http://www.odata.org/
[Österle]	Hubert Österle Business Engineering Prozess- und Systementwicklung. Band 1: Entwurfstechniken 2. verbesserte Auflage, 1995, Springer Verlag
[Parnas]	David Lorge Parnas On the criteria to be used in decomposing systems into modules 1972, Communications of the ACM

[Patterson et al.]	M. Armbrust, A. Fox, R. Griffith, A. Joseph, R. Katz, A. Konwinski, G. Lee, D. Patterson, A. Rabkin, I. Stoica, M. Zaharia URL: http://www.eecs.berkeley.edu/Pubs/TechRpts/2009/EECS-2009-28.html
[Penrose]	Edith Penrose Theory of the Growth of the Firm 1959, überarbeitete Fassung 1995, Oxford University Press Inc., New York
[Peter-Hull]	Laurence J. Peter, Raymond Hull Das Peter-Prinzip 1972, Rowohlt Taschenbücher
[Rappaport]	Alfred Rappaport Shareholder Value: Ein Handbuch für Manager und Investoren 2. Auflage, 1999, Schäffer-Poeschel Verlag
[Richardson-Ruby]	Leonard Richardson, Sam Ruby RESTful Web Services 2007, O'Reilly Media
[Roth]	Gerhard Roth Fühlen, Denken, Handeln Wie das Gehirn unser Verhalten steuert 2003, Suhrkamp Verlag
[Schein]	Edgar H. Schein Organizational Culture and Leadership 4. Auflage, 2010, Jossey Bass
[Schmelzer-Sesselmann]	Hermann J. Schmelzer, Wolfgang Sesselmann Geschäftsprozessmanagement in der Praxis Kunden zufrieden stellen, Produktivität steigern, Wert erhöhen 6. Auflage, 2007, Hanser Verlag

[SEI]	Software Engineering Institute (SEI)
	URL: http://www.sei.cmu.edu/architecture/definitions.html
[SemTalk]	SemTalk
	URL: http://www.semtalk.de/
[Siedersleben]	Johannes Siedersleben
	Moderne Software-Architektur: Umsichtig planen, robust bauen mit Quasar
	2004, dpunkt Verlag
[SOAP]	Eric Newcomer
	Understanding Web Services: XML, WSDL, SOAP, and UDDI
	2002, O'Reilly Media
[Spolsky]	Joel Spolsky
	URL: http://www.joelonsoftware.com/articles/fog0000000018.html
[Stähler]	Patrick Stähler
	Geschäftsmodelle in der digitalen Ökonomie
	2. Auflage, 2002, Josef Eul Verlag
[Szyperski 1]	Clemens Szyperski
	Component Software: Beyond Object-Oriented Programming (2nd Edition)
	2002, Addison-Wesley Professional
[Szyperski 2]	Clemens Szyperski
	URL: http://www.drdobbs.com/184414757
[Taleb]	Nassim Nicholas Taleb
	Der schwarze Schwan
	Die Macht höchst unwahrscheinlicher Ereignisse
	2007, Hanser Fachbuchverlag
[Thommen]	Jean-Paul Thommen
	Managementorientierte Betriebswirtschaftslehre
	5. Auflage, 1996, Versus Verlag

[Tilkov]	Stefan Tilkov REST und HTTP 2009, dpunkt Verlag
[TOGAF]	The Open Group Architecture Framework (TOGAF) URL: http://www.togaf.org
[VAA]	Die Anwendungsarchitektur der deutschen Versicherungswirtschaft URL: http://www.gdv-online.de/vaa/
[Vetter]	Max Vetter Aufbau betrieblicher Informationssysteme mittels pseudo-objektorientierter, konzeptioneller Datenmodellierung 8. Auflage, 1998, Teubner, Stuttgart
[W3C]	World Wide Web Consortium URL: http://www.w3.org
[Webber et al.]	J. Webber, S. Parastatidis, I. Robinson REST in Practice 2010, O'Reilly Media
[Zachman]	Zachman-Framework URL: http://www.zachmaninternational.com

18 Register

Wir haben nicht alle Seiten referenziert, auf denen ein Begriff aus dem nachfolgenden Stichwortverzeichnis erscheint. Wir haben bewusst nur diejenigen Stellen referenziert, bei denen wichtige Aussagen zum Begriff gemacht werden, beispielsweise die Seitennummer der Begriffsdefinition.

4

4Views 141

A

Abstraktionsebene 142
angestrebte Lösungsqualität 72
Antizipation 164, 166, 191
Anwendung 248
Anwendungsarchitektur 124, 125, 136, 138, 141, 144, 164, 248, 266, 313
Architecture Board 313
Architekturergebnis 142
Architekturinvestition 75, 165, 208
Architekturreifegrad. Siehe Reifegrad
Änderungsdruck 77, 110, 125, 155, 156, 158, 164, 165, 172, 218, 259

B

Benchmark 208, 216, 226
Beurteilungskontext 200
Beurteilungsperiode 200
Budget 62
Budgetierungsprozess 67
Businessarchitektur 32, 41, 55, 56, 96, 98, 125, 141, 151
Business Case 20
Business/IT-Alignment 56, 315
Businessnutzen 214

C

change the business 220
Cloud Computing 273
COBIT 116
Compliance, IT-Compliance 118
Costcenter 62

D

Design 98
Design Pattern 261
Domäne 37
Domänenarchitekt 286, 315
Domänenbildung 37, 315
Domänenmodell 37
Domänenmodellierung 32, 58
domänenspezifisch 152

E

Emergenz 93
Entropie 155

Entscheidungsfindungsmodell 173
Entscheidungsträger 48, 182
Entwickler 70, 79, 280
Entwicklung 98, 100
Entwurfsentscheidung 69, 74, 80, 86, 88, 93, 101, 192, 230, 260

F

Führungsaufgabe 45
Führungsprozess 35
firmeninterner Markt 168, 170, 175, 222
Fixkosten 64
Funktionalität 81

G

Geschäftsfeld 37
Geschäftsstrategie 22, 27, 53, 112, 164, 192, 286
Governance, IT-Goverance 113

I

Informatikdienstleister 61
Informatikstrategie 22, 53, 71, 96, 164, 192, 208
Informationsarchitektur 32, 38
Investitionsrechnung 20
Ist-Architektur 143, 154, 166, 217, 303, 313, 316
IT-Anforderungsspezifikation 58, 67, 240
IT-Architekt 99, 107, 157, 169, 182, 183, 188, 221, 226, 284, 315, 317
IT-Architektur 23, 59, 68, 71, 83, 96, 105, 112, 122, 138, 164, 182, 193, 216, 220, 229, 305, 306, 319
IT-Architektur als Führungsinstrument 217
IT-Architektur als operationelle Notwendigkeit 217
IT-Architekturdomäne 152
IT-Architekturmanagement 94, 168, 301

IT-Architekturmodell 123, 139, 142
IT-Architekturprozess 301, 304, 310, 317
IT-Architektur-Repository 146, 150
IT-Betriebsmittel 46
IT-Dienstleistung 68, 196
ITIL 115
IT-Landschaft 46, 321
IT-Managementsystem 46, 69, 192, 301, 321
IT-Personal 46, 70, 321
IT-Ressource 46
IT-Unterstützung 48, 49

K

Kennzahlensystem 67
Komponente 250, 255, 256
Konkurrenzdruck 175
Kosteneinhaltungsziel 62
kybernetisches System 177

L

Leistungsprozess 35
Lösungsqualität 72

M

Macht 176, 221
Machtkonstellation 137, 176
Managementsystem 28, 29
Marktfähigkeit 175, 224, 226
Marktkausalität 167
Modell 70

N

Nutzen 63
Nutzen der IT-Landschaft 204

O

Optimierungsarbeit 71
Optimierungsaufgabe 86
Optimierungskonflikt 64, 66, 67
Optimierungsziel 65
Organisation 28, 206
Organisationskultur 46, 173
Outsourcing 208

P

Paradoxon 319
Plattformarchitektur 124, 129, 135, 141, 148, 152, 164, 313
Priorisierungsschema von Vorhaben 210
Professionalität 66
Profitcenter 61
Projektarchitekt 279
Prototyping 190
Prozessarchitektur 32
Prozesseffektivität 30
Prozesseffizienz 30
Prozessgrundsatz 34
Prozessmodellierung 31, 58
Prozessmodellierungsmethode 33
Prozessqualität 30

Q

Qualität 23, 71, 81
Qualitätsanspruch 65
Qualitätsattribut 81, 82, 87, 92
Qualitätsmaßstab. Siehe angestrebte Lösungsqualität
Qualitätsmanagement 112
Qualitätsmodell 111
Qualitätsszenario 84

R

Reifegrad 132, 213, 226
Requirements Engineering 58
Ressource 25
Risikoinvestition 76
ROI 201
Rollenverständnis 185, 213, 216
run the business 220

S

Schnittstelle 99, 252, 254, 255, 256
Schwache Kausalität 103
Service 266
Servicecenter 61
Service-Oriented Architecture 266
SOA. Siehe Service-Oriented Architecture
Softwarearchitektur 124, 131, 133, 136, 149, 152, 164, 202, 313
Softwareentwickler. Siehe Entwickler
Soll-Architektur 143, 154, 166, 168, 218, 303, 313, 316
soziotechnisches System 199
Spannungsfeld 185
Standardisierung 107, 108
Standardisierungsgrad 109, 110
Strategie 26

Strategiebezug 96
Strategieprozess 53, 307
Strategisches Management 27
Supportprozess 35, 166
System 85, 250
Systemarchitektur 134

T

TCO 201
Technologie 46
Technologiedomäne 151, 311
technologiedomänenspezifisch 152
Teilarchitektur 124
time-to-market 21, 22, 83, 91, 130, 137, 165, 203, 214, 284
Transaktion 243
Transaktionskosten 211

U

Umsetzungsrisiko 78
Unternehmensarchitektur 120, 122
Unternehmensauftrag 22, 62, 71
Unternehmenskultur. Siehe Organisationskultur
Unternehmensmodell 26
Use Case 58

V

Vertrauen 104, 178
Vertrauensleute 179
Vertrauensverhältnis 100

W

Webservice 268
Wirtschaftlichkeit 60
Wirtschaftlichkeit der IT-Landschaft 72
Wirtschaftlichkeitsprognose 20
Wirtschaftlichkeitsrechnung 20, 49, 60, 200, 209, 225

Z

Zusammenarbeitsmodell 185